用户体验核心课丛书

# 用户体验经典案例

Case Study of User Experience Education

刘 伟 孙舒平 辛 欣◎主 编

**图书在版编目（CIP）数据**

用户体验经典案例／刘伟，孙舒平，辛欣主编．—北京：北京师范大学出版社，2018.6

用户体验核心课丛书

ISBN 978-7-303-22902-4

Ⅰ．①用… Ⅱ．①刘… ②孙… ③辛… Ⅲ．①应用心理学－产品设计－案例 Ⅳ．①TP311.1 ②B84

中国版本图书馆CIP数据核字（2017）第239588号

营 销 中 心 电 话 010-58805072 58807651
北师大出版社高等教育与学术著作分社 http://xueda.bnup.com

YONGHU TIYAN JINGDIAN ANLI

出版发行：北京师范大学出版社 www.bnup.com
北京市海淀区新街口外大街19号
邮政编码：100875

印 刷：北京盛通印刷股份有限公司
经 销：全国新华书店
开 本：890 mm × 1240 mm 1/16
印 张：13.25
字 数：320千字
版 次：2018年6月第1版
印 次：2018年6月第1次印刷
定 价：68.00元

策划编辑：何 琳 责任编辑：王星星 邸玉玲
美术编辑：李向昕 装帧设计：锋尚设计
责任校对：陈 民 责任印制：马 洁

# FOREWORD
# 总序

### 时代的召唤

在我国“四个全面”战略部署的框架下，依托“大众创业、万众创新”和“互联网+”的时代浪潮，科技与经济发展已提前进入超车道。与此同时，我们也正面临前所未有的机遇和挑战——我们能否成功完成经济模式转型和产业结构调整？是否能够成功跨越中等收入陷阱？是否能让人民生活得更有尊严？上到国家战略，下至国计民生关注的重心无疑落在人的生产、生活品质上，无论是生产效率、自我实现抑或是幸福感等均可以在产品和服务的“用户体验”中体现。用户体验可以体现在细微至空气中悬浮物的指标控制，也可以体现在宏观至影响数亿人的国家政策，它影响着人们生活的方方面面。2015年，北京师范大学心理学部率先成立了国内第一个应用心理专硕用户体验方向（以下简称BNUX），并于2016年9月招收了第一届学生，这一举动立足于有效服务社会、满足国家的需求、响应时代的召唤，将用户体验教育推向学术化、专业化和系统化的道路。

### 创新的融合

用户体验是一个交叉融合的学科方向，与心理学、设计、科技、商业等多个领域均有交集，这一次，在与心理学的剧烈碰撞中产生了绚烂的火花。BNUX理论上依托于北京师范大学心理学强大的专业背景，实践上，用户体验在商业实践环节已经得到了高度重视，企业、政府不断提出体验创新以推动发展。北京师范大学在专业硕士培养方案中引入用户体验方向优势得天独厚，并将重视实践型人才的培养，为企业提供战斗在第一线的用户体验人才。

在BNUX的建立上，心理学、设计、科技、商业在用户体验中不仅是简单的加法，而是完成了更高维度上的融合。心理学实证的科学态度为设计带来有效、可靠的方法论，而设计成为让心理学的研究结果可以服务人的生活的重要途径。而更高维度的融合，是多领域共同作用产生了用户体验的思想，这种充分尊重用户、以人为本的思想不仅影响了设计这个行业，同时对社会发展也具有重大意义。这种思想的出现标志着人类正在从工业时代遗留的“人服务机器”的想法中解放出来，从“机器是这样设计的，所以我要学习这样操作”演化成“人习惯这样操作，所以产品该这样设计”。

**使命与自省**

作为世界上人口最多的国家和最大的商业市场，中国市场在高速发展的进程中，迫切地需要用户体验人才、方法和理论，这也是我们撰写这一套“用户体验核心课丛书”的原因。该系列丛书包含了《用户体验概论》《用户研究——以人为中心的研究方法工具书》《交互品质——用户体验程序与方法工具书》《工程心理学应用》《产品服务体系策略》《交互与界面设计》和《用户体验经典案例》。丛书包含了用户体验学科的理论知识，具体的方法和流程，真实案例的具体分析，以及北京师范大学心理学部创建用户体验方向的心得和经验。这套丛书适用于心理学研究人员、用户体验设计师以及对用户体验感兴趣的人或组织。

“实践是检验真理的唯一途径”，这句话对于发展迅速的用户体验学科，尤为重要。北京师范大学应用心理专业硕士用户体验方向建立以来，积累了大量的理论方法和案例，丛书包含了用户体验方向开创者的心路历程，各位教师的教学和方向建设的心血，学生的课题内容和实践项目经历，是集体知识沉淀的果实。但我们还年轻，需要走的路还很长，我们要始终保持开放与谦虚的态度迎接每一位读者的检阅。希望每一位读者都能在书中有所得，让我们共同扛起用户体验这面大旗，做到服务社会、回馈祖国。

刘 嘉

2018年6月

# PREFACE
# 前 言

《用户体验经典案例》收录了北京师范大学心理学部应用心理专业硕士用户体验方向（BNUX）开设以来的案例，所有案例都是一手经验。本书案例对筹备用户体验方向到开始招生，再到课程设置以及后续课程的开展情况，都做了详细介绍。

本书考虑到了学生学习和教师教学的需求，能让学生了解案例项目运用的方法和技巧，能让教师对理论知识进行深层次的理解，能让管理者从案例中学到学科建设的经验。本书由学科建设、共建合作、学生培养、主题案例四个部分组成。

学科建设部分着重讲述了用户体验方向建设的历史：从筹建想法萌芽，到正式开始授课，点点滴滴都是学部领导们的心血。本部分也对用户体验的行业背景和发展前景进行了阐述。

共建合作部分讲述了用户体验方向的跨学科课程建设方案，包括课程分布及授课重点，项目制教学的开展情况。希望给予计划建立用户体验方向的院校借鉴，并在后续的案例集中进行经验总结。

学生培养部分意在提高学生的综合素养。本部分介绍课程内外的各项活动，如跨学科培养、海外实践行、国际工作坊等，目的是培养同学们的国际化视野，同时增加个人的知识，并提高工具技法运用的水平。

主题案例部分对一些热点案例进行分析，如交互设计、共享经济、虚拟现实技术、迭代式工作流程等。本部分通过介绍行业案例，阐述用户体验在各领域中的应用。

《用户体验经典案例》一书的出版，离不开各位老师的大力支持：心理学部刘嘉部长、乔志宏书记、张西超教授，他们从各个方面为用户体验方向的筹备取经；心理学部副部长林丹华教授，她大力支持用户体验方向各项活动的开展；王君副部长，她推动了用户体验方向的国际合作。特别感谢应用心理专硕中心和案例中心各位老师的大力支持，包括刘儒德老师、李姣老师、任若楠老师、王娟老师、张晓娜老师等。感谢参与本书编写的用户体验方向的王蕾老师和积极勤奋的同学们：樊雨薇、高天宇、郝逸凡、李国实、李孟凡、马卫征、苗淼、乔良、王浩之、吴梦涵、徐晗、易如、张蒙、周维、朱迪。感谢北京师范大学出版社的何琳老师，正是她的鞭策与鼓励，才使本书得以出版。希望未来能继续将用户体验方向的办学经验以案例集的形式出版。

# CONTENTS
# 目录

## 学科建设

## 共建合作

## 学生培养

## 主题案例

微信扫描二维码，获得本书数字资源，具体内容如下：

## 一、视频

1. 北京师范大学用户体验专业学生欧洲游学行
2. 交互设计：音乐坐垫（Music Cushion）
3. 交互设计：情感闹钟（Emotional Clock）
4. 交互设计：智慧之光（Light of Wisdom）
5. 交互设计：互动双子灯（Interactive Twin Lamp）
6. 交互设计：工作伙伴（Work Partner）
7. 交互设计：难以置信的球（Unbelievaball）
8. 交互设计：祖母的眼镜（Grandma's Glasses）
9. 交互设计：健康提醒器（Healthy Reminder）

## 二、课件

1. 2013年体感交互工作坊成果汇总
2. 2014年体感交互工作坊成果汇总
3. 2015年体感交互工作坊成果汇总

# 学科建设 01

共建合作 02

学生培养 03

主题案例 04

# 第一节　梦想启航，你好用户体验

——用户体验方向的建立

2009年8月6日之前，谷歌搜索框的大小是398×21像素，百度是356×28像素。在谷歌看来，搜索框加长对用户的心理障碍会小很多；但是在百度看来，根据中文文字的特征，搜索框宽大一点儿更好。在中国市场上，谷歌竞争不过百度，这是为什么呢？原因就是谷歌没有考虑到中国用户的实际体验，而百度更好地满足了中国用户的需求。因此，2009年8月7日，谷歌中国把搜索框的高度增加，从398×21像素变为448×28像素，而英文搜索框大小却没有变，就是为了更好地提升中国用户的用户体验（User eXperience，UX）。

由此可见，用户体验的应用起到了至关重要的作用。那么，用户体验到底是什么呢？

## 一、什么是用户体验

用户体验的应用在生活中无处不在，一个好的用户体验可以为用户带来产品使用上的便利和情感上的满足。

### （一）用户体验的概念

“用户体验”无论从内涵到外延都十分丰富，这让定义“用户体验”难上加难。基于对历史的考量、行业的观察以及深度的学术研究，我们认为可以从以下几个要点对用户体验进行阐述。

首先，“用户体验”是一个名词，也是一个动词，同时也是一个形容词。

“用户体验”作为名词，其内涵是“用户的体验”，根据ISO 9241-210标准，用户体验是由用户使用或者是预计使用一个产品、系统或服务过程中产生的看法与反馈。

“用户体验”作为动词，描述的是一项活动，这项活动围绕研究人与产品或服务间关系，使用以用户为中心的方法论，开展的一系列研究及设计活动。

“用户体验”作为形容词，描述的是一种思维，这种思维已逐渐成为各行业决策层的必修课。用户体验培养的是理解“人—人造物—环境”的思维能力，不仅具备商业价值，更能有力地提升个体的洞察力和决策力。

## （二）用户体验的发展现状

在世界领域，用户体验被广泛认知还是20世纪90年代以后的事情，它由唐纳德·诺曼（Donald Norman）[①]提出和推广。20世纪80年代，诺曼教授认为，设计一个有效的界面，无论是计算机界面还是门把手，都必须从分析一个人想要做什么入手，而不是从分析屏幕应该显示什么开始。诺曼的目标不仅是帮助企业制造出的产品满足人们对功能的需求，而且更要满足对情感的需求。在国内，用户体验产业处于起步阶段，还没有发展到对用户体验深度研究的阶段，与国外差距较大。在学术研究方面，国内外和用户体验相关的专业多数开设在计算机系、工业设计系及艺术设计系，在心理学背景下开设的用户体验专业方向基本处于空白状态，表1-1为美国主要人工智能和人机交互研究机构的列表。

① 唐纳德·亚瑟·诺曼（Donald Arthur Norman），出生于1935年12月25日，为美国认知心理学家、计算机工程师、工业设计家，认知科学学会的发起人之一，关注人类社会学、行为学的研究。代表作有《设计心理学》《情感化设计》等。

表1-1 美国主要人工智能和人机交互研究机构

| 序号 | 学校 | 所属学院 | 实验室/研究中心 |
|---|---|---|---|
| 1 | 麻省理工学院（MASSACHUSETTS INSTITUTE OF TECHNOLOGY） | 工程学院（School of Engineering） | 计算机科学与人工智能实验室（Computer Science and Artificial Intelligence Laboratory） |
| 2 | 斯坦福大学（STANFORD UNIVERSITY） | 工程学院（School of Engineering） | 计算机系统实验室（Computer Systems Laboratory） |
| 3 | 卡耐基梅隆大学（CARNEGIE MELLON UNIVERSITY） | 计算机科学学院（School of Computer Science）<br>人机交互学院（Human-Computer Interaction Institute） | 匹兹堡科学学习中心（Pittsburgh Science of Learning Center，PSLC）<br>Quality of Life Technology Center（生活质量技术中心） |
| 4 | 华盛顿大学（UNIVERSITY OF WASHINGTON） | 工程学院（College of Engineering） | 计算机科学与工程（Computer Science and Engineering） |
| 5 | 马里兰大学公园分校（UNIVERSITY OF MARYLAND-COLLEGE PARK） | | 计算机科学（Computer Science）<br>人机交互（Human Computer Interactions） |
| 6 | 康奈尔大学（CORNELL UNIVERSITY） | 工程学院/计算机科学系（College of Engineering/Department of Computer Science） | 人工智能组（Artificial Intelligence groups） |
| 7 | 乔治亚理工学院（GEORGIA INSTITUTE OF TECHNOLOGY） | 计算机/互动计算学院（College of Computing/School of Interactive Computing） | 人工智能和机器学习（Artificial Intelligence & Machine Learning）<br>以人为本的计算与认知科学（Human-Centered Computing &Cognitive Science） |

续表

| 序号 | 学校 | 所属学院 | 实验室/研究中心 |
| --- | --- | --- | --- |
| 8 | 密歇根大学（UNIVERSITY OF MICHIGAN-ANN ARBOR） | 信息学院（School of Information） | 人机交互专业化（Human-Computer Interaction Specialization） |
| 9 | 布朗大学（BROWN UNIVERSITY） | 信息学院（School of Information） | 布朗人机交互（Brown HCI） |
| 10 | 加利福尼亚圣地亚哥大学（UNIVERSITY OF CALIFORNIA-SAN DIEGO） | 工程学院（School of Engineering） | 人机交互实验室（Human-Computer Interaction Laboratory）<br>人工智能小组（Artificial Intelligence Group） |
| 11 | 威斯康星大学（UNIVERSITY OF WISCONSIN-MADISON） |  | 人机交互（Human-Computer Interaction）<br>人工智能（Artificial Intelligence） |

## 二、为什么要建立用户体验方向

用户体验结合了心理学、设计学、计算机科学等多个领域的热门应用，对我们生活的各个方面都产生着巨大的影响。从国家需求、学科发展、有效服务社会三个角度，我们可以理解为什么要建立用户体验方向，以及建立用户体验方向的必要性。

### （一）从国家需求看

从满足国家需求的角度看，当前中国经济正面临着前所未有的机遇和挑战，能否在我国“四个全面”[①]战略布局的框架下，依托“大众创业、万众创新”[②]和“互联网+”[③]，完成经济发展模式转型和产业结构调整，决定了我国是否能够成功跨越中等收入“陷阱”，完成“两个一百年”[④]的宏伟目标。而在创业、创新，发展互联网产业的过程中，用户体验设计的作用越来越明显。苹果、小米、百度、腾讯等企业及其产品的成功，很大程度上也是用户体验成功的体现。用户体验对于商业成功的重要性正在得到日渐清晰的体现和与日俱增的重视，同时它本身也在不断形成理论体系。

### （二）从学科发展看

用户体验属于交叉型学科，是设计学、计算机、艺术、心理学、经济学等多个方面的综合学科。北京师范大学心理学科的教学和科研水平一直处于全国领先地位，基于这一优势学科，北京师范大学开设了以心理学为基础、多领域综合的应用心理专业硕士用户体验方向。

① “四个全面”战略布局是以习近平同志为核心的党中央治国理政战略思想的重要内容，“四个全面”即全面建成小康社会、全面深化改革、全面依法治国、全面从严治党。

② “大众创业、万众创新”是2015年李克强总理在政府工作报告中提出的，目的是扩大就业、增加居民收入，同时促进社会纵向流动和公平正义。

③ “互联网+”于2016年入选十大新词，是创新2.0下的互联网发展的新业态，代表互联网与传统行业相结合。

④ “两个一百年”是习近平总书记提出的关键词。第一个一百年是到中国共产党成立100年时全面建成小康社会；第二个一百年是到新中国成立100年时全面建成社会主义现代化强国。

开设并发展应用心理专业硕士的目的是：促进学术研究实力，并将学术研究的成果应用于实际项目中；借助心理学部的学科优势，强化北京师范大学应用心理专业硕士引领者地位。引领者，就要引领国内用户体验教育的专业发展方向。尽管应用心理专业硕士作为专业硕士学位在中国的发展时间较短，但是在应用心理专业硕士发展势头良好的大背景下，开设用户体验，开设最前沿的专业方向，有利于进一步强化北京师范大学在本领域的引领者地位。

专业硕士教育的最终目的就是要培养一批能够将专业知识应用于实际工作需要，并有效推动相关产业发展的人才。从目前相关人才的培养来看，国内更加偏重于计算机技术或美术设计，缺乏从用户体验的内核基础，即从心理学出发的培养模式。BNUX的建立从社会需求出发，弥补了教育市场的空白。随着国内互联网领域领先企业对用户体验的重视程度逐渐提升，对相关人才的需求已不再停留在界面设计、交互优化，而是迫切需要能够运用心理学方法进行用户研究的高端人才。

### （三）从有效服务社会的角度看

心理学本身就是充满了人文关怀的学科，它的目的就是要让人们生活得更加幸福。从工业革命至今，人与物的关系已经明显由“工具理性”回归到了“以人为本”。一个产品，不仅要满足用户对其功能的需求，更重要的是让人用得舒服、感觉幸福。用户体验所关注的就是人和物的交互问题。也正因为如此，近年来，用户体验越来越受到各个领域、各个公司的重视。用户体验不仅能解决人类与产品的友好界面交互问题，更能促进人类高效、幸福地工作，突出了对人性的尊重，有效地把心理学知识转化为全社会可感知、可使用的价值，有助于推出更多、更好的产品。

## 三、怎样建立用户体验方向

建立用户体验方向，不能盲目地跟随潮流，需要有强大的理论基础、详细的培养方案以及完备的硬件设备作为支持，这样才能建立出符合时代需求的、能培养出真正人才的专业方向。

### （一）理论基础

以往人们围绕设计、技术、商业三个领域来讨论用户体验。在高校的人才培养中，和用户体验相关的专业为人机交互、工业设计、视觉传达等，这些现有专业大多都开设在计算机系、工业设计系及艺术设计系。只有少数心理学院开设了与工程心理学等相关的专业。

BNUX利用心理学部心理学背景，将心理学的元素引入其中，从科技、设计、心理三个方面进行方向建设，力求把“以人为本”贯彻设计的始终（见图1-1）。真正的设计要能打动人，好的产品要能传递情感，让使用者从内心情感上与产品产生共鸣，设计要回归以人为本，这是心理学所强调的人本主义，也是心理学的核心。

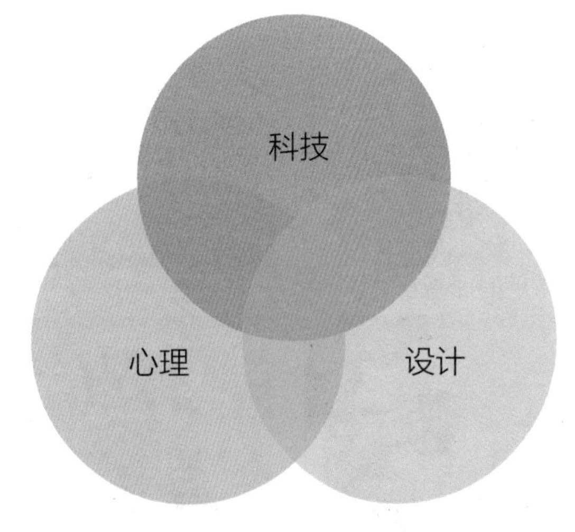


图1-1 用户体验的跨学科性

## （二）硬件设备

从心理学的视角出发研究人与机器更好的交互方式，把人的因素作为产品设计的根本，才会创造出产品的商业价值。

用户体验领域的研究需要许多专用设备，如3D打印机、虚拟现实（VR）设备、高性能计算机、脑电记录仪、眼动记录仪、生物反馈仪等。北京师范大学心理学部为用户体验方向的同学们提供了完备的硬件设施。实验中心的直接使用面积超过1200m²，仪器设备800余套，固定资产总值达2800余万元，拥有脑电记录仪、眼动记录仪、经颅脑刺激仪等大型设备50余台，拥有各类功能实验室56间（见图1-2）。硬件设备的齐全可以保证学生在学习和研究时，能够有更加直观的认识和体验，可以帮助学生更好地理解所学的内容，可以获得客观有效的数据，让学生进行严谨的科学研究。

## （三）招生情况

首先，为进一步加强对学生个人能力、综合素质和专业素养的评估，选拔优秀生源，用户体验方向采用提前面试的方式，对报名的同学进行选拔，面试分数较高的同学可以享受北京师范大学自主划线。同时，也可按照正常批次的报考进行初试和复试，通过的同学也可以就读用户体验方向。根据用户体验的交叉学科的特殊性质，招生的方向为：①来自通信、信息技术、家电、互联网等企业的相关从业人员；②从事用户需求分析、产品设计开发等工作领域的从业人员；③心理学、信息技术、设计等相关专业的应届毕业生。

2016年9月，BNUX第一批招收了60余人，他们来自心理学、工业设计、计算机、经济学等不同领域，学生包括应届毕业生、往届毕业生和在职人员等，不同背景的学生在研究用户体验实际项目的过程中能提供不同的思路。

## （四）培养方案

BNUX有明确的培养目标，注重实践，打造了课程、理论、实践三位一体的培养模式，形成了一套完备的培养方案。

### 1. 培养目标

BNUX整合国内外认知心理与计算机科学的

经颅刺激仪

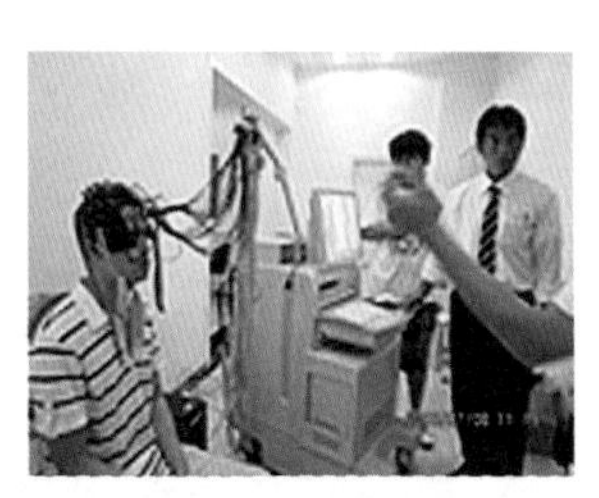
近红外光学成像

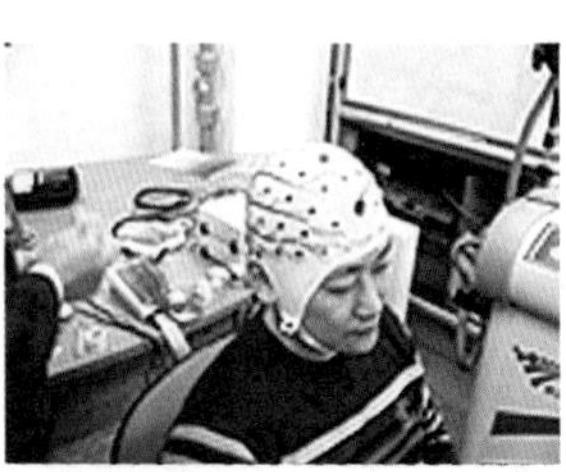
核磁兼容脑电仪

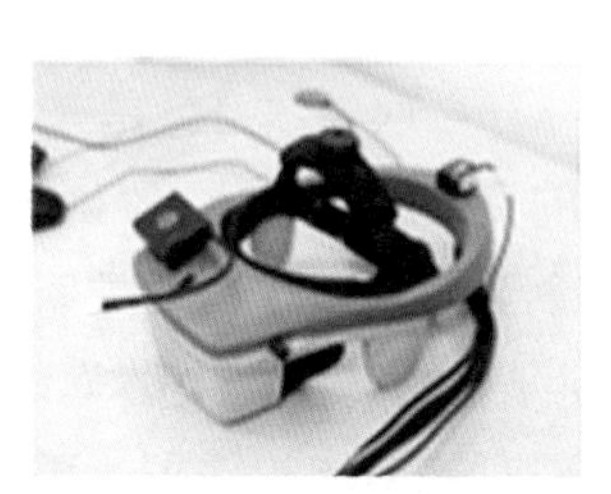
虚拟现实设备

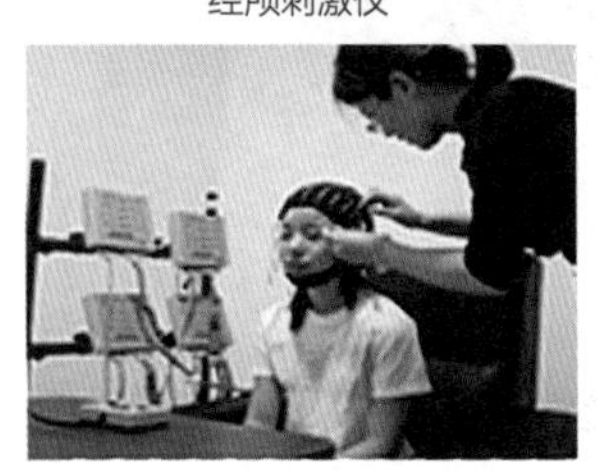
成人脑电记录仪

儿童脑电记录仪

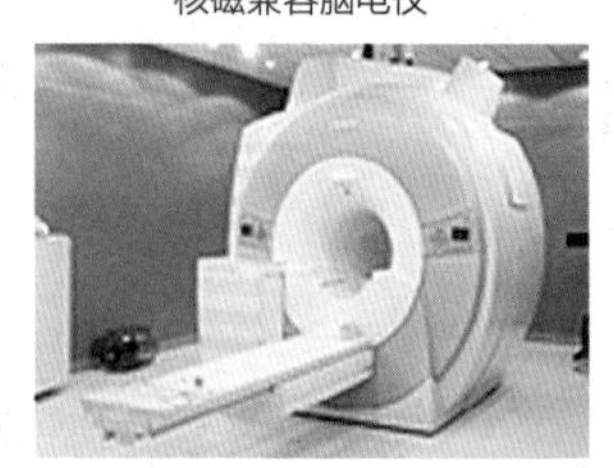
磁共振成像

生物反馈仪

图1-2 北京师范大学心理学部部分硬件设施

一流教育资源，利用理论浸透、方法演练、项目设计、实操训练和相关领域拓展的培养体系，努力培养学生：①了解用户体验领域最前沿的应用，及其背后的心理学机制；②了解前沿科技的发展状况，了解个体与科技、社会发展的关系；③了解心理学的作用，探索社会、组织、个人的特质及其发展规律；④掌握心理学实验研究所需要的方法和工具；⑤熟悉个体的认知过程，掌握认知规律与科技发展的关系；⑥学会分析人、环境和机器的相互关系；⑦掌握用户体验领域的基础理论，掌握用户需求的基本调研方法和实验设计，以及人机交互设计的基本原理；⑧熟悉产品设计流程，了解符合市场需求的产品设计趋势；⑨结合经典的人机交互产品设计案例的分析，通过实习、实践，掌握面向用户的产品开发过程与技能。

2. 培养特点

BNUX强调面对真问题，解决真问题，在培养过程中非常注重实践环节的打造，在课程—实践—学位论文三位一体的培养模式下，认为学生需要通过实践提高解决问题的能力，这得益于行动学习理论。

行动学习理论由英国的雷格·瑞文斯（Reg Revans）教授最早提出，他认为行动学习是一群人就管理实践中重要问题的解决组成团队，在现有结构化知识的基础上通过质疑与反思来获得解决方案的学习过程。瑞文斯认为，个体的知识（L）由两部分组成，即结构化知识（P）和质疑性见解（Q），并提出了L=P＋Q的公式。P来自传统教育方式的知识；而Q则指提出有洞察力的问题，是探索未知的技能。正是后者创造了真正有效的学习。

3. 实践课程

课程设计包含心理学基础、研究方法以及用户体验理论等相关课程，如认知心理学、社会心理学、数据分析与可视化、用户体验概论，这些课程为学生提供进行用户体验研究的理论基础。专业课部分注重实践、应用与反思，如心理学高级实验技术、虚拟现实与增强现实情境设计、用户体验设计反思等。

在实践类课程，如用户体验概论课程中，引入路虎汽车“中国情境下的自然语音识别用户体验基准”课题，用真实的课题将课堂教学与项目实践相结合。同学们使用多种信息化手段和心理学研究方法，通过模拟驾驶器与模拟驾驶系统，系统地研究了在中国情境下的自然语音识别用户体验基准问题（见图1-3）。

4. 实践比赛

北京师范大学用户体验方向与企业进行深度合作，如2017年年初与Studio 8微软亚洲互联网工程院设计部门合作，研究在微软的模式下使用微软小娜（Cortana）[①]设备和服务时，用户的认知、需求、痛点、所处的环境

① 微软小娜：微软发布的全球第一款个人智能助理。

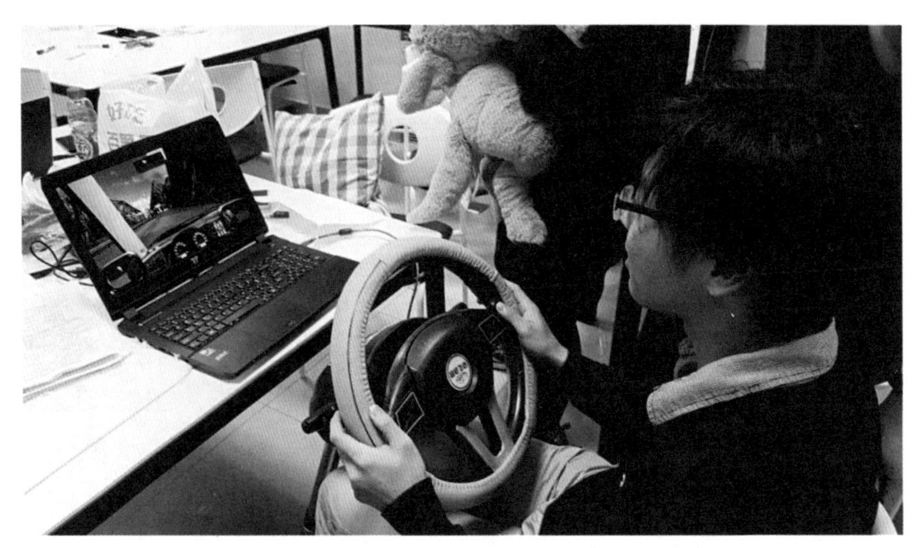

图1-3 北京师范大学用户体验方向的学生在进行虚拟驾驶

和可能产生的问题。目标是通过真实的项目让学生在实践中应用心理学理论，对学生调研得出的一手数据进行分析，最终为小娜提供基于情境的设计方案。

60位用户体验方向的学生被分成3个项目组，每个项目组（20位学生）又包含3个小组，每个小组6～7名学生。来自Studio 8的专家定期组织工作坊和研讨会，以确保对项目进展进行持续指导。在研究过程中他们使用一些常见的心理学研究方法和技术，如情绪拼贴板、思维导图、故事板、用户旅程图、视频可视化、趋势分析等。

5. 毕业论文

学校开设用户体验方向旨在培养应用型人才。因此，本方向的学位论文不仅仅要求学生们有理论知识的呈现，更重要的是要体现与实践课题结合的综合应用能力。学校鼓励学生在毕业设计中选择真实的课题，运用理论知识分析和研究现实问题，注重设计的思路与过程，最终设计出相应的产品或服务体系。

## （五）学科建设

北京师范大学用户体验建设专业强大的导师团队，积极开展校企合作建立横向课题，与政府部门合作建立纵向课题，同时还与国内外高校建立合作关系，建设国内领先的用户体验方向。

1. 导师团队建设

众所周知，用户体验是一门交叉学科，涵盖范围之广，涉及内容之深，注定需要延请各界顶尖人才进行经验与技能传授，学生也可针对自身发展方向与定位选择相关领域的专家作为导师，详情见图1-4。

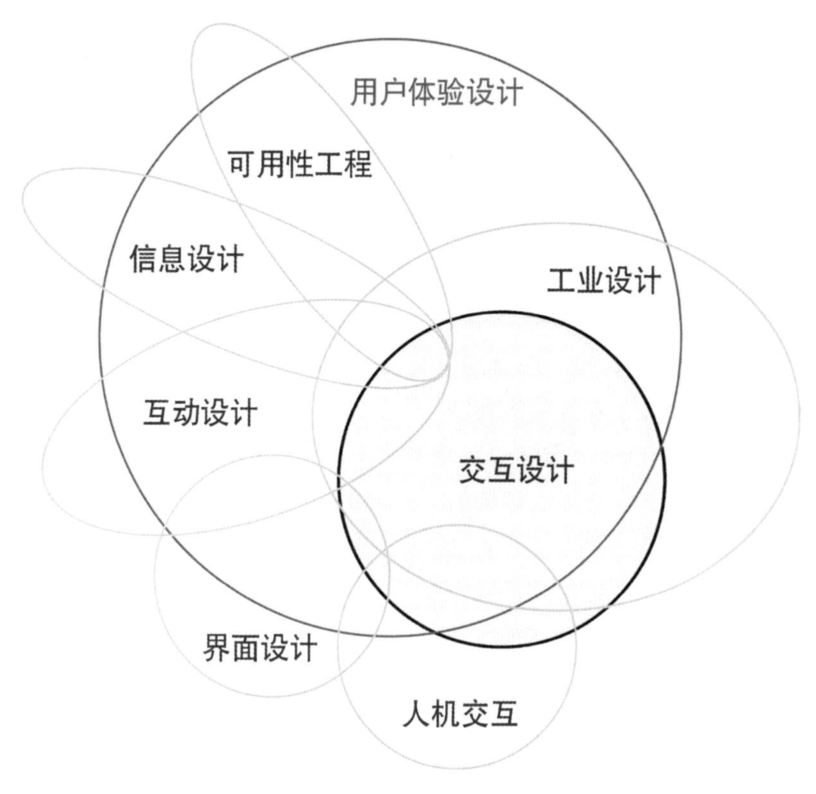


图1-4 用户体验交叉学科图

在基础学科领域，北京师范大学用户体验导师团队中的校内导师是中坚力量，学生可以选修相关课程或旁听有兴趣的课程。心理学领域有刘嘉、张学民、胡清芬、胡思源、黎坚等知名学者，研究领域涵盖了认知心理学、社会心理学、心理测量及应用、虚拟现实教学等；信息科学与技术领域有别荣芳、党德鹏、段福庆等著名教授；艺术与传媒领域有周星、王宜文、路春艳等大咖；再结合人因工程、社会学、组织功效学等学科，力保学生学习领域的广度。

同时，学校还聘请了其他院校以及国外院校知名教授作为兼职导师，为学生提供更多领域的课题。有设计方面的代尔夫特理工大学的皮特・杨・斯塔皮尔斯（Pieter Jan Stappers，以下简称皮特・杨）教授；人机交互领域有原卡内基・梅隆大学的阿南德・戴伊（Anind Dey）教授、普渡大学的张虹教授、日本高知工科大学的任向实教授等学术精英；交互设计领域有清华大学的徐迎庆教授；工业设计领域有北京工业大学的曲延瑞教授；再加上界面设计、信息设计、互动设计等其他领域的导师，他们共同构建了北京师范大学用户体验方向独一无二的学术导师团队。这样，学生选择导师的范围更加广泛，可根据自己的个人发展目标，结合导师的研究方向，选择一个最适合自己的专业发展道路。

用户体验同时又是一个理论结合实践的学科，故而在学术上精进之余，还需在实际的项目中打磨历练，业界导师就是为了这个目标而成立的特殊团队。请企业内的专家对学生进行项目指导，锻炼学生的实际动手能力与逻辑思维能力，并提前适应公司团队氛围与工作效率，为学生踏足社会打下基础。同时，业界导师也带来了丰富的企业课题资源和来自不同企业的产品开发模式。

2. 横向课题建设

在满足学生实践需求的同时，BNUX着眼于未来，紧密结合“互联网+”政策，将合作公司从已初步稳定的互联网领域，拓展至更多的垂直领域，拓宽思路，同时也拓展设计思维，寻求更多的实践机会与工作机会。

学生利用学校平台，采用与公司合作的方式，针对公司需求建立横向课题，运用所学用户体验知识，为公司解决实际问题。在互联网领域，BNUX逐步被社会认可，使北京师范大学成为业内有名的高校，并与微软、猎豹、华为、英特尔、三星、歌尔、欧特克、大众、飞利浦、宝马、捷豹路虎、标致雪铁龙等国内外知名企业保持稳定合作关系，参与其长期研究课题，从用户体验领域多角度、多思维进行产品的概念设计，也从企业内的专业团队获取实战经验。例如，BNUX与捷豹路虎的合作，提供了一个“中国情境下的自然语音识别用户体验基准”的课题，学生通过实地调研、情绪拼贴板、思维导图、故事板、用户旅程图、视频可视化等方法，为路虎提供了不同的语音交互改进方案，并邀请业界专家，进行最终答辩点评（见图1-5）。

在垂直领域，遵循李克强总理提出的推动移动互联网、云计算、大数据、物联网等与现代制造业结合，促进电子商务、工业互联网和互联网金融健康发展的目标，积极拓展用户体验的应用领域，将以人为中心的设计思维渗透至各行各业。其中，互联网+生活服务、互联网+交通和旅游业、互联网+家电/家居领域正在蓬勃发展，BNUX与智能家居的龙头企业亚马逊、谷歌等谋合作，与汽车品牌宝马（BMW）、奔驰、保时捷等共发展，与智慧城市的发展者微软、国际商业机器公司（IBM）、谷歌等齐创新，假以时日，北京师范大学用户体验方向学子的身影将遍布各行各业。

3. 纵向课题建设

BNUX还非常重视与国内外知名高校、政府职能部门的合作，以进一步提升北京师范大学用户体验方向在中国教育界的地位和威望。

刘伟老师带领大家开展的青年基金项目，主要针对Y代人群（80后、90后）办公室“交互品质”进行研究，并为相应的产品服务系统开发，提供定量评估模型。学生深入了解Y代人群的特点，在归纳Y代人群及其办公室交互需求和特征的基础上，引进参数化方法，实现“交互品质”影响因子的参数化，设计“交互品质”定量评估模型的架构。运用这个模型，对现有的单元式办公的产品服务系统开展评估和优化设计实证研究，得出了科学的改进方案。

纵向课题还包括学术课题和科研课题，紧贴国家需求，实现跨校、跨国合作，国内与清华大学等双一流高校开展紧密合作，国外则通过教育部与国外教育机构搭建供需链，通过发表文章或产出科研

图1-5 同学们在进行实地调研并做成果展示

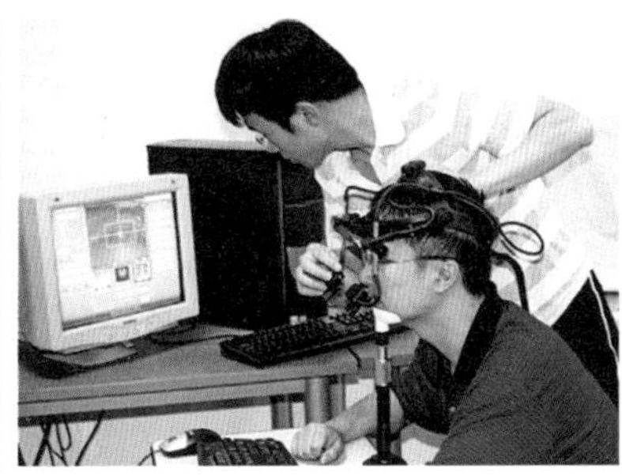

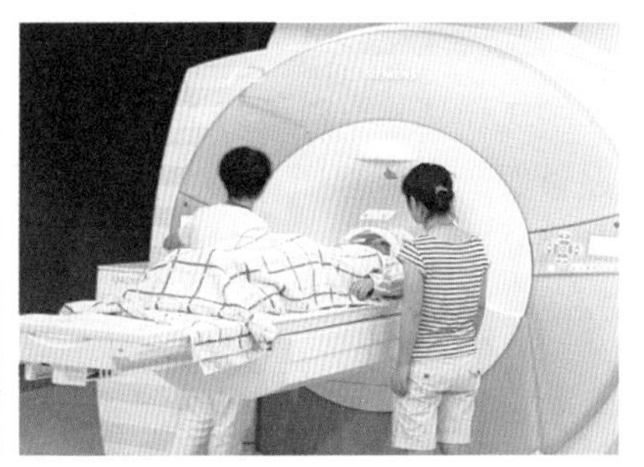

图1-6 北京师范大学用户体验的部分实验室

成果，通过与横向课题一起将理论和实践紧密结合，以高平台、高眼界提升用户体验方向的科研水平；也响应国家实现“互联网+”和培养创新人才的政策，互相学习借鉴，提升整体素质。

北京师范大学用户体验与上海天文馆合作，进行对天文馆游览的用户体验改进课题，学生通过心理学研究方法，为天文馆提供改进的方案。首先是做情绪拼贴板，同学们集思广益，用废旧杂志拼贴成可以介绍目标人群的特点、需求的拼贴板。而后，寻找目标人群进行深度的访谈，了解到他们的内在需求以及在游览中的痛点。接着，制作了思维导图和故事版，以及用户旅程图，梳理出游客在参观过程中可能遇到的困难，以及他们的情感变化，探寻机会点。最后进行了视频可视化展示，尽可能地还原了实际的参观情境。为上海天文馆提供了十分宝贵的用户体验改进计划。

4. 实验室建设

一个一流的专业，必须具备一流的实验室。BNUX借助心理学部的实验平台，如行为实验室、脑电实验室、神经信息与工程实验室，致力于从事用户界面、可用性测试、交互设计等用户体验领域的研究。实验室内设有先进的研究设备，如眼动仪、脑电仪（见图1-6）以及网关服务器、WWW服务器、MAIL服务器、FTP服务器、elnet服务器及媒体研发服务器等多台服务器，为学生与老师提供充足的存储及研发环境，保证学生以最饱满的热情、最无穷的动力投身于设计和研究。

2016年北京师范大学心理学部和亚马逊云计算服务（Amazon Web Services，AWS）联合创新中心在青岛共同建立了“智能硬件体验实验室”。作为第一批和亚马逊云计算服务联合创新中心合作的高校，同时也作为BNUX第一个校外实践基地，北京师范大学心理学部青岛智能硬件体验实验室旨在促进产学研结合，帮助本地产业转型，未来展开教学科研活动，加深高校和企业间的合作。

学生从用户体验的专业角度出发，运用亲和图的方法，对实验室的未来展开设想，用最短的时间，提出关于实验室的构想和需求，并且分门别类，精准表达，让这面贴满对实验室需求的亲和图墙成了实验室中最特别的一面装饰墙。（见图1-7）

图1-7 实验室亲和图墙

来自北京师范大学心理学部的蒋挺老师和魏聪老师还带领学生在实验室内布置了眼动仪、3D打印机、虚拟现实体验设备等一系列科研设备。两位老师亲自对设备进行了调试，并且教授了相关仪器的使用方法。

5. 工作室的建设

北京师范大学用户体验专业的学生根据在其他高校与校外企业工作室的参观，结合同学们平时学习需要，自己动手建设用户体验工作室（见图1-8）。工作室不仅为学生提供学习空间，供老师和同学们讨论项目内容，还为学生提供了大量的专业书籍，供同学们平时学习和交流（见图1-9）。

图1-8 自己动手装修工作室

图1-9 读书分享会

6. 高校交流项目建设

与国际接轨、与世界融合是一名成功的用户体验设计师必备的素质，于是BNUX为学生搭建了沟通世界的桥梁，与高校进行资源对接、学术交流。

BNUX与世界顶尖高校一直有着稳定的合作关系，每年春季学期，派遣优秀的学生，参与国外高校正在进行的项目，与高校学生一起研发设计。合作网络囊括了美国卡内基梅隆大学人机交互技术研究所、普渡大学和麻省理工学院媒体实验室，荷兰代尔夫特理工大学，丹麦南丹麦大学，日本高知工科大学和澳大利亚斯威本科技大学等。

BNUX还为学生提供短期游学机会，带领学生游历高校工作坊和世界著名企业，学习其他高校擅长的技能和方法，开拓眼界。（见图1-10、图1-11）

图1-10 同学们在感受代尔夫特大学的博士论文答辩

图1-11 同学们在进行成果展示

## 四、总结

在科技高度发达的今天，用户体验已经成为人机交互领域重要的组成因子，变得越来越无可取代。

BNUX将设计、科技与应用心理学结合起来，跟随国家的战略部署，通过科技创新完成经济发展模式的转型和调整，提升北京师范大学心理学专业的应用层级，促进学术研究能力与实践结合，让社会真正从心理学中获益，巩固北京师范大学在国内心理学的引领者地位。北京师范大学彻底改变了用户体验方向在心理学背景下的空白状态，设立了应用心理专业的用户体验方向硕士学位，并在2016年9月招生录取第一批学生进行专业的培养。

在培养人才的过程中，北京师范大学利用其心理学背景，将心理学作为其理论基础，从心理学视角研究人们对产品的感受，并配合高科技设备，建立实验室和工作室，打造课程—实践—学位论文三位一体的培养模式。由心理学部的教授进行理论教学，同时邀请企业知名人士或国内外知名教授为学生提供实践课题，横向与各大公司建立合作课题，纵向参与国家政府机构的相关改进课题，并与国内外众多高校建立合作关系，派遣学生进行交流游学。

北京师范大学多层次、全方位，着力培养专业创新型用户体验人才，为推动用户体验在中国的发展不懈努力。

## 案例使用说明

在这个科技飞速发展的时代，用户体验是互联网和“互联网+”领域的重要创新所在。许多生活中的实际案例已经说明了用户体验如何影响我们的生活。用户体验是在用户使用产品的过程中建立起来的感受，包括情感、信仰、喜好、认知印象、生理和心理反应、行为和成就等。然而，中国只有少数大学和机构建立了与用户体验相关的专业方向。北京师范大学心理学部提出创新理念，将用户体验与应用心理学结合，建立用户体验方向。通过课程与实践相结合的方式，让学生从心理学角度，结合实际问题，深入研究用户体验，培养学生成为在用户体验领域具有心理学实验分析能力的专业人才。

**关键词：** 用户体验　心理学　北京师范大学应用心理硕士

**教学目的与用途**

- 本案例适用于了解用户体验的研究方向，以及用户体验方向的具体建设过程。
- 本案例主要介绍用户体验的概念、研究方向以及如何从理论基础、硬件设施、招生计划、学科建设等方面建立用户体验方向。
- 本案例有助于明确用户体验的研究方向。

**启发思考题**

- 用户体验在日常生活中有哪些应用?
- 用户体验与心理学究竟有什么样的联系?
- 用户体验是一个综合性的学科，都有哪些学科可以与用户体验相结合?
- 学习用户体验能让学生在哪些方面得到提高?
- 在建立用户体验方向的过程中，还有哪些地方可以更加完善?

# 第二节　会玩才会学

——教学与科研模式

珠珠像平时一样打开平板电脑从网上获取用户体验相关的信息与知识，在信息爆炸的时代，互联网无疑成为我们获取知识的有效途径。作为BNUX这一新方向的第一批学生，珠珠开学前的日常就是收集周边信息，整合信息得出结论，这也是用户体验方向要求学生必须具备的技能素养。考虑到以后的工作，他先搜索了毕业生、科研现状与未来企业的供需对接情况，但却发现近年来高校毕业生人数再创新高，就业形势越来越严峻，且随着自动化生产和人工智能的迅速发展，更多的工作将被机器人替代。除此之外，未来金融资本和人力资源已有流向高科技领域的大趋势，互联网时代在企业需要的人才类型条件里，不仅本科学历和工作经验成了基本条件，融合互联网思维的技能也被众多企业看重，这对高校毕业生提出了很大的挑战。毕竟很多专业并不和互联网直接相关，或该专业还没有以与互联网融合的方式出现，这就使得教育产出与当前行业形势下企业招聘要求很难对接成功。

看到这里，珠珠想到了自己的专业产出又会是什么样的呢？研究生是不是就该整天埋在实验室搞科研呢？就科研而言，各高校成果颇丰，但是与企业合作的深度和广度还有待拓展，毕竟科学研究的基础是发现问题、解决问题，同时发表自己的观点进行分享、交流，最终应用于实践，落脚点是促进科学与社会的进步。在如今经济全球化迅速发展的环境下，倘若研究成果不能及时应用于企业实践，势必会造成科研成果的浪费和人才的损失。这时，珠珠想起2016年参加的一个用户体验大会，那时候随导师与某位知名互联网企业高管聊天，他说当下毕业生的知识技能和当前的科研成果产出不能与企业形成良好的对接，高校的培养模式与企业对人才技能的需求严重脱轨，这使得毕业生就业难的问题越来越严重。因此，学校的教学与科研方法实用与否，很大程度上决定了毕业生就业和以后职业生涯的发展。

## 一、用户体验背景介绍

北京师范大学心理学部应用心理2016年开设的用户体验方向的教学与科研是采用怎样的模式呢？能否打破以往的模式，寻找适应当前互联网大潮下的教学方法和科学研究方式呢？福克斯作为BNUX的主要导师成员之一，解答了珠珠的疑问。

珠珠：“描述一个人得有这个人大概的轮廓，那么请问福克斯导师，用户体验大体是个什么样的专业呢？”

福克斯导师：“用户体验涉及的面很大，不过你既然问的是轮廓，我倒可以说一些。用户体验领域跨学科范围很广，它结合了工业设计、人机交互、心理学、认知科学等十几个相关领域的知识。这是单纯谈我们学习的方向的范围，若是说用户体验本身，那么它无所不触及，只要有人，那必然会有用户体验的存在。”

珠珠：“那岂不是什么都要学，什么都要涉及和了解，会不会因为没有明确的目标导致杂而不精？”

福克斯导师：“那倒不至于，用户体验的就业面很广，网店的客服、外卖的服务等生活情境有用户体验，学习工作时的绘图工具、休闲时的游戏等也含有用户体验。根据特定项目，用户体验还会涉及哲学、艺术等。随着近几年来互联网行业的发展，国家大力支持创新和自主创业，面对越发“挑剔”的用户，用户体验逐渐成为各行各业的新宠，各种新的研究方法和设计方法层出不穷。然而，针对目前市场的变化，高校还未形成对相关人才的培养机制，人才稀缺。探索科技、设计与心理学结合的无限种可能，借助互联网的发展趋势，深化校企之间的共建关系，实现更多的社会价值，就靠你们啦！”

福克斯导师：“更多的内容在以后上课的时候我会慢慢为你讲清楚，知识要有个循序渐进的过程，还要配合实践的锻炼，才能应用。”

## 二、用户体验介绍

用户体验对珠珠来说还是一团迷雾，他希望能够更加了解用户体验，随即继续询问福克斯导师。

### （一）用户体验教学的知识体系

珠珠：“由于自己在网上搜索得到的知识实在太难咀嚼，老师您说得浅显易懂，因此还请您多多为我介绍一些我未来要学的东西吧。”

福克斯导师：“你们就业以后，要做的是在某一行业里围绕用户体验开展工作和跟进项目，所以在当下学习的内容里，设计方法是基本能力。设计是一种把自己好的点子传达出来的实践活动。什么是好？有创意、有价值、能挣钱的点子就是好点子。一个设计优秀的产品不但能为社会贡献生命力，还能为自身带来商业利益，何乐而不为？另外，用户体验在其中发挥着重要作用。在这方面，你们还要学习用户研究的方法，利用诸如访谈法、焦点小组等方法对用户需求进行挖掘和预测，最终为自己的产品设计确定方向。在以上的过程中，要考虑到商业、技术与设计两两之间的交叉领域，以及前两者分别与设计的交互作用。无论是设计、商业还是技术，在做之前一定要弄清自己的动机和社会需求是什么，同时要让自己的工作动机以社会需求为动力。用户体验的概念要渗透到用户体验设计的每个环节之中，我们将它们的联系以图1-12表示。”

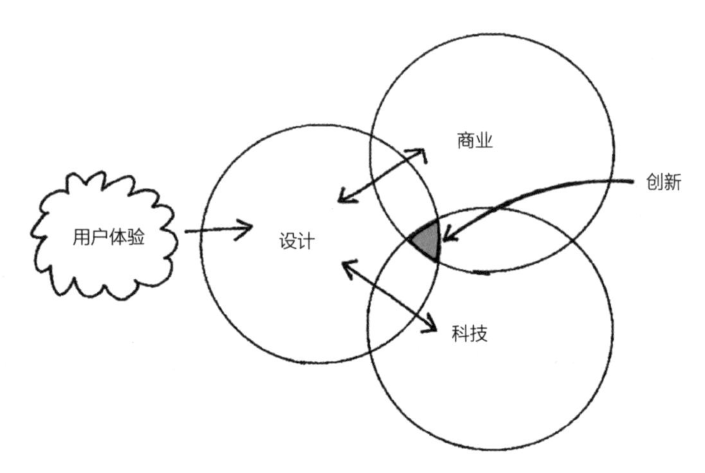


图1-12 用户体验、设计、商业与技术的关系

珠珠：“我在您的一本书中看到了您对交互设计有很深入的了解，这和用户体验有什么关系呢?”

福克斯导师：“用户体验设计的过程离不开交互设计与人机交互，在这个时代，大家对人机交互的研究也已经白热化了，并一直秉承着以用户为中心的思想。交互设计是很重要的，它直接影响着你看不看得懂同行的前端设计或者某些产品的外形与功能的关系。这些在教学中不能是浅尝于书本，应当在教学过程中深化实践教学。交互设计涉及的内容很多，见图1-13，这些影响交互设计的关键领域同样是需要深入研究的，而且每个领域都要穿插一些实践项目以加深理解。股民只懂买进卖出的流程和技巧，不去考虑行情未来趋势的细微变动，损失可能会非常大，以后的教学也一样。我们将与国内外多家创新企业与知名高校紧密合作，关注设计过程中的用户、情境、情感、

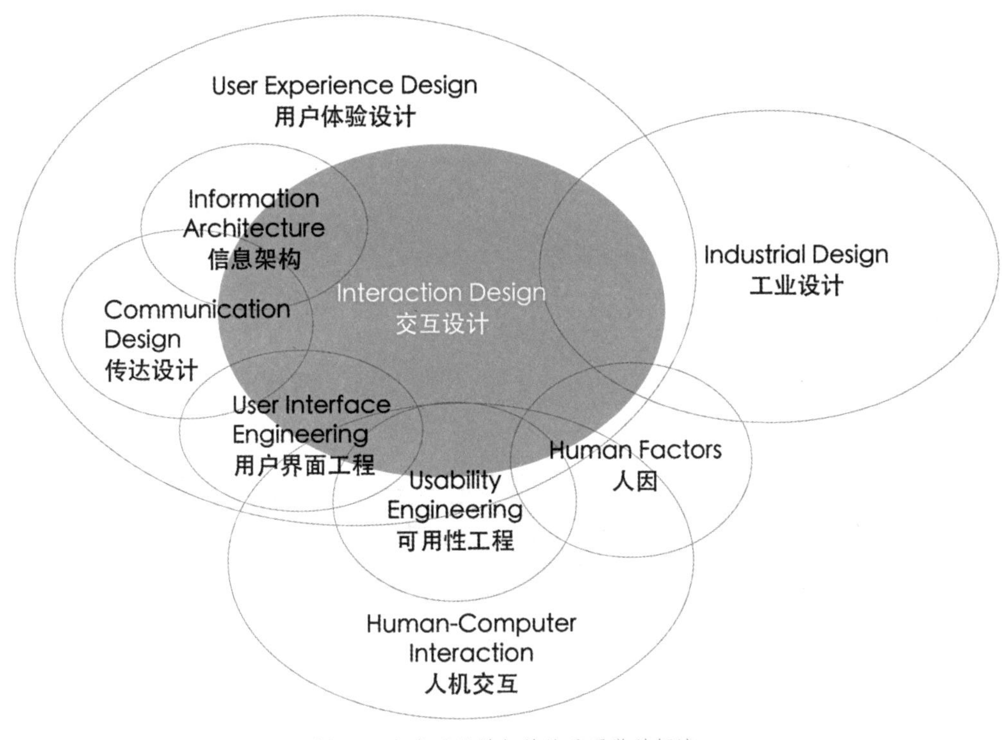


图1-13 与交互设计相关的重要学科领域

交互、科技因素，通过创新设计思维推动用户体验设计研究，探索体验、科技与商业的融合。”

珠珠：“好深奥，对于用户体验的知识体系，我还是留给未来两年的学习生涯吧！问点儿别的，用户体验要解决的问题是什么呢？有什么行业价值呢？”

福克斯导师：“目前用户体验实际上是在试图解决个人生活衣食住行中的各种不便，应付人们越来越玻璃心的心理状况和对产品的吐槽，创造更高效率的工作和学习的方式（见图1-14）。所以，我们的使命是将用户体验、交互设计、人机交互贯穿于各个领域，让人类工作与生活的体验顺畅。只有这样，现代人的生活与工作才有尊严，才能更好地实现梦想。”

## （二）用户体验科研模式

珠珠：“这样看来，自己正在从事一项很有前途的工作啊。在研究生阶段，需要我们进行科研和发表论文吗？我的意思是要不要像那位高管说的一样，进行一些看上去与企业需求对接不是很顺畅的科研活动。”

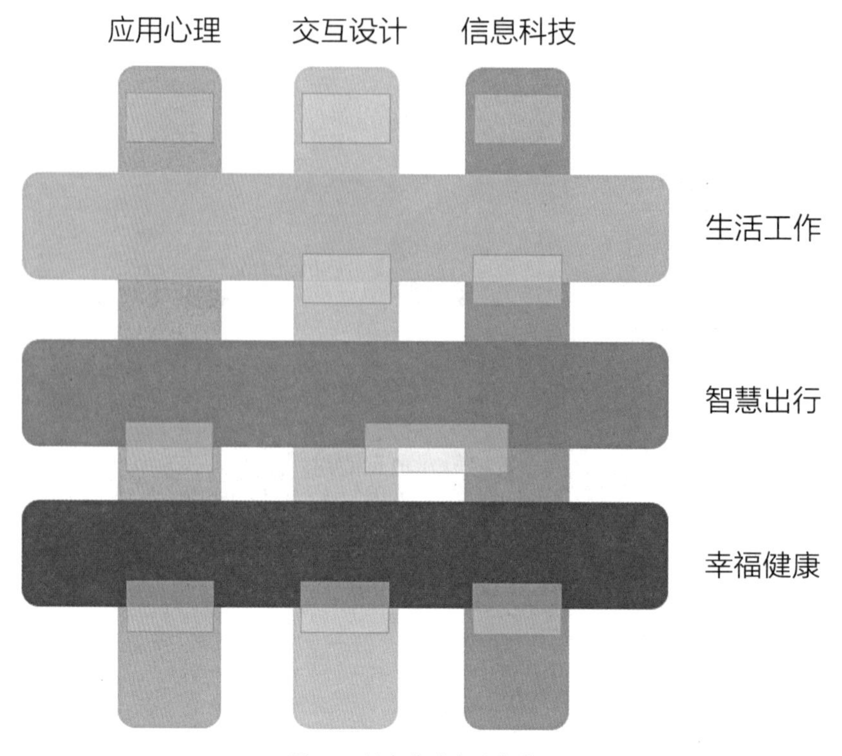

图1-14 用户体验行业价值

福克斯导师："科研是一个不会很快转化成生产力的工作，很多科研成果很好，但是出于实现难度、商业利益等没能变成现实的事物，这是社会大环境决定的。国外的情况也类似。但是不应对科研失去信心，因为当前互联网能有现在的规模和体量，都是科研的结果。用户体验的科学研究框架由五大部分组成：基础科学研究、以人为中心的用户体验/人机交互研究、基于证据的用户体验/人机交互研究、基于实践的用户体验/人机交互研究以及真实情境下的用户体验/人机交互研究（见图1-15）。基础科学的研究成果能间接地为真实情境下的用户体验研究提供科学依据，这些基础性的依据可以在科研论证过程中以科学发现、方法突破等形式出现，从而帮助解决现实问题。真实情境下取得的第一手资料，或者通过真

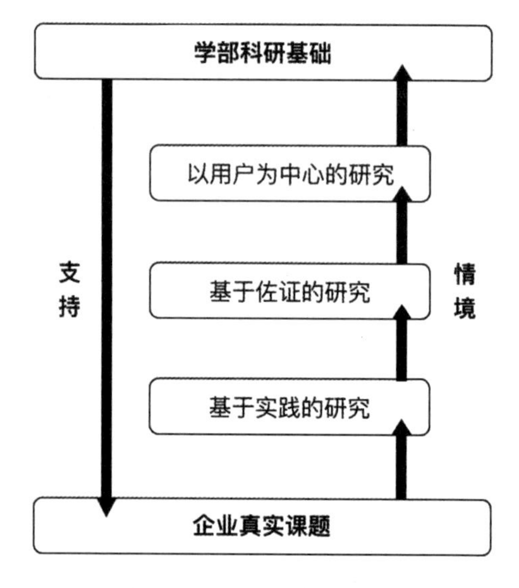

图1-15 用户体验科研模式

实情境调研获得的数据也能为科研做支撑。中间三者不仅互相联系、层层推进并有反馈影响，而且充当首尾二者的关系纽带。在我们今后的教学中，科研方法的学习是很重要的一环，如最基本的问卷调查这一工具，是获得用户数据的很有效的方式，仍具有广泛的科研空间。还有正在强劲发展的大数据等方法，再辅以合理的定量数据分析方法，就能使结果更加精确，使设计师深入了解用户。这些科研方法的学习最终都要应用于实践，再从实践中获得反馈，从而促进科研内容的迭代。期间当然你们也会学习依据这一框架做研究，学习做研究的步骤和写文章的方法并发表。但是模式不是死的，由于用户体验研究正在起步阶段，更多的研究模式还需要你们去探索。”

### （三）资源对接—双赢驱动

珠珠：“听说校企合作实践将是我们的重头戏？而且我们将采用项目组的形式教学？”

福克斯导师：“未来的工作需要的是团队的力量，从现在开始培养你们的团队合作能力是必要的。一般的科技公司采用的就是项目组形式，当领导层决定开启某个项目时，会直接向人力要具备各种各样的背景和技能的人才。这时，他们所组成的专业分配合理、技能熟练的小分队，就是最适合完成这项任务的团队，这叫合理资源配置。校企合作，是为了达到双赢。我们有学生资源、科研基础、课程资源、轻松的办公环境、活跃的研究氛围和靠谱的产出，但是我们缺乏项目锻炼、资金支持、实践经历，而现实中的企业能为我们提供这些，同时他们也能在合作中获得同学们大开脑洞的创新想法，并以企业的工作模式训练学生，这是校企之间双赢的举措，也是值得未来更多高校借鉴的解决毕业生与企业需求对接问题的方法（见图1-16）。”

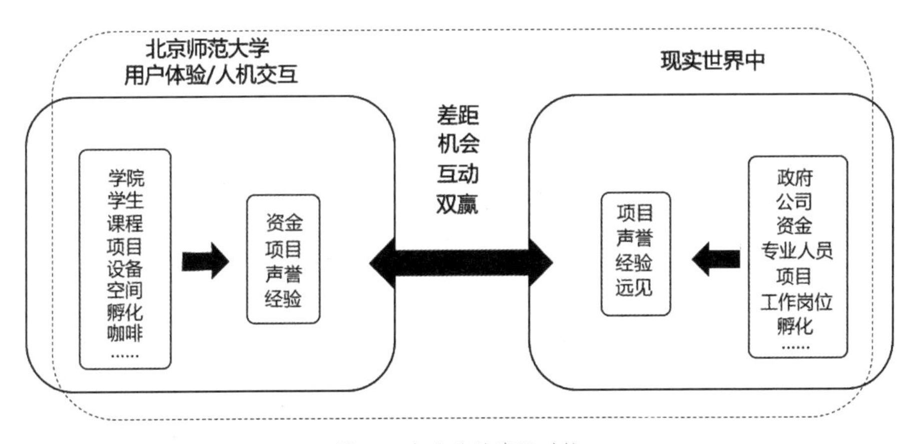


图1-16 与企业的资源对接

## 三、教学活动案例详述

珠珠是2016级用户体验班新生，尽管和福克斯导师聊了很多，但是对于用户体验这个方向还有很多疑问。但很快他就了解了学校的教学活动是如何开展的。

### （一）日常的教学模式

刚来到学校，珠珠就加入了工作坊。在工作坊活动教室，学生分成小组围在一起，紧锣密鼓地画图，唇枪舌剑地探讨着各种问题，这对于一个从中规中矩地上课听讲、记笔记的普通大学本科学生来说着实新鲜，上课怎么能这么乱呢？不像话！在人群中一直穿梭着一位指手画脚、东张西望的老师，不时地对其中某个同学竖起大拇指。这难道是老师？不应该在课堂上读PPT吗？怎么会跑到学生中间，怪不得这么乱？没等珠珠反应过来，其中那个讨论特别激烈的小组拉出来一张一米见方的大白纸，上面贴满了各种照片和剪贴于杂志和报纸上的图纸，标有线条和箭头，以及简单的文字（见图1-17）。他们把它放到一旁的桌子上后，又开始了讨论，珠珠第一天的学习开始了。

图1-17 用户体验方向的学生正在课上手工做图

还没等珠珠从第一天的迷惑中醒悟过来，由于手头的用户资料不足以支持他们的桌面研究（通过电脑、电子文献、书籍等寻找一些和课题有关的资料），小组决定外出做有关汽车的用户调研，这次外出主要是了解用户对汽车功能的认识和在体验上对细节的感受。小组中学生的本科背景各不相同，有心理学、经济学、逻辑学、工业设计、计算机学等，来自心理学的珠珠意识到，这种情况下采用访谈法比较科学合理，于是在精心设计好访谈法要问的问题和流程，明确了各自的分工，如摄像、记录、访谈主试、助手、场地安排和环境评估后，小组便在汽车4S店、维修中心、路途中依照设计好的流程开始进行访谈。对于这些，珠珠还是驾轻就熟的。但是一路上，组员们所探讨的思维导图（用来梳理想法、发散思维的工具）、拼贴画（用生活和办公的各式材料剪贴而成，形象地表现想法）、旅程图（用线条、图标等表现用户的行为轨迹）让珠珠一头雾水。

第三天，珠珠迟到了。但是在抵达教室外的走廊时，教室中并没有传来预料中的讨论声，而是导师娓娓的讲述声，走进教室一看，原来是导师在深化用户体验理论知识和研究方法的应用技巧，如第一天的剪贴画和第二天组员们探讨的拼贴画。一方面，理论知识也得结合着案例来讲，这样更容易吸收，毕竟用户体验知识体系庞大复杂不易理解；另一方面，导师在讲研究方法时，不仅将每种方法的使用环境、适用条件和如何实施结合案例讲解出来，还以同学们的阶段性成果，如拼贴画为例子，提出优点，指出错误。这是珠珠对用户体验教学活动的最初印象。

### （二）从虚拟的项目开展流程

两个月后，珠珠所在的另一个小组（因为完成一个项目以后要重新分组）迎来了一个新的挑战，这次同学们要亲自去寻找一个项目并实施。在教学过程中，项目一般由导师拉来承接，但是实际进入公司后，各组组内要进行一番酝酿和激烈讨论，最终整理出一份正式的商业计划书[①]。开始时，同学们通过组内讨论向某企业递交一份很详细的计划书，内容庞杂事无巨细，文字超多，带很多图表，但是被出身设计学的晓宇同学否定了。

他认为，一份优秀的提案应该是一眼就看懂你们的点子，不要那么多文字，而是将文字转化为逻辑图，能用图表说明的不用文字，能用图片说明的不用图表，因为除了我们递交提案以外，别的机构和个人也在与我们竞争。而且通过提案的精致程度能看出我们组的项目开展与执行能力，甚至是最终产出结果的水平。珠珠恍然大悟，但是如何开始呢，他们便从网上参考了一篇提案的内容格式，费了很大的力气把提案该有的要素补充完整递交给企业，期待获得项目的批准并获得资金的支持。然而事与愿违。该企业的总监在回

① 这里指一种申请项目开展的提案，把自己的想法变成现实，得到公司高层批准和提供资金支持。

复的邮件中说，你们的提案做得很好很完整，看得出你们前期为该项目所做的努力，但是我没能弄清你们的点子到底是什么。

看到这封简短的邮件，珠珠和组员们懵了，这时对逻辑学有研究的浩佳同学说："咱们的观点就在提案里但总监没看到的原因就在于我们过于强调内容的完整性，照搬别人的格式，表达观点的部分没有详细阐述清楚，花絮和铺垫等内容放得太多，观点提出得太晚又被淹没在眼花缭乱的图片里，怎么能让人一眼就明白呢。"于是珠珠再次修改完成发送。而后又经过与总监多次见面沟通洽谈，项目签订了，资金也到位了，项目如期组织开展起来。

珠珠在导师的带领下，开展了一个又一个实践项目，目前他已经完成了大小课题4个。他们将在一个又一个项目的锻炼中，变得能够独当一面，成为未来用户体验行业的顶梁柱。

### （三）课外活动

除了课堂教学和项目以外，班级还以同学为主导，举办了多项学习活动，丰富知识，开拓视野。

1. 读书交流会

珠珠钟情于本专业由同学组织开办的读书交流会（类似的研讨会有很多种），每周六下午他都会去。每次交流会会提前一周安排好由哪一位或几位同学来讲，无论是最近读过的书，还是最近学过的研究方法都可以分享。读书分享会不仅仅是分享者自己一个人演讲，还有接下来的讨论，甚至就一个细节的问题相持不下（见图1-18）。此外，类似的学生自发组织的兴趣活动还有很多，如桌球、桌游、游泳等，这些活动能在一定程度上促进同学之间的交流，提高团队合作能力。

图1-18 读书交流会讨论中

2. 校企行、欧美游学等活动

珠珠在这半年里，除了完成日常的实践课题，学习大量的课程，其他的时间会随导师外出参观企业或游学。国内，他先后去过上海（唐硕创意孵化基地）、苏州（参加2016UXPA大会）、杭州（参观阿里总部西溪园区），参观北京微软、猎豹等互联网科技公司。国外有欧洲游学行，参与代尔夫特理工大学、南丹麦大学的课程等，接下来的2017年又去了美国西雅图、硅谷等地参与实际课题的活动（见图1-19）。还有很多团队建设活动和户外娱乐。这些活动一方面是为了争取实践课题，增加学习维度（从书本扩展到围绕用户体验的实践领域）；另一方面是为预测和把握未来几年科技与设计领域的脉搏，拓展同学们的思维与视野。

3. 参加竞赛

珠珠还参与了用户体验方向的LOGO设计大赛、课题竞赛（小组竞争成果得奖）等活动，这些活动能够增进学生之间的互动交流，培养默契，模拟社会企业竞争，对后续实践课题的开展，既是一种休息方式，也是一种充电形式。除此以外，还有丰富的课外活动，如定期开展的技能培训（毕竟学生们学科出身不同，每一位同学对于其他专业的同学来说都是老师）、自媒体公众号等，这些都包含在现有的教学环节里（见图1-20）。

图1-19 部分校企行和国外游学活动

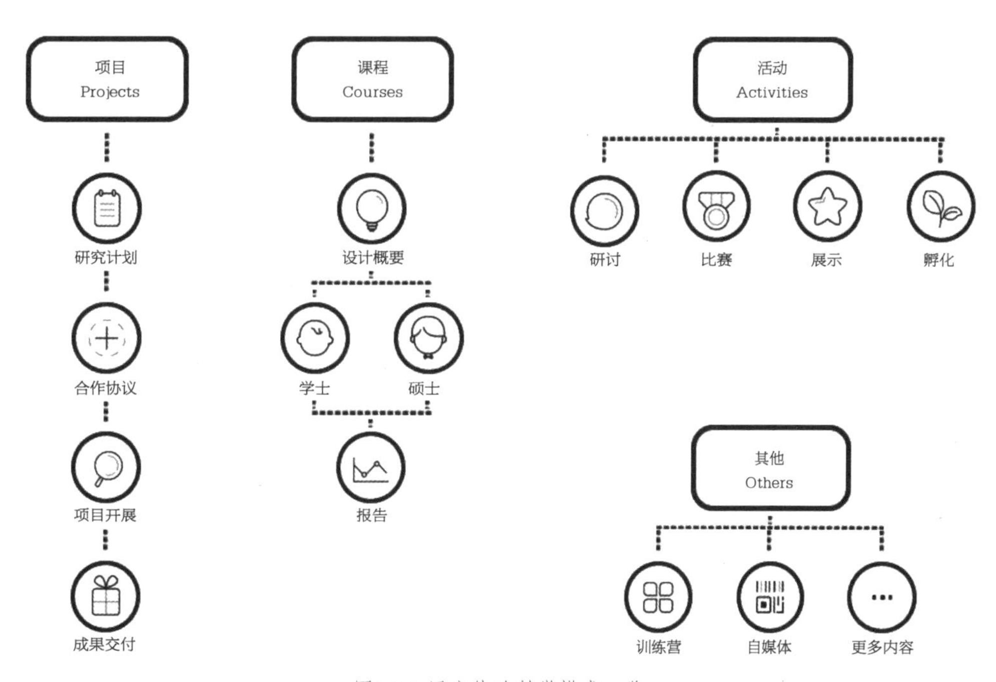


图1-20 用户体验教学模式一览

## 案例使用说明

本文主要归纳和总结了用户体验方向的教学模式，即用户体验教学与实践深度结合的理念和方式，让学生在实践的情境中，掌握用户体验理论的要点和用户研究方法的精髓。结合该教学模式探讨了实践与科研相辅相成的关系，随后以案例的方式，从学生角度出发，深入情境之中，让读者了解用户体验作为新方向的优势和潜力；在教学与实践中，采用项目制教学，为用户体验学生将来进入企业打好基础，养成良好的团队合作习惯，并培养卓越的研究思维和行动能力。

**关键词：** 人机交互　科研方法　教学模式

**教学目的与用途**

- 本案例为用户体验课堂提供教学与实践相结合模式的参考，具体操作过程应以自身情况而做出适当调整。
- 科研方法培训要到位，注意课堂理论教学与具体操作演练结合，并用实践课题去验证，并在实践过程中不断总结经验与方法。
- 对于资源对接，注重企业资源与专业优势的吻合，并在课题结束后进行长久的联系与后续反馈。
- 项目成果与科研过程相结合，时刻把握项目过程中的研究方法细节与科研基础，注重反复论证项目进行中研究方法的科学性，同时收集项目成果数据，作为基础研究的依据。

**启发思考题**

- BNUX的教学模式是怎样的？有哪些创新点？
- BNUX为什么要采用这种模式进行教学活动？
- 对于科研模式，如何将科研与实践活动高效地整合起来？
- 用户体验方向与企业合作过程中的资源对接要考虑哪些方面？
- 国外游学活动与参观科技公司对用户体验学生的学习有哪些帮助？

# 第三节　立足现在　展望未来

——用户体验方向发展

在全球科技日新月异的情况下，人们对于“人”这一因素越发重视，用户体验行业也在这样的机遇下蓬勃发展。西柚就是向往着在这一行业发光发热的一名普通学子，怀揣着这一份憧憬和热情，他踏上了漫漫求学路。

西柚高中毕业后，遵循着自身的兴趣，就读了北京师范大学心理学部的心理学系。在四年的学习中，他对人的行为、心理有了深入的了解与探索，也在不断摸索着心理学与用户体验的结合点与发展点。于是，在接受系统的本科知识后，他自发研习了用户体验领域的相关书籍，并利用地理优势，参与了各大高校举办的工作坊与国际性用户体验大会。在此期间，通过不懈的努力，他对自己的发展方向更为明确，对用户体验行业的理解也越发深刻，并将乔布斯的名言“求知若渴，虚心若愚”奉为座右铭，以此体现他对用户体验领域的知识的渴求与对学习的谦卑。由此，在大学毕业这一人生的关键转折点，西柚决定继续深造，打磨自己。

适时，同样隶属于北京师范大学心理学部的应用心理专业硕士用户体验方向发布了最新的招生简章，根基深厚的学科背景和资源平台、如雷贯耳的各界导师与合作对象、前瞻性的实验室与研究方向，加上形式新颖的工作室模式，无一不让西柚心动不已，经过老师的推荐，结合用户体验方向的具体情况，西柚决定报考母校的用户体验方向，而这也将是影响西柚接下来的求学生涯和职业生涯的重要决定，而他从不后悔做这个决定。

## 一、行业背景

西柚做下这个决定绝不是冲动使然，而是在经过理智的思考，仔细分析用户体验行业和用户体验教育行业的现状与发展潜力后，慎重的抉择。他坚信，这一行业将逐渐占据主流，而他也将在这一行业闯出自己的天地。

## （一）国内外用户体验行业发展

国内的用户体验行业正处在萌芽之后的稳步发展阶段，其潜力不可小觑。西柚通过阅读分析腾讯CDC发布的《2016用户体验行业调查报告》发现，目前用户体验行业的职业类别主要集中在管理类、视觉设计类、交互设计类、用户研究类、品牌设计类以及产品类，工作对象聚焦在移动设备应用/软件、PC网站/网页以及移动设备网站/网页，服务公司则是互联网/移动互联网占主导地位[①]。

① 2016用户体验行业调查报告，腾讯CDC发布。

纵观全世界的用户体验行业进程，主要目标仍聚集在互联网领域，但互联网的整体增速放缓，获客难度增加，有必要将更多垂直领域的行业融入互联网，推进全世界的互联网化，其中通信与人机交互的重新定义，更是创造了无限可能。

同时，高瓴资本（Hillhouse Capital）的数据显示，中国作为世界上人口最多、领土面积居世界第三的国家，其发展潜力巨大，在广告、商务、旅游和金融服务领域，发展潜力甚至超过美国[②]。中国也越发注重服务，以人为中心的设计正在不断改变着人们的设计思维。

② 玛丽·米克尔，2016互联网趋势报告，高瓴资本（Hillhouse Capital）发布。

想到用户体验方向的介绍，西柚越发肯定自己可以在学习了当前技术知识的基础上，触摸到世界顶尖领域的商塔，而借由中国这一拥有巨大潜力的市场，他必将在用户体验行业发光发热。

## （二）顶尖高校发展模式

在西柚确定就读北京师范大学用户体验方向前，他曾深入研究过开展用户体验领域研究的世界顶尖院校，通过了解这些高校如何搭建高校设计平台，如何提供资源以及其发展模式，以便为自己在研究生方向的选择上提供借鉴和参考。

首先西柚着眼于荷兰的代尔夫特理工大学，其设计学院被美国商业周刊（Bloomberg Businessweek）评为世界顶尖的设计学院之一。在校企合作上，代尔夫特与国际上许多企业和研究机构保持密切合作关系，如国际商业机器公司（IBM）、飞利浦、壳牌等，因此，在校的许多学生都有机会在这些机构中完成部分学业或研究工作。在教学建设上，治学严谨、注重基础理论和应用技术研究，探讨最前沿的科学理论已成为该校教学和学术研究的主导思想。在学习环境上，代尔夫特的环境构造别出新意，既有让学生讨论的开放场所，也有让学生研究思索的密闭空间。图1-21即代尔夫特理工大学的开放学习空间，大家在一起学习探讨，这是西柚一直很向往的学习方式。

其次西柚关注了美国的罗德岛设计学院，它是一所集艺术与设计学科为

图1-21 代尔夫特理工大学的开放学习空间

一体的世界顶尖设计学院。在教学资源上，罗德岛设计学院资源丰富，除了驻校的教授与讲师，每年还有200多名来自全球各地的著名艺术家、设计师、评论家、作家和哲学家来学院担任访问学者和兼职教授，确保学生涉猎各大领域，成就综合型人才。在课外，罗德岛设计学院还为年轻的设计家提供丰富多样的培训、专业讲座、艺术展览等继续教育活动，以满足大众对学习型社会的需求。

除此之外，西柚还粗略研究了卡内基梅隆大学与普瑞特艺术学院，知晓教学资源、校企合作、设计活动以及实验室建设是作为用户体验教育行业的顶尖高校不可或缺的条件。

### （三）国内用户体验教育行业的发展潜力

在我国，互联网已逐渐渗透到人们生活的方方面面，而“互联网+”的提出，在扩大了互联网影响领域的同时，也给予用户体验行业更多的发展机会。同时，全国人大常委会原副委员长路甬祥提出的创新驱动发展战略则进一步加强了用户体验教育行业的重要性。西柚坚信用户体验教育行业在我国有继续发展壮大的潜力，而用户体验行业将大放异彩。

自改革开放以来，我国已是全球第二大经济体，工业与科技水平已逐渐赶超世界先进水平，然而，我国的自主设计能力较为薄弱，用户体验设计也处于起步阶段。无论是日常用品的研发，智能产品的创造，还是科学研究，用户体验作为概念设计的部分，起着创新创造的重要作用，它是一切创造性实践活动的先导和准备，也是帮助中国摆脱模仿、进入原创突破层级的重要步骤，用户体验环节可以带动创新设计，带动产业的革命和社会的发展。

由此，路甬祥提出了增强创新设计的五个关键要素：①要顺应国家战略；②要坚持开放合作；③要重视创新集成；④要建设人才团队；⑤要促进集聚

① 路甬祥：《创新设计是创造性实践的先导和准备》，载《市场观察》，2013（5）。

与网络。[①]

高校作为人才培养的摇篮，具有其独特的优势来培养行业人才，满足路委员长提出的五大关键要素。在学科建设上响应国家号召，开设具有针对性的用户体验方向，与国内外高校和名企建立合作关系，取其精华，实现创新与再创新。同时，高校要汇集各方面的人才，促进交流合作，直至培养出符合战略要求的新一代用户体验领域的主干力量。

## 二、北京师范大学用户体验方向的发展

西柚在明晰了全国的用户体验行业发展情况以及用户体验教育行业的发展潜力后，对BNUX的未来发展充满了信心，也进一步坚定了就读该专业的信念。为此，西柚希望全方位了解用户体验方向的相关信息，为之后的就读做好充分的准备。

### （一）研究方向拓展

有了如此完善的学科建设，庞大的导师团队，高精尖的项目以及设备充足的实验室，西柚所想的、所需的都已满足。更有幸与敬仰的导师和期盼的企业进行亲密接触，西柚对以后的研究方向充满了期待，特别是在人工智能、虚拟现实、物联网等领域，他已提前做好了准备，欲小试牛刀，也期望利用心理学的知识，结合这些领域的技术，做出一番成就。

#### 1. 人工智能

② 田丰、任海霞、Philipp Gerbert等：《人工智能：未来制胜之道》，载《机器人产业》，2017（1）。

人工智能是研究、开发用于模拟、延伸和扩展人的智能的理论、方法、技术及应用系统的一门新的技术科学，涉及哲学和认知科学、数学、神经生理学、心理学、计算机科学、信息论、控制论、不定性论。[②]自20世纪50年代以来，人工智能飞速发展，逐渐成为一种核心竞争力。

人工智能在图像识别、语音识别以及自然语言处理领域已有了一定的成就。例如，微软图像识别的错误率已低于人类，而苹果的语音助手Siri、亚马逊智能音箱Echo、微软的语音助手微软小娜、阿里YunOS等则代表了目前的语音识别和自然语言处理的最高水平。在谷歌、优步、华为、阿里巴巴等公司，人工智能在机器人、无人机、自动驾驶等领域的应用已处于研发及应用阶段。

人工智能的潜力巨大，未来几年内人工智能将在现有技术的基础上取得进步，同时，人工智能将拓展至整个垂直行业，探索更多的可能性，同时人工智能与大数据的结合，将使人工智能的价值呈指数增长。

作为集合了各专业背景学生的用户体验方向，在人工智能领域也可发挥

不小的作用。技术方面由计算机科学和计算神经科学等支撑，包含大脑模拟、符号处理、子符号法等；研究方面由心理学、哲学、认知科学等支撑，包含问题解决、知识表征、机器学习、情感计算、多元智能等。每一位学生都能结合自身的专业背景，在人工智能的研究中找准定位。作为心理学背景出身，西柚在情感计算、知觉、决策、语言等领域得心应手。

2. 虚拟现实

虚拟现实技术是指综合利用计算机图形系统以及各种显示和控制等接口设备，在计算机上生成的、可交互的三维环境中提供沉浸感觉的技术。[①]我国的虚拟现实研究始于20世纪70年代，国务院发布的《国家中长期科学和技术发展规划纲要（2006—2020年）》首次将虚拟现实技术列为信息领域优先发展的前沿技术之一。

① 郭天太:《基于VR的虚拟测试技术及其应用基础研究》，博士学位论文，浙江大学，2005。

目前市场上热销的虚拟现实设备主要是外接式头戴设备、移动端头显设备（虚拟现实眼镜见图1-22）与虚拟现实一体机。外接式头戴设备主要有HTC Vive、索尼的Play Station VR、脸书收购的Oculus Rift等，移动端头显设备则以其简单易携、物廉价美的特性更受欢迎，知名的有谷歌的Daydream View、微软的HoloLens、苹果的View-Master、三星的Gear VR等，虚拟现实一体机则竞争压力相对较小，包含英特尔Project Alloy、TCL VISION等。

待技术发展成熟，虚拟现实的前景将远不止于此，它将应用至医学、娱乐、军事航天、康复训练、心理治疗、教育等领域，并结合云计算平台，构建虚拟仿真的世界。同时，虚拟现实在发展过程中还需克服虚拟感差、容易疲劳、有效的输入方式等问题。

图1-22 应用于设计的微软虚拟现实眼镜

虚拟现实作为一个多学科交叉的领域，需要计算机科学、人因工程、心理学、工业设计、资源信息学等学科的通力合作，这不仅体现在模拟环境、传感设备、广角立体显示技术等方面，还体现在感觉反馈、语音输入等方面。西柚想到可以就自身认知、经验学习、感觉知觉、视觉认知地图等领域提出建设性意见，同时可以利用虚拟现实技术进行心理研究，如基于虚拟驾驶的交通安全心理研究、基于虚拟高空环境的心理治疗和基于虚拟环境的心理研究等。

3. 物联网

物联网（Internet of Things，IoT）是一种通过各种接入技术将海量电子设备与互联网进行互联的大规模虚拟网络，包括射频识别（Radio Frequency Identification，RFID）、传感器以及其他执行器的电子设备通过互联网互联互通、异构信息汇聚以后共同完成某项特定任务[①]。简言之，物联网是互联网的延伸拓展，应用创新是物联网的发展核心。

物联网主要解决物与物（Thing To Thing，T2T）、人与物（Human To Thing，H2T）、人与人（Human To Human，H2H）的问题，由此衍生出几条关键产业链，涉及智能交通、环境监测、智能家居、照明管控、智能消防等多个领域。近几年智能家居、智慧城市陆续抢占物联网领域高地，各大公司均有所建树，以Sectorqube公司的MAID Oven智能厨房助手、Sonos公司的智能流媒体音箱等为代表的智能家电，以谷歌Home、亚马逊Echo等为代表的智能家居系统控制中心，以及以IBM提出的“智慧地球”概念、西门子提出的“智慧交通”战略为代表的物联网先进战略规划，都为物联网的发展与开拓打开了局面。

现如今物联网为互联网的技术创新提供了机遇，也带来了挑战，结合软件定义网络、网络功能虚拟化、大数据、云计算等新兴技术，在解决安全性和隐私性问题，寻找到最合适的物联网操作环路的应用模式的前提下，物联网将不再是某个单一系统，而是一个可以运行多个应用和服务、具有集成能力的重要基础设施[②]。

除此之外，物联网的发展也给学界带来了巨大的挑战。众所周知，物联网的技术系统涉及感知、传输、计算、控制等层面，而这些知识分布在电子科学与技术、信息与通信工程、计算机科学与技术、控制科学与工程、心理学等学科，只有将这些学科知识融会贯通，各学科背景学生通力合作，物联网的发展才会顺畅，用户体验可以在情境感知等方面做出贡献。

4. 可穿戴设备

可穿戴设备泛指内嵌在服装中，或以饰品、随身佩戴物品形态存在的电子通信类设备，可穿戴设备不仅仅是一种硬件设备，它还能通过软件支持以及数据交互、云端交互来实现其强大的功能。在智能终端市场逐渐饱和的前

① 童恩栋、沈强、雷君等：《物联网情景感知技术研究》，载《计算机科学》，2011（4）。

② 沈苏彬、林闯：《专题前言：物联网研究的机遇与挑战》，载《软件学报》，2014（8）。

提条件下，可穿戴设备市场极有可能是移动互联网时代一个新的价值入口[①]。

目前可穿戴设备分为头戴式设备、腕带式设备以及身穿式设备（见图1-23）。以谷歌眼镜、Melon头环为代表的头戴式设备具有在用户的自然视野中呈现信息、与头部运动密切相关的特点；以三星Galaxy Gear、Pebble、Apple Watch等为代表的腕带式设备则有较小的显示屏、与肢体动作相关、与手机软件配合使用等特点，这一类设备也是当前市场上竞争激烈的领域；身穿式设备主要与日常服饰相结合，阿迪达斯超新星Bra、安德玛（Under Armour）E39 T恤、Nike+运动鞋等，它们的显示屏较小或不具备显示屏，主要用来感应身体信息及肢体动作。[②]

随着这几年互联网相关技术的快速发展，可穿戴式设备可运用的技术越发成熟，包括传感技术（运动传感器、生物传感器、环境传感器），无线通信技术（蓝牙、Wi-Fi、ZigBee、NFC），电源管理技术，显示技术（柔性显示技术、透明显示技术）以及大数据，这些技术将扩大可穿戴式设备的应用领域，改变人们的生活方式，并带来新的营销、消费模式。

目前，可穿戴式设备与几年前智能手机的处境类似，在软硬件研发、外观设计达到饱和之后，真正的核心竞争力落脚在产品的用户体验上，可穿戴式智能设备的设计将更加注重交互技术与以人为中心的用户体验观念。

纵观可穿戴设备的发展历史，不难发现可研究的切入点繁多，从信息传达的角度对视觉反应的时效性进行研究，从人因工程的角度对人机交互特性进行研究，从工业设计的角度对外观进行设计，从感知和认知的角度对感官

① 毛彤、周开宇：《可穿戴设备综合分析及建议》，载《电信科学》，2014（10）。

② 孙效华、冯泽西：《可穿戴设备交互设计研究》，载《装饰》，2014（2）。

微软全息透镜

苹果手表

Nike+运动鞋

谷歌眼镜

小米手环

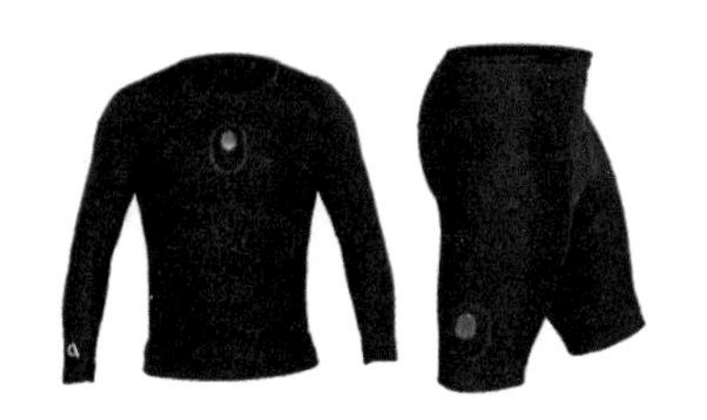

Athos智能运动服

头戴式

腕带式

身穿式

图1-23 可穿戴设备

刺激的意识程度进行研究以及从社会互动的角度测验社会接受度等。西柚惊喜地发现，他可以在前人研究的基础上，继续运用心理学知识，使可穿戴设备更符合人们的心理模型和交互方式。

5. 其他方向

未来科技的发展将会越来越快，更新换代的速度也将远胜如今，只有跟上时代的潮流，才能不被时代抛弃。西柚发现，除了人工智能、虚拟现实、物联网、可穿戴设备外，云计算、大数据、工业机器人等也将逐渐影响用户体验行业的设计思维和实现办法，未来的中国制造是软件+硬件+服务的集合体，而用户体验在其中大有可为。

①软件：物联网、网络安全、大数据、云计算、MES系统、虚拟现实、人工智能、知识工作自动化等。

②硬件：工业机器人、传感器、RFID、3D打印、机器视觉、智能物流、可编程逻辑控制器、数据采集器、工业交换机等。

③服务：顶层设计、系统集成、体验设计等。[①]

① 夏妍娜、赵胜：《中国制造2025:产业互联网开启新工业革命》，北京，机械工业出版社，2016。

## （二）集成型高校工作室成型

西柚最满意的还是北京师范大学用户体验方向独有的集成式高校工作室，在这个主张和谐共享的工作室里，他能感受到齐力同心的乐趣，能够专注于自己的志向，与志同道合的同学参与同一个部门，每一个项目的成功都满含他们的付出和努力，有着他们的欢笑和泪水。

1. 工作环境构建

打造一个开放、自由、共享的工作环境，是北京师范大学用户体验方向工作室建设成型必不可少的条件之一。自从踏入北京师范大学用户体验方向工作室，西柚便为眼前所见而惊讶，不是惊讶于宽敞的工作环境和高科技，而是惊讶于工作环境中随处可见沟通协作的元素，泉涌迸发的灵感创意，以及和谐工作的团队与成员。

在这一层工作室里，有给予成员独自冥想的工作空间，配备了电脑、手绘工具、记录板等全套设施；也有给予团队讨论交流的小型会议室，用于不同设计领域的研发探讨；小型图书馆加上高科技实验室，则满足了工作室所需的所有理论知识储备和实践动手环境，而错落有致的休闲和娱乐区域，使团队成员在工作的同时可以放松身心，在自由共享的环境里放飞思绪，激发灵感，也让工作室的整体工作氛围积极向上，进取拓新。

2. 各大服务体系协作

与其他高校不同的是，北京师范大学用户体验方向工作室根据同学们的学科和工作背景，结合他们的兴趣，创建服务平台，在项目中通力合作，组成精英团队，而这些平台包含产品策略、用户研究、服务设计、交互设计以及视觉设计。

产品策略平台：结合公司商业目标与市场目标，形成切实可行的产品方案，使产品在激烈的市场竞争中脱颖而出，夺得优势，包含产品定位、产品组合策略、产品差异化策略、品牌策略以及生命周期应用策略等。

用户研究平台：通过市场调研、人类学研究以及对用户和竞品进行分析，确定用户群特征，挖掘出潜在的商业价值和潜在机会，并就此形成产品功能架构、用户任务模型和心理模型。

服务设计平台：帮助项目形成适用于目标用户的全局性的服务系统和流程，主要聚焦在用户体验全流程，涉及所有接触点，提供一种优质服务。

交互设计平台：从研究中了解用户的期望行为和体验价值，设计出符合产品使用场景与用户真正需求的交互模型，为产品和用户之间提供最合适有效的交互方式和沟通方式。

视觉设计平台：主要包含图像设计与界面设计。学生通过掌握视觉传达设计理论与技能，结合新兴的视觉设计软件与设备，创造出符合用户体验研究结论的产品外观和图像，在品牌与用户之间搭建一种可视化的桥梁。

各服务平台各司其职，提供了广阔的空间，将学生的能力与潜力发挥得淋漓尽致，经过不断的延续发展，最终成为业界不可忽视的强劲力量，西柚每当想起在工作室中的点点滴滴，都心怀感念。

3. 合作领域搭建

北京师范大学用户体验工作室是一个不可分割的整体，而它的成长经验来自合作的每一个伙伴。无数次的经验积累、无数次的战胜挑战，才成就了今日知名的北京师范大学用户体验工作室。西柚也不可否认，他的选择有一部分是受工作室的影响。成熟的工作室模式，将使成员更加成熟。

也是在这一次次的项目合作中，北京师范大学用户体验工作室摸索出了符合自身条件的专精领域：智能领域、消费领域、服务领域（见图1-24），这三个领域作为工作室的主打招牌，也得到了合作伙伴的青睐。

智能领域：智能领域是近十年来备受关注的

智能领域

工作室基于智能领域以独特的体验和设计思维，形成了完善的设计流程与创意体验，洞悉用户与市场，形成别树一帜的产品策略与方案。

消费领域

工作室将帮助传统行业完成互联网化的完美转变，着重于O2O体验，搭载B2C、C2C体验，以前沿的设计思维和创新经验提升产品的竞争优势。

服务领域

工作室以人为导向，有效组合所有接触点，给予用户舒适、可用、便捷的体验，提供最优质的服务流程。

图1-24 北京师范大学用户体验工作室的合作领域

领域，围绕其研发的传统的智能手机、电脑、手机软件，新兴的智能家居、智能汽车、可穿戴式设备等均潜力巨大。工作室基于该领域，形成了完善的创意体验设计流程，洞悉用户与市场，形成产品策略与方案。

消费领域：消费是永不过时的主题，搭乘“互联网+”的热潮，工作室助力传统行业，注入互联网因子。着重关注联动商户线上与线下体验（O2O），实现优势互补，深耕企业对消费者的电子商务模式（B2C）、消费者对消费者的（C2C）领域体验差异，以前沿的设计思维和创新经验提升产品的竞争优势。

服务领域：一个好的服务是一个好的开始，人的因素将逐渐占据更大的比重，工作室以人为导向，有效组合所有接触点，给予用户舒适、可用、便捷的体验，提供最优质的服务流程。

## 三、应用指南

BNUX从创办之初便受人关注，其发展历程更是为国内相关高校提供了经验与方法，与此同时，也进一步促进了国内用户体验行业的蓬勃发展，其在业内的影响力不可小觑，也影响着业内的方方面面。

### （一）针对高校用户体验方向建设者的建议

如何建设一个成功的用户体验方向，如何打造高校+企业+导师的资源服务平台，如何成为业界人才资源的主要产出者，北京师范大学用户体验方向给予了一份完美的答卷。精心搭配的导师团队，融合了高校与业界的高端血液，与横向纵向课题完美合作，从而构建了独一无二的工作室，在锻炼学生的同时，不断提高其实战能力，形成了一专多能的精英型人才培养模式。这是BNUX屹立不倒的金字招牌。除此之外，开发、自由、共享的工作室环境与共享、平等的高科技实验室也是成功的用户体验方向必不可少的配件，它们在启发学生灵感、形成创新思维方面功不可没。

### （二）针对用户体验从业者、教育者和学生的建议

用户体验教育从业者一直是教育行业的稀缺人才，在用户体验方向里，将享有多项选择权，既可以参与普通教育授课，也可以加入北京师范大学用户体验工作室带领学生参与项目合作，教授学生的同时磨炼自身的技能，共同进步。

对于想要从事用户体验行业的学生而言，选择北京师范大学用户体验方向绝对是一个明智的决定。在这个团体里，有德高望重的导师，有数之不尽的项目，有肝胆相照的同伴，每一位学生都可以在这里找到自己的立足之处，发挥自身的才能，同时弥补自己的短板，成就梦想。

### （三）针对用户体验行业公司的建议

北京师范大学用户体验方向的成功，对于用户体验行业的公司而言，是一个双赢的局面。高校以其新生代的设计思维，多专业背景的学科融合，以及饱满的工作热情成为各大公司的可靠合作伙伴；公司则以其前沿的研究方向、经验丰富的实战人员、品牌影响力为高校提供了锻炼的平台与发展的资本。两者互有裨益，其合作也是必然的结果，既可以以项目合作的形式，共同促进产品的研发；也可以以委托的形式，借助北京师范大学用户体验工作室多样化的人才资源，提供完善的设计方案；也可以从BNUX吸纳高端人才，为本公司用户体验部门的发展注入新鲜血液。合作方式各种各样，其取得的结果也各有千秋。

## 案例使用说明

北京师范大学是国内首个针对用户体验行业培养专业人才的学校，每年产出大量高精尖人才，为国内外一流公司提供人才储备。其搭乘“互联网+”的热潮，响应创新发展战略，进一步加大学科影响力。本案例则在此基础上以BNUX的未来发展为出发点，搭建了用户体验方向的整体框架。第一步，以国内外用户体验行业与用户体验教育行业的现状与发展为立足点，逐步展开学科建设，包括导师团队建设、横向纵向课题建设、实验室建设以及高校交流项目建设，从学界的角度，集合众多资源，形成体系牢固、分工明确的专业格局；第二步拓展视野，强势介入新兴的研究领域，包括人工智能、虚拟现实、物联网、可穿戴设备等领域，以此为基石，通过不断的发展，逐渐成为国内领航的一流专业。

**关键词：** 学科建设　研究方向　北京师范大学用户体验工作室

**教学目的与用途**

◎ 本案例主要适用于学科建设、用户体验研究方向等相关课程。

◎ 本案例主要介绍北京师范大学心理学部专业硕士用户体验方向的背景和资源分布，详细讲解导师、项目、实验室资源，以及工作室的工作内容与职能。

◎ 本案例的教学目的是帮助学生了解用户体验方向的整体架构，明晰自己的定位，有效利用用户体验方向已有资源提升自我。

**启发思考题**

◎ 北京师范大学用户体验方向将为学生提供的成长资源有哪些？

◎ 从本科专业背景出发，可在新兴的研究方向里起到何种作用？

◎ 结合已提供的用户体验方向介绍，详述个人的学习规划与职业生涯规划。

◎ 从已有介绍出发，绘制个人的态势（SWOT）分析模型，并提出个人提升策略。

◎ 对于北京师范大学用户体验方向的发展，有哪些切实可行的建议？

学科建设 01

# 共建合作 02

学生培养 03

主题案例 04

# 第一节　群英力助　共创未来

——专家接洽

马斯洛曾将人的需求划分为五个层次，构建出了著名的需要层次理论（见图2-1），他认为人类的需求是逐层递进的。在经济蓬勃发展、文化精神领域空前强盛的当今社会，单一的物质富足早已不能满足现代人的需求，人们开始向着金字塔的顶端攀爬，追求更高层次的精神享受。体验经济应运而生，并也呈现出了一个飞速发展的态势，"以人为本"的核心思想深入人心。

在国内，当越来越多的人将"体验"这一思想付诸实践时，却鲜有人切切实实听说过用户体验这一概念，更没有人系统地接触或学习过用户体验相关的理论体系。"体验"的概念在各类行业中快速扎根发芽，但在国内的教育方面却仍然存在着巨大的缺口，这种极端的不平衡现象造成了严重的人才缺乏。BNUX正是在这种大环境下应运而生的，它的诞生及时地给用户体验领域注入了一股强劲的新生力量。

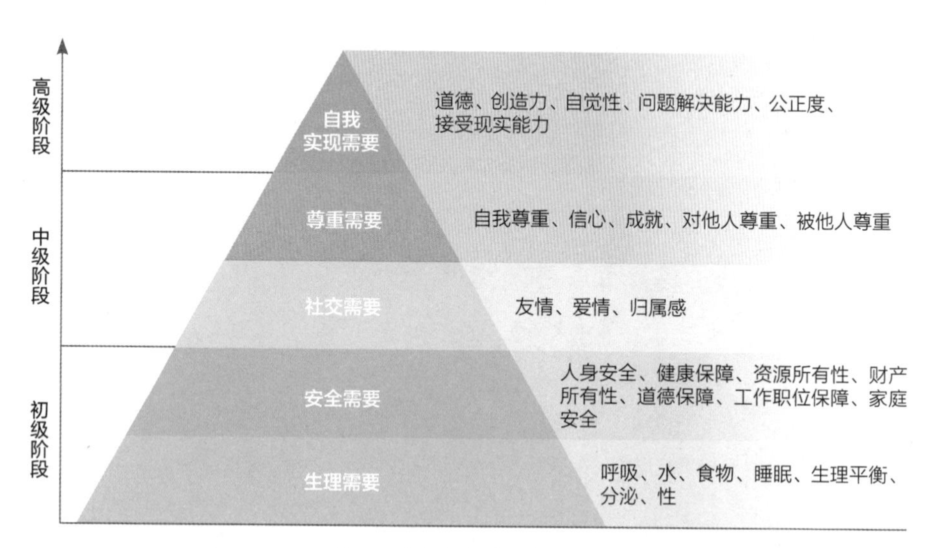


图2-1　马斯洛需要层次理论

作为国内第一个从事用户体验教育的高校，北京师范大学心理学部对用户体验方向的建设无疑投入了巨大的人力、物力，它拥有着强大、多元的师资力量，力求为学生们创造一个知识富饶的学习环境；同时，它秉承着最专业的态度，积极与国际院校、国内外企业接轨，吸取既有的知识经验，给同学们提供一个多维度的实践平台。

本节将介绍三位用户体验方向的资深专家，他们分别是BNUX创始人、北京师范大学心理学部部长刘嘉教授；普渡大学资深教授、北京师范大学客座教授及硕士生导师、触觉研究领域知名的心理物理学专家张虹教授，以及来自欧洲代尔夫特理工大学的皮特·杨（用户体验方向负责人刘伟老师的博士生导师）。这三位老师均是国内外用户体验教育领域的资深专家，与北京师范大学用户体验方向有着极深的渊源，他们各自从不同的角度为用户体验方向提供了方向指引。

## 一、用户体验方向创办人——刘嘉

BNUX成立于2015年7月，对于这个国内新生的学科方向，无数人奉献出了智慧与心血。其中，不得不提的是北京师范大学心理学部的部长刘嘉教授，正是他带领着诸多精尖力量将BNUX推上了历史的舞台。

### （一）初见——用户体验方向的领航人

阿通是2016年第一批BNUX的新生，有着电信工程专业的本科背景。同很多人一样，阿通对这个新的专业充满了美好的憧憬。要谈起阿通与BNUX的渊源，那可以追溯到2015年7月BNUX的成立大会上，她第一次见到刘嘉部长。当时她正在参加北京师范大学保研生暑期夏令营，一心向往着这所心理学全国排名第一的大学。她的志愿是心理咨询，对“用户体验”的概念可以说是闻所未闻。刘嘉部长作为开场嘉宾登台。那时候阿通还不知道这位幽默亲切的年轻教授居然是《最强大脑》幕后科学团队的总顾问，只凭着第一印象觉得这位部长真是不一般，仅凭一包家乡咸菜的开场故事就征服了在场听众的心，仿佛印证了心理学界的人物个个都是演讲高手的传言。即使并不了解台上这位教授的诸多成就，阿通仍然被他的个人魅力所打动，崇敬之情溢于言表，更加坚定了她跨专业学习心理学的决心。

演讲过程中，刘嘉部长开始系统地介绍用户体验的概念，并结合大环境全面地分析这一行业的未来发展趋势。这其中，最吸引阿通的莫过于“用户体验”这个概念背后巨大的市场需求以及它所带来的实践的机遇。

阿通的本科专业是电信工程，凭借着对心理学的热爱，她利用课余时间辅修了心理学的双学位，对心理学的知识也有一定的了解。众多心理学流派中，阿通最为偏爱的就是强调“以人为中心”的人本主义流派，而用户体验的思想无疑是将“以人为本”的思想拓展到了以产品的服务设计为主的更广泛的领域之中。纵观当下中国的发展情势，经济与技术都持稳定发展的趋势，人民的生活水平逐步提升，在这样的大环境背景下，人们对于物质的需求逐渐转化为对精神满足的渴求。人们开始追求更好、更有趣的体验，仅仅具备“多功能”的产品或服务已经不能完全满足人们的需求。“如何提高产品或服务的体验质量?”“如何让生产出的产品真正被用户所需要、所喜爱?”这一系列的问题成为众多企业的首要研究目标。随着经济和技术的发展越发猛烈，势必有越来越多的新产品要诞生，如何抓住用户的心，让自己的产品在这一浪潮中脱颖而出?“用户体验思想”将成为产品创新中的核心要素之一。在大会上，刘嘉部长提到，百度、阿里等众多知名企业对于用户体验方向的人才都有着大量的诉求，这证明用户体验方向的开设顺应市场需求。

不仅如此，对阿通而言，“用户体验方向”还是一个充分融合她两个本科学位专业的最好机会。正如刘嘉部长介绍的那样，用户体验并非一门单一的学科，它横跨心理学、科技、设计等众多领域，需要学习者掌握并平衡多方向学科领域的知识和技能。作为示例，刘嘉部长在大会上展示了微软的一款高科技产品——全景透镜的产品概念视频。HoloLens是一款AR的（增强现实）头戴式可穿戴设备，它可以通过融合虚拟现实，在学习、游戏等众多领域为用户提供新奇的体验。这款产品给阿通留下了极为深刻的印象，“尽管在目前阶段不尽完美，但这一定会是改变世界的产品”，她不仅这样想，同时也开始相信，在这些新产品诞生的背后，一定饱含着众多用户体验研究者不懈的努力。

刘嘉部长平实幽默的语言，看似波澜不惊，却猛然间在阿通的眼前打开了一道新世界的大门。“这是真正适合我的领域！”阿通开始彻底打消对所选专业的顾虑，她由衷地感谢刘嘉部长以及共同创建BNUX的各位老师们，感谢他们提供了这样一个寻找梦想的高台，他们在目光所及的未来之路上又开辟了一方多彩的空间。

## （二）北京师范大学心理学部部长——刘嘉

回家后，阿通搜索了刘嘉部长（见图2-2）的资料，更加惊讶于这位年轻教授近乎完美求学的经历。刘嘉教授在北京大学心理学系度过了本科和硕士七年的学习生涯，不仅获得了认知心理学理学硕士学位，同时还拿到了电子学与信息系统专业的辅修学位。硕士毕业后，他成功申请进入MIT（美国麻省理工大学）攻读博士，五年后便成功拿下了这所世界顶尖大学的认知神经科学专业哲学博士学位。

五年的海外求学经历，世界顶尖大学的博士学位，相信对于很多有着相同背景的留学生来说，留在美国继续发展会是一个更好的机会。但是刘嘉教授却在毕业后的第二天就迫不及待地回国了。关于这一点，刘教授还在一次留学讲座上分享了一些有趣的经历。

我是在1997年出国的，2000年第一次回国，我本科在北大读的，北大邀请我去做一个报告，指定在二教，我提前半小时到达，后来发现了一个很大的问题，我不知道二教在哪儿。因为整个北大已经重新修了一遍，当时也没有手机，觉得自己在北大待了这么多年，都不好意思问别人二教在哪里。当时觉得自己记忆肯定不会出问题，后来报告迟到了。我问老同学为什么变化这么大？

图2-2 北京师范大学心理学部部长刘嘉教授

老同学说没有什么，老的楼被拆掉，新的楼被建起来，新的马路又在重新修建。当时是2000年，我想中国发展这么好，我不想错过这么好的时机。所以我在2002年博士毕业第二天就赶紧回国了。对于各位出国留学的老师和同学而言，非常重要的是要把国内的高速发展记在心里，可能回来的时候中国展现在你面前已经是另外一番新的面貌了。要加强对国内的了解，把所学所用快速地融入其中，找到你出国的目的，以及找到你回国的目的。

对国内发展形式的正确解读和对自身发展目标的合理规划，促成了刘嘉教授的快速归国的计划。而在此后，无论是中国的发展速度，抑或是刘嘉教授自身的发展走向都证明了他在当时做出的判断是正确的。

归国后，刘嘉教授先后就职于中科院研究生院、生物物理研究所脑与认知科学国家重点实验室（教授），北京师范大学认知神经科学与学习国家重点实验室（特聘教授，实验室副主任，磁共振脑成像中心主任），并于2013年正式成为北京师范大学心理学院院长，2016年升格为心理学部部长。在此期间他还曾荣获中科院“百人计划入选者”，国家杰出青年基金获得者，教育部“长江学者”特聘教授等多项殊荣。

对于一名优秀的学者，各项荣誉的背后永远都是坚实的理论研究基础。在研究领域上，刘嘉教授无疑可以称为基础心理学领域内的学术带头人。他的研究主要针对心理学认知神经科学领域，涵盖的研究方向主要包括客体识别的神经网络（Brain Imaging），遗传和环境对该神经网络的调制（Nature versus Nurture），该神经网络的产生与发育（Development），各个客体识别模块之间的交互及它们与人类智力（IQ）的关系四个方面。他出版专著数本，同时还担任《自然神经科学》《神经元》等众多神经科学领域内核心期刊的评审。

除了在学术领域的成就，在理论和应用的结合上，刘嘉教授也颇有建树。由于在心理学、脑认知科学等领域内极深的造诣，刘嘉教授还被邀请作为《最强大脑》节目科学家总顾问，带领北京师范大学心理学团队为该节目提供幕后的科学理论支持。

《最强大脑》是阿通非常喜欢的一个节目，它向观众展现了很多脑力方面的天才，通过科学竞技的形式来呈现不同领域内脑力发展的极限，并从科学的角度传播了很多相关脑科学的知识。但和单纯的心理学研究或者脑科学研究不同，电视节目需要用大众可以理解的语言来传播科学原理，这也正是电视台邀请以刘嘉教授为首的北京师范大学心理学团队作为幕后科学顾问的意义所在。同时，刘教授在相关专访中也提到，这个节目也是一个很好的帮助传播心理学知识的平台。

在第二季的《最强大脑》节目中，北京师范大学心理学团队不仅需要担任科学发言人的角色去科普心理学及脑科学的知识，还需要设计挑战项目，也就是将心理学已有的研究成果进行应用转换——把知识变成产品。比如，在节目中出现的“蜂巢迷宫”，实际上就是应用了心理学中“空间能力测试”的相关理论。联想BNUX的教学思想，阿通认为这种“将严谨的学术理论转换为大众所能接受的产品”的能力也同样是她所需要努力学习的一个部分。

“为了提高认知能力，我们可以努力的方面有很多。从个人角度来说，我认为最核心的努力来自专注和坚持。但是，事物的精进不存在所谓的武林秘籍，心理学的操作性定义也要依照具体情境而定，事情也往往不是在“一、二、三、四”几步就一定成功的。认知能力的提升没有万全的方法，不针对具体情况具体分析，只能是伪科学。”这是刘嘉教授在《最强大脑》相关专访上的一席话。作为认知心理学界的带头人，刘嘉教授希望可以借助媒体平台来助力中国心理学的发展，让它走进更多普通群众的视野。而作为《最强大脑》节目幕后的科学总顾问，刘嘉教授始终秉持着严谨客观的科学态度，向大众传播着知识与思想。但让阿通觉得更加可贵的是他的思想和对事物的理解。

无论是求学历程、研究实践经验，抑或是对于事物的观察和理解，刘嘉院长的经历和思想都深深地感染了阿通。在敬仰之余，也使她更加对北京师范大学这个全国第一个应用心理专硕用户体验方向充满了好奇与期待——她开始好奇这位充满着个人魅力的心理学部院长为何要建立这样一个专业，又是如何在短时间内将它建成的。

### （三）书写传奇的篇章——北京师范大学用户体验专硕的创建

2016年8月底，阿通在北京师范大学参加了第一届用户体验高峰论坛，在这次大会上，刘嘉部长再次登台演讲，全面回顾了用户体验专硕的建立初衷、建立过程以及对用户体验领域的未来展望等一系列主题。那时候的阿通已经是BNUX的准新生了，她仔细地聆听着这一过程，怀揣着感激与热情，将它深深地印在了脑海中。

#### 1. 暴风雨中的开端，美好的祈愿

“每一个伟大的时代都有一个卑微的开始。”而这个开始大概可以追溯到2015年6月暴风雨席卷了纽约的上空，航班被迫取消，刘嘉院长、张西超教授、郑先隽教授赶往匹兹堡卡梅隆大学同其副校长会面，在夜幕的暴雨中开车奔驰。为了不失去这次机会，三个人轮流睡觉轮流开车，坚定的信念驱动这辆暴雨中的专车——一定要将心理学中的“人本”思想融入产品设计之中。从当晚12点开到次日早上6点，三人终于成功抵达目的地。早上7点，刘嘉院长等人与卡梅隆大学副校长成功展开会谈，就建立用户体验方向的相关事宜展开探讨，并得到了对方院校的大力支持。

“以人为本”是心理学中人本主义学派的核心思想，也是整个心理学的重要核心所在，即“所有的东西都应当围绕着人来展开”。纵观整个人类的发展史，人们不断地生产工具以壮大自身实力，以求得更好的生活品质，但却在对效率的追逐中逐步误入歧途，发展成了唯工具论——人们一味追求更好的工具，却本末倒置，忘记了工具实际上是要为人服务的。而开展用户体验方向就是要贯彻这样一个理念——让我们能够重新回到以人为中心的设计上来，让心理学在用户体验领域中发展壮大。这可以说是北京师范大学开办用户体验方向的初心。

#### 2. 百年高校，回应时代的呼唤

经济飞速发展，体验经济的时代已经来临，在社会环境变化的驱使下，

越来越多的企业也将专注点转向了用户本身。例如，无印良品品牌就使用了观察方法，企业让设计人员带着摄相机到顾客家里，用摄像机拍出顾客在生活中的点点滴滴，并将这些细节重新融入他们的产品设计中，形成了他们产品的导向。

在企业的发展中，“资金”“伙伴”“机遇”等都是影响企业存亡的关键因素。如今用户体验也是重要影响因素之一。因此，国内外众多企业将用户体验的思想融入企业内涵之中，对于这一领域中的人才需求也增加。但是根据统计数据显示，用户体验从业人员的数量远低于市场需求量。企业求贤若渴，甚至在北京师范大学举办第一届用户体验论坛时，就有企业的老总开始向刘嘉院长“预定”BNUX的毕业生了。

巨大的市场需求预示着教育界相应领域的发展机遇，但在国内却存在这样的普遍现象：你可以轻而易举地找到设计高手，却很难找到用户体验领域的人才。北京师范大学心理学专业具有深厚的文化底蕴、现代化的研究平台，自1902年开设后经历了百余年历史的考验，铸就了如今全国第一的傲人成绩。刘嘉院长相信，北京师范大学有能力担负起“全国首个专硕用户体验方向”的称号，也有信心可以将它办好。

2015年5月，北京师范大学开始召集专家进行论证，考察心理学部创办用户体验专硕的可行性，以及如何建设这个方向。历经一年的斟酌调研，2016年7月，北京师范大学应用心理专业硕士开始招收首届用户体验方向的学生。这些学生中，心理学、工业设计、计算机这三个专业的合并比例高达71%，大量跨专业的学生来到这里实现梦想，这正迎合了北京师范大学在建立用户体验专硕时的一个最初的规划，将心理学应用到用户体验的过程中，同计算机、艺术设计、设计等结合起来，共同推动用户体验在中国的发展。

### 3. 基于实践，开拓江山

北京师范大学建立专硕用户体验方向是紧扣当前大环境的一项大胆的尝试，同时为了能培养出世界顶尖的用户体验学生，在培养方案上BNUX采用了同其他硕士不一样的培养思路。传统硕士的培养重在科研、实验及论文撰写，而BNUX对学生培养的重心放在了应用与实践上——当这些学生迈出校门时，能够像当年黄埔军校的学生一样，拿起武器奔赴战场，面对各种纷沓而来的挑战。

BNUX还积极地对外建立合作关系，包括美国卡耐基梅隆大学、普渡大学、荷兰代尔夫特理工大学、澳大利亚斯威本科技大学等。同时，BNUX还积极地与企业进行对接，让学生能够有机会进入各个领域参观、实习、参与项目，在毕业时能够有丰富的项目经验并独当一面。

## 二、普渡大学张虹教授

第一学期开课不久后，用户体验方向的同学们开始了选导师的事宜，阿通惊喜地看到，普渡大学的张虹教授竟也在候选导师列表中。早在用户体验概论课上，阿通就看过了张虹教授在同济大学的演讲，她对张教授在触觉领域中的研究颇感兴趣，同时，BNUX正筹划着对外合作，没想到效率竟如此之高。阿通在兴奋之余快速浏览了张虹教授的资料——强大的学术背景、专业的应用经验无不吸引着她的眼球。

### （一）强大背景

普渡大学是美国著名高等学府。该校的综合实力在国际上名列前茅，并享有相当高的学术声誉。该校的工程学院更是处于全球顶尖的位置，常年占据着美国工科十强榜。同时普渡大学还曾于1962年开创了美国首个高校计算机科学系，并一直处在领跑地位，维基百科、模式识别、遥控技术等都诞生于此，且拥有全美大学中最快的超级计算机。此外，普渡大学的农学、药学、航天航空等众多领域也是优势学科，它是一所综合性世界名校。

### （二）张虹教授

张虹教授（见图2-3）本科毕业于上海交通大学生物医学工程学院，随后就读于美国麻省理工学院并获得电子工程和计算机科学的硕士和博士学位。

近20年，张虹教授始终专注于触觉研究领域，同时作为教授在普渡大学电子和计算机工程系任教（同时还是该校机械工程系和心理科学系兼职教授以及北京师范大学心理学部客座教授）。张虹教授长期带领用户体验方向学生，有着极为丰富的教学经验，也是世界公认的触觉心理物理学专家。

从2011年到2015年近四年间，张虹教授与微软合作，专攻触觉研发，专注于应用领域，致力于将研究转换为产品。随后，她再次返回普渡大学任教并开创了自己的公司，继续探索理论与应用的结合之道。

### （三）名师讲座

在确立成为用户体验方向的硕士生导师后，更为欣喜的消息接踵而来——张虹教授将受聘成为北京师范大学心理学部的一名客座教授，全面助力用户体验方向的发展。2016年11月，张虹教授归国并做客北京师范大学心理学部，和用户体验方向的同学们开展了交流，并就其自身在触觉领域内的研究成果和感悟举办了一场名为“触觉反馈为用户带来什么?”的精彩主题讲座（见图2-4）。

这么好的学习机会，阿通自然没有放过。讲座围绕着“触觉接口在可穿戴和虚拟实境场景中的推广及应用”这一主题展开，张虹教授据此系统地阐述了自己在触觉领域内的现阶段研究。在展示研究成果的同时，也向在场的老师同学们传递了许多研究中的经验与灵感。阿通仔细地对张虹教授的讲座内容进行了分析提炼，总结出了讲座主要想要传达的四个观点：

首先，张教授提出在现阶段已经成熟的触摸屏用户体验里，强硬加入触摸反馈反而起到画蛇添足的作用。因而她选择尝试在可穿戴（Wearable）、虚拟现实、增强现实这些比较新的

图2-3 张虹教授

图2-4 讲座进行中

领域中添加触觉交互元素，增加用户在三维虚拟世界里互动的真实感。

其次，张虹教授修正了同学们的一个思维定势。她提出触觉不仅仅只包含震动触觉，它还涵盖很多其他方面的应用。例如，可以利用触觉反馈提供虚拟接球时的手感，通过可穿戴设备提供重力方向、增加虚拟现实游戏中的真实感等。

再次，张虹教授以触觉反馈手表（见图2-5）为例，解释了只有交互的触觉反馈才能称得上是好的应用。

图2-5 触觉反馈手表测试设备

最后，张虹教授提出，触觉要结合视觉和听觉应用在产品中，才能最高程度地提升用户体验。

两小时精彩的干货分享，张虹教授以幽默风趣的语言带来了这一场科技与体验交融的视听盛宴。结合自身所学，阿通自然对用户体验与科技交叉领域的理解更深了一层。对于产品，用户体验的研究是制衡其是否会被用户喜爱的关键，而科技则决定了产品的发展空间。由用户研究结果来引领产品科技的走向，同时在用户研究中也要充分考虑到科技的制约性，两者相互制约又相互引领，使产品技术真正地为用户服务，这才是两者兼容的最好形态。

## （四）优厚福利

在听完张虹教授的第一次讲座后，阿通深感收益颇丰，对这位老师的加入也感到非常兴奋。当然，作为客座教授和用户体验方向的硕士生导师，张虹教授所带来的福利远远不止于此。

2017年3月，张虹教授所指导的5名用户体验方向硕士生将赴普渡大学跟随导师进行一个多月的交流学习。这5名同学根据自身的兴趣选择想要参与的课题，与该校的师生合作进行项目研究，而此次的学习也将为他们的毕业设计研究课题打下坚实的基础。

张虹教授也将在普渡大学和北京师范大学间搭起一道合作的桥梁。通过积极沟通，两校间更深层次的交流合作指日可待。此外，作为客座教授，张虹老师在2017年的春季学期为用户体验方向的同学们带来为期四天的精彩课程，带领同学们深入地探索触觉研究在用户体验领域中的运用。

作为在触觉领域资深的心理物理学专家，张虹教授对用户体验方向的引领及指导，是围绕用户体验的三个重要核心要素展开的。它们分别是“科技”“心理”和“设计”。张虹教授在科技，尤其是在触觉交互领域有着极深的造诣，无论是理论研究基础，还是相关的实践应用经验都无疑加深了同学们对三要素中“科技”这一环的理解。阿通相信张虹教授的参与将会帮助用户体验方向在不断发展中更好地找到科技平衡点，使未来之路更加广阔平坦。

# 三、代尔夫特理工大学——皮特·杨教授

北京师范大学用户体验方向自开办以来就积极地与国内外知名院校开展合作，开学仅两个多月的时间就与数所国外知名大学建立了交流项目，并邀请了多位国外专家学者前来北京师范大学开展讲座、工作坊等教学内容。这其中，除了张虹教授，还有一位专家给阿通留下了极为深刻的印象，他是用户体验方向负责人刘伟副研究员的博

图2-6 代尔夫特理工大学的美景

士生导师，同时还是在设计界中鼎鼎大名的唐纳德·诺曼的荣誉博导，他就是来自代尔夫特理工大学的皮特·杨教授。

## （一）厉害的代尔夫特理工大学

代尔夫特理工大学位于荷兰代尔夫特市，最初由荷兰国王威廉二世建于1842年1月8日，时名“皇家工程学院”。随后不断发展，最终于1985年9月5日正式更名为代尔夫特理工大学（见图2-6），可以说是荷兰历史最悠久、规模最大、专业涉及范围最广的综合性的理工大学，其专业几乎涵盖了所有的工程科学领域，被誉为“欧洲的麻省理工”。

同时，代尔夫特理工大学也是世界最为顶尖的理工大学之一。在2016年QS（Quacquarelli Symonds）世界排名中，其综合排名位居世界第62位。其中土木工程位列世界第五名，建筑学位列世界第四名，化学工程位列世界第六名，环境科学位列世界第十四名，机械航空与制造工程名列世界第十六名。此外，地球与海洋科学、电子电气工程、计算机科学、物理科学均位居世界前五十五名。

## （二）资深教授——皮特·杨·斯塔皮尔斯

皮特·杨教授（见图2-7）是代尔夫特理工大学工业设计工程学院设计研究部门负责人、博士生导师。1984年，皮特·杨在实验物理学专业获得硕士学位，但对物理缺乏兴趣的他继而进入代尔夫特理工大学工业设计工程学院学习，并相继对“人类感知”“空间想象”“虚拟现实”以及“设计工具和参与式设计技巧”等问题开展了相关研究，逐渐开启了一扇关于设计与人文的大门。

2002年起，皮特·杨作为设计技巧（Design Technique，DT）全职教授，其工作主要围绕着“设计贯穿研究”“体验原型开发”“情境对照”等核心元素。他始终关注开发各种能够帮助设计师或其他创意人士在创意与概念设计早期的技术与工具，关注各种需要整合但还未能统一的规律或

图2-7 皮特·杨教授

其他鲜为人知的研究领域。例如，有关于“认知”的各类理论成果、各类新媒体与视觉呈现方式，美感的传达和实用性、人工智能、使用环境分析以及文化研究等。

## （三）皮特·杨来了

2016年10月，专业负责人刘伟老师公布了一个令全体同学们激动的好消息——BNUX成功邀请到皮特·杨教授开展一次为期两天的BNUX专属工作坊。终于可以见到传说中的皮特·杨教授本人，阿通的内心充盈着兴奋和期待，早早做好了准备，等待着工作坊的到来。

11月7号的工作坊如期而至（见图2-8和图2-9）。皮特·杨教授声情并茂、独特诙谐的讲课方式从一开始就吸引了阿通的注意力，两天充实的学习使她进一步地从设计角度对用户体验探索流程有了更深的理解。

工作坊中，皮特·杨从设计的角度出发，带领着同学们体验了一次真实的用户体验设计流程。首先，在热身阶段中，皮特·杨教授以简单易懂的方式给同学们传达了“Industrial Design Engineering is everywhere”（工业设计工程学无处不在）这一思想，并鼓励同学们在生活中多加观察，要善于在自己生活的周围找到用户体验的实例，通过体验产品细节激发自己的想法，独立地挖掘产品的痛点并提出解决方案。接下来，在皮特·杨的引导下，同学们参与了一个简单的“How can I get there”的拼贴画的主题展示，深入挖掘了自己的日常经验，了解到了体验对于个体而言的独特性。

随后，工作坊围绕着“Giving gift for friends（给朋友的礼物）”这一设计主题正式展开。在第一天的工作中，为了深度挖掘用户需求，发现在用户“what do they want（他们想要的）”的想法后所隐藏的“what do they need（他们的需求）”。同学们纷纷走出教室对路人进行访谈，开始了真实的用户调研工作，并根据访谈的结果，以拼贴画、思维导图、旅程图等方式进行了交流与展示。第二天皮特·杨继续带领大家探索设计的流程，希望同学们能从对用户的采访中提炼用户的需求。并带领大家动手，尝试使用不同的设计方法来帮助完成整个设计流程（见图2-10）。

两天的工作坊下来，阿通和同学们通过实践

图2-8 皮特•杨现身北京工作坊

图2-9 工作坊热身环节

图2-10 工作坊汇报展示环节

更加深入地理解了用户在设计中的地位，接触和学习了更多的研究方法，并且体验了一个浓缩的设计全流程，更加熟悉了真实的设计过程。

## 四、小结

阿通来BNUX学习已经有一个学期的时间了，在此期间她有幸熟知了用户体验领域内各个分支的专家老师，并从他们的课程、讲座中学到了非常多的知识。除了文中提到的三位专家，还有更多来自其他著名院校和企业的老师们共同为用户体验专业添砖加瓦。阿通认为，言传身教是最好的教学方式。来用户体验方向授课的每一位老师无一不是用户体验领域内的翘楚，他们有着过人的才能和丰富的经验，与他们相处、听他们的经历是最好的开阔眼界和思想的方式。相信未来有他们的鼎力相助，这个全国首个应用心理专硕用户体验方向将快速地走向世界，为更多人所认可。

## 案例使用说明

本案例介绍了三位用户体验领域中的专家学者，他们分别是北京师范大学心理学部部长、BNUX创始人刘嘉部长，美国普渡大学电子和计算机工程系的张虹教授，以及荷兰代尔夫特理工大学的工业设计方向的皮特·杨教授。案例首先回顾了刘嘉部长建立北京师范大学用户体验方向的初衷，阐述了用户体验方向所承载的"人本"理念；随后重点介绍了三位用户体验业界的专家对BNUX的贡献，通过介绍他们在北京师范大学开展的讲座、工作坊等学术交流活动，总结了他们有关用户体验方向的教学精华以及他们对于用户体验领域的理解。

**关键词：** 触觉交互　人本主义　设计流程　设计方法

**教学目的与用途**

◎ 本案例介绍了北京师范大学用户体验方向成立的初衷以及核心战略。

◎ 本案例中分别从心理学、科技、设计三个角度介绍了用户体验领域内的三位专家，并根据实际的教学内容引述了他们对于用户体验的知识和理解，包括用户体验方向成立的前因后果，触觉领域在用户体验中的研究和应用以及用户体验的设计流程。

◎ 本案例介绍了用户体验领域内的专家在北京师范大学开展的学术内容，形式可供参考。

**启发思考题**

◎ 北京师范大学成立用户体验方向专硕的核心思想是什么？

◎ 从心理学角度出发的用户体验评价方法有哪些？这些方法与企业中常用到的用户体验评价方法有什么相似和不同之处？

◎ 触觉领域的研究如何应用到用户体验设计之中？

◎ 科技应该在用户体验领域中占据什么位置？

◎ 我们应当如何从日常生活中获取用户体验设计的灵感？

# 第二节　你若盛开，蝴蝶自来

## ——北京师范大学智能硬件体验实验室

九九，北京师范大学用户体验方向的新生，入学一个月的她有了一个隐隐的担忧，作为国内第一个用户体验方向的第一届学生，她很迷茫自己未来的道路是怎样的，虽然她也知道在未来的发展中用户体验会变得越来越重要，但依旧怕自己所学的方向在现在的中国没有想象中那样受到社会和企业的认可与追捧。

很快，九九获悉青岛—亚马逊云计算服务联合创新中心邀请北京师范大学用户体验方向入驻其旗下的云创学院，建立智能硬件体验实验室（见图2-11）。这需要一个学生小分队前往青岛布置实验室。作为一个青岛人，同时也是为了解答心中的疑惑，九九毫不犹疑地报名参加，并成了领队。在简单的准备后，青岛实验室小分队赶赴青岛，他们该如何建立实验室？如何向其他人展示自己？最重要的是，他们心中的疑惑能在这一次旅途中找到答案么？

图2-11 展示活动完美收官

## 一、公司背景

青岛—亚马逊云计算服务联合创新中心北京师范大学智能硬件研究中心是由亚马逊联合万国云商、青岛市政府共同投资设立的，北京师范大学作为为数不多的合作院校，提前入驻创新中心。先来了解一下相关的公司。

### （一）亚马逊

亚马逊公司是网络上很早开始经营电子商务的公司之一，亚马逊成立于1995年，一开始只经营网络上的书籍销售业务，逐渐扩大至多商品品类，已成为全球商品品种最多的网上零售商和全球第二大互联网企业。2001年开始，除了宣传自己是最大的网络零售商外，亚马逊同时把“最以客户为中心的公司”确立为努力的目标。此后，打造以客户为中心的服务型企业成了亚马逊的发展方向。为此，亚马逊从2001年开始大规模推广第三方开放平台，2002年推出网络服务，2005年推出Prime服务，2007年开始向第三方卖家提供外包物流服务（Fulfillment by Amazon，FBA），2010年推出自主出版平台（Kindle Direct Publishing，KDP）的前身自助数字出版平台（Digital Text Platform，DTP）。亚马逊逐步推出这些服务，使其超越网络零售商的范畴，成为一家综合服务提供商。

亚马逊的云计算服务平台于2006年推出，以网络服务的形式向企业提供信息技术基础设施服务，现在通常称为云计算。其优势之一是能够通过业务发展来扩展较低可变成本，从而替代前期资本基础设施费用。亚马逊的网络服务包括：亚马逊弹性计算网云（Amazon EC2）、亚马逊简单储存服务（Amazon S3）、亚马逊简单数据库（Amazon Simple DB）、亚马逊简单队列服务（Amazon Simple Queue Service）以及亚马逊内容推送服务（CloudFront）等。

### （二）青岛—亚马逊云计算服务联合创新中心

青岛—亚马逊云计算服务联合创新中心于2016年6月16日正式签约落地，是中国首家云计算服务联合创新中心。该中心定位为青岛市互联网生态基石平台，由政府、亚马逊云计算服务、万国云商注入初始资源。联合创新中心重点推荐四大板块：助力亚马逊云计算服务在企业及组织机构中的应用、建立国际孵化加速器、培养云计算人才及国际合作。同时，该中心基于亚马逊云计算服务全球领先及国际布局的基础架构平台，接入“软件+硬件+资本平台+人才”的整体解决方案，打通“产、学、研、融”生态体系，为初创互联网企业、传统企业的转型升级以及国际化提供国际一流的系统性解决方案，并分享企业创新成长带来的红利。

联合创新中心将设立“国际孵化加速器”，为初创公司和传统企业提供亚马逊云计算服务、技术培训、业务与技术辅导。加速器将输出本土初创公司到境外知名孵化加速器进行孵化：引进境外初创公司到本项目进行孵化加速，同时，还将通过亚马逊云计算服务及物联网和大数据等创新信息技术，加速传统企业的转型升级。亚马逊云计算服务还联合政府及青岛高校成立“云创学院”，促进产学结合，满足产业发展需求，与“国际化孵化加速器”共同形成完善的企业成长生态环境（见图2-12）。

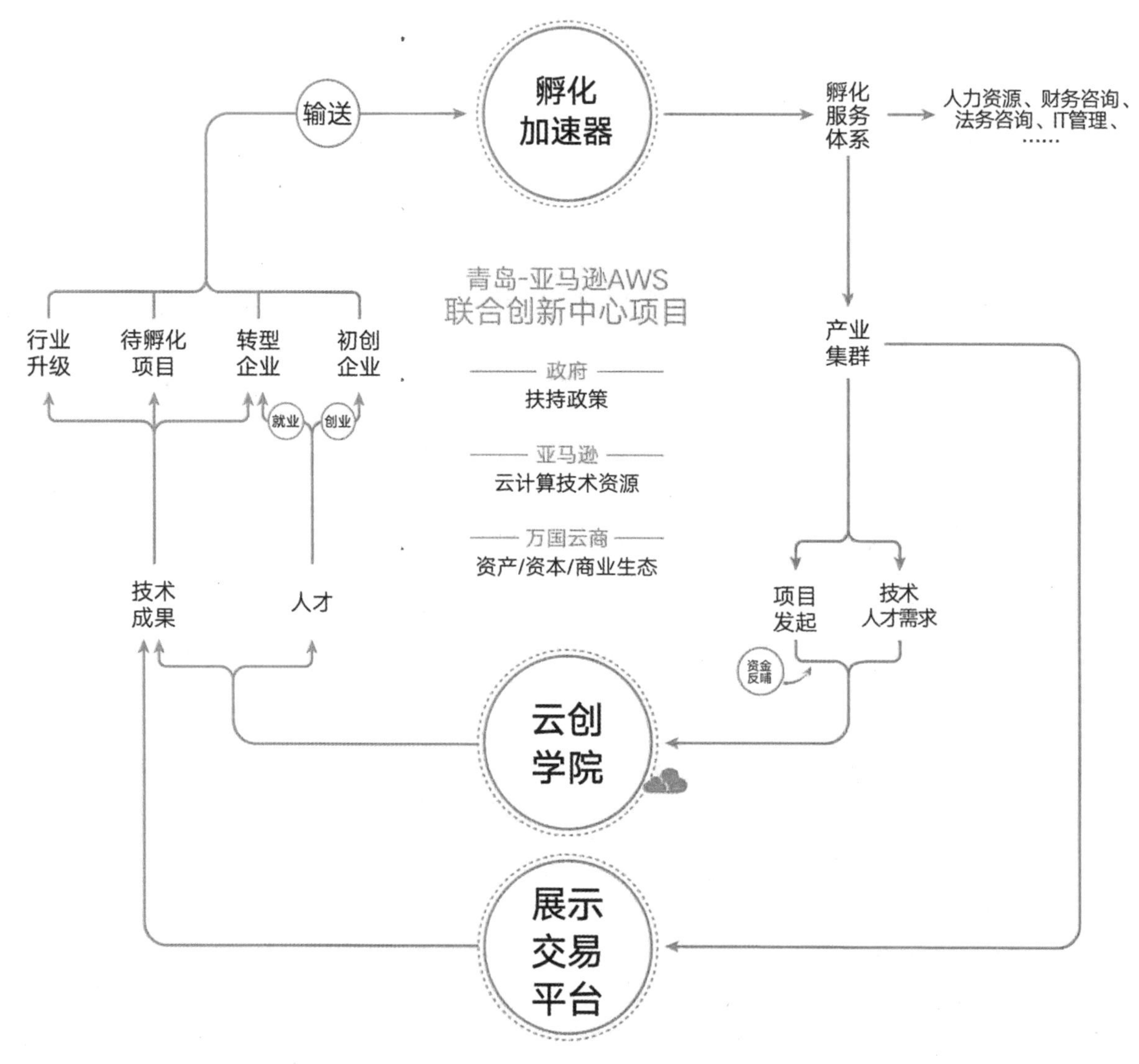


图2-12 青岛–亚马逊云计算服务联合创新中心协作模式（青岛–亚马逊aws联合创新中心项目报告书）

### （三）和政府的关系

近些年来，青岛市李沧区高点定位，成立“创新委员会”，对原有的碎片化创新机制进行整合，促进青岛市创新发展和产业生态系统建设，推动经济结构调整和产业转型升级。瞄准高端创新项目引进，集中推进多个具有战略意义的重大项目，成为推动全区转型发展的有力支撑。全球最大的云服务提供商——亚马逊云计算服务成功落户李沧，打造集云服务、孵化器、云创学院、创客大赛、虚拟注册等功能于一体的“青岛—亚马逊云计算服务联合创新中心”。通过这些项目，促进青岛市创新发展和产业生态系统建设，推动经济结构调整和产业转型升级，积极推动思路创新、机制创新、人才创新、产业创新、科技创新等各领域创新工作。

## 二、主题介绍

北京师范大学智能硬件体验实验室在智能硬件实验室的基础上，重视与中心其他实验室、当地企业产生良性互动，在多学科的融合中，从体验的角度寻找新的方向，促进企业的产业转型。

智能硬件是以平台性底层软硬件为基础，以智能传感互联、人机交互、新型显示及大数据处理等新一代信息技术为特征，以新设计、新材料、新工艺硬件为载体的新型智能终端产品及服务。随着技术升级、关联基础设施完善和应用服务市场的不断成熟，智能硬件的产品形态从智能手机延伸到智能可穿戴、智能家居、智能车载、医疗健康、智能无人系统等，成为信息技术与传统产业融合的交汇点。

### （一）智能硬件的趋势

在近年来的强势调整下，智能硬件即将进入冷静发展的时期，资源将向大平台聚集。2012年智能手表的出现，使智能硬件快速进入了消费市场，同时物联网进入了产品化的时代，2015年产品种类爆发式增长。2017年智能硬件将进入市场启动期，随着产业链的成熟，以及芯片、传感器、通信技术、云平台以及大数据等的有效支撑，智能硬件平台以及大数据服务平台将搭建完毕，基于创新的服务类产品也将逐步成熟，产品差异化将越发加大。

### （二）智能硬件体验实验室是做什么的

智能硬件体验实验室是参与到智能硬件产品的全流程中的研究组织，包括用户调研、产品设计、功能实现、交互体验、反馈与迭代的整个过程。在九九的想象中，作为参与到产品开发全流程中的实验室，这里应该有大型设备来帮助产品的实现，这里应该有有趣的道具来帮助了解用户的真实需求，但让九九没想到的是，这里更像是一个没有咖啡的咖啡馆，在这里，可以与志同道合的朋友一起交流、分享，实现你的创意。

### （三）为什么是我们来建立智能硬件体验实验室

在去往青岛之前，九九和家里交代了要回家的事情，当然也说了这一次建立智能硬件体验实验室的事情，而妈妈问了一个问题，一时间让九九无法回答，“既然智能硬件体验实验室要参与到智能硬件开发的整个流程里，那为什么是由一群用户体验的学生来建立呢？你们能行吗？”这似乎也是九九心中的那个疑惑。

不过在见到创新中心的工作人员，并且从他们那了解到很多企业的视角之后，九九有了答案。我们之前提到了智能硬件的发展趋势，再来看看这个行业的现状。智能硬件处于市场摸索期，表现出的特征为：产品同质化严重，技术优势不明显，微利竞争，用户黏度低。由此我们可以看到，新一轮智能硬件的竞争焦点从获得用户转变为留住用户，如何增加用户黏度成为一款产品所要关注的中心，在这一点上，一个良好的用户体验当仁不让地成为产品的核心。而作为从事用户体验的九九一行人，正是能从用户体验的角度出发，挖掘真实的用户需求，真正让产品做到以人为本的专业人士。

当九九想清楚这一切之后，面对妈妈的问题，她回答得很坚定，“能行，而且非我们不可”，也许她回答的不仅是妈妈的问题，还有萦绕在她心中很久的疑惑。

## 三、案例详述

一切已经准备妥当，接下来九九一行人就要开始着手布置实验室了，第一次尝试建立一个实验室的他们能做好吗？在之后的工作汇报中，他们又该如何展示自己工作的全貌呢？遇到突发情况，他们又该怎么面对呢？

### （一）合作是如何达成的

对于智能硬件体验实验室的这个项目，九九一直认为是学校通过宣传和合作拓展获取的，但令她意外的是，这一次合作的达成竟然是对方主动找上门的。这再次让九九坚定了对所学专业的信心，同时也让九九体会了一把“你若盛开，蝴蝶自来；你若精彩，天自安排”的感觉。与其把时间、精力浪费在宣传、构造一个别人眼里高大上的形象，不如踏踏实实地做好自己，从别人的嘴里说出的优秀远比自己说的有力度。毕竟只要做的是对的事情，提升自己的实力才是最有效、最正确的道路。

### （二）实验室如何运转

这一次来到青岛，九九一行人有两个任务：一是建立智能硬件体验实验室；二是作为第一批入驻的机构，为各方领导做一次展示，为后续入驻的机构提供参考。那么如何布置这样一个实验室呢？

#### 1. 实验室的布置

首先是实验室的位置，位于青岛一亚马逊云计算服务联合创新中心的8层，而8层、9层是一个连通的空间，8层、9层由中央的大踏步阶梯连接，同时这段大踏步阶梯可以作为阶梯教室和路演厅来使用，同时这两层中分布了大量的公共空间，包括会议室、茶歇室和休息室，这些空间能有效促进入驻的各个机构开展更多可能的合作。

公共空间这种开放的环境让九九和老师十分满意，相比之下，实验室内的布置就逊色很多。九九的实验室有200多平米，巨大的玻璃窗采光很好，让九九不满意的是场地布置的风格，整个实验室就好像是一个压抑的公司，每个人在自己的隔间，坐在对面的人还被挡板挡住，这和九九想要的那种便于交流，让灵感在传递中迸发新火花的思路不同，所以二话不说，隔间形式被拆除，改造成更适合讨论和交流的环境，还设置了会客区和休息区。

2. 实验室内的设备、软硬件条件

在彻底改造了实验室的布局后，由老师们“押送”的设备也全部抵达青岛，包括用于制作原型的3D打印机4台，用于探究用户真实想法的眼动仪一台，用来描述情景的虚拟现实设备一套，全套沙盘道具。同时，为了更好地开展工作，学校又向创新中心申请了许多办公用品，包括短焦投影仪、音响系统、活动白板等，最后九九列了一份设备清单（见表2-1），其中大部分已经在当天安装，其余的创新中心会尽快配备。

当然，实验室提供的不仅是硬件设备，还有正版软件的支持，尤其是奥多比（Adobe）系列软件，这是九九一直想深入学习的一套软件，但却因为正版软件的售价望而却步。

表2-1 实验室设备清单

| 3D打印机 | 4台 |
|---|---|
| 眼动仪 | 1台 |
| 虚拟现实设备 | 1套 |
| 沙盘道具 | 1套 |
| 桌椅 | 若干 |
| 投影墙 | 两面 |
| 短焦投影仪 | 1台 |
| 音箱 | 若干 |
| 显示器 | 1台 |
| 台式电脑 | 6台 |
| 活动白板 | 5块 |
| 展示架 | 15个 |
| 其余办公用品 | |

3. 实验室的组织及管理

在一天的忙碌后，实验室终于布置好了，疲惫了一天的九九叫住大家，来商讨一件重要的事情——实验室该如何管理。由于第二天的下午要做一次展示，大家只是针对这几天临时的管理方法进行了讨论，并把事务分成设备负责和行政对接两个部分，设备的负责人主要负责设备的使用和调整，每台设备都有专门的同学来负责；而行政对接的任务是对接这次展示的一系列工作，以及应对可能出现的突发情况。而领队九九，自然成了这段时间实验室管理的负责人。

当然，九九和同学们也讨论了关于实验室长期使用的组织和管理方式，我们会在实验室后续的高效使用中详细向大家介绍。

## （三）实验室如何展示

经过紧张的布置工作，实验室已经初具规模，现在九九面对的是如何在第二天的检查中展示出一个用户体验的工作流程的全貌，对于毫无经验的她们来说这的确是个头疼的问题，那她们会如何解决呢？

1. 展示的流程设计过程

第二天一早，九九一行人就到了实验室，准备即将到来的展示，虽然展示的内容大体确定为平时的工作流程，但就展示的形式和细节，大家还没有得出统一的结论，眼看时间越来越少，老师给了九九一行人一点方向：“既然我们学的就是从体验的角度来设计产品，那这一次展示的流程我们是不是也可以做成一次服务设计呢？把我们设计过程中使用的方法和过程都作为展示的一部分，是不是很棒？

这当然很棒，大家受到这关键的启发后，立刻开始了工作，首先是利用亲和图，来总结大家想要展示的环节和对实验室的期许，接下来，大家做出了用户的旅程图，并关注到了许多影响体验的细节。展示的流程敲定：首先利用展板拼接成弧形的行进路线，而展板上贴满从学校带来的平时工作的成果，在一进门的地方派发传单，之后是亲和图和路程图的讲解，最后是各种设备的展示。其中为了能让前来参观的人真正参与到整个展示中而不走马观花，我们让参观的人中出一名志愿者，在进入实验室之前为志愿者带上眼动仪，并告之眼动仪会记录他的眼动，在展示眼动仪的时候就是用这些记录的结果作为展示。而在3D打印的部分，我们在整个流程的最后安排了两台3D打印机打印参观礼品，这样在结束了这个展示之后，参观者可以拿走刚刚打印出的小礼物。（见图2-13、图2-14）

图2-13 同学们开始改造实验室

图2-14 向领导展示实验室

2. 展示的结果与反思

展示顺利地结束了。九九总算松了一口气。在最后整理实验室的时候，得到了工作人员传达的反馈，这次展示得到了充分的肯定，领导重点提了两个方面：一个是亲和图和旅程图都选择以这次参观为主要内容，使得他们能更好地理解这些方法是如何使用的，又是如何帮助产品开发的；另一点是眼动仪由参观者来佩戴，让他们更有参与感，同时佩戴和取下眼动仪的环节也比较巧妙，并没有干扰其他参观者正常的参观，而是流畅地融入整个过程。（见图2-15）

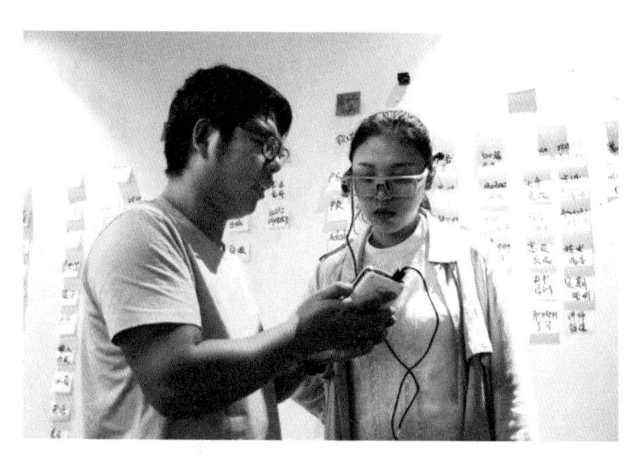

图2-15 结束之后的总结会议

受到认可，九九很高兴，尤其是以体验为核心的设计思维得到肯定，是让九九最开心的地方。想想在来之前心中的那份游移不定，九九觉得有些可笑，她不仅看到了这种思维在产品开发中的重要地位，也明白了这种思维可以运用于生活的每个方面，让一切做到以人为本。

## （四）实验室后续的高效使用

终于，这一次青岛之行的任务完美完成了，

九九一行要离开这座美丽的海滨城市，回到学校继续自己的学习生活，但有一个问题，就是这个实验室该怎么高效地利用起来呢？九九和同学、老师们讨论了很久，大概有三个方向，不过由于青岛-亚马逊云计算服务联合创新中心在笔者成文时依旧处于试运行的状态，所以以下思路依旧处于设想阶段。

第一种思路是部分同学常驻青岛，将实验室作为除北京外的一个基地，常驻同学的日常学习生活都在实验室进行，和老师、学校的沟通以网络为主。这样的办法以充分利用实验室资源为目的，但是常驻的同学失去了很多在学校学习和与老师直接交流的机会，同时常驻同学的住宿、来回北京的费用也是一个大问题。

第二种思路是流动制，是指如果在青岛这边有合作的项目，那么想参与到项目中的同学集中一段时间前往实验室开展工作，以便于和项目相关方更好地交流合作，这是一种把项目合作作为第一考虑的思路，但是这取决于承接项目的饱和量，充足的项目才能保证实验室的顺利运转。

第三种思路是固定时间，整个班级的同学到这边工作学习一段时间，并且广泛地参与到整个青岛-亚马逊云计算服务联合创新中心的各个机构中去，这种思路成本很高，需要创新中心的项目能具备密集性。

在青岛-亚马逊云计算服务联合创新中心正式运行之前，如何高效利用实验室，仍是九九等人需要继续讨论的问题。（如图2-16）

图2-16 青岛！我们下次再见！

## 四、应用指南

本案例以青岛-亚马逊云计算服务联合创新中心北京师范大学心理学部智能硬件体验实验室的建立为例，详细阐述了与企业合作的方法与思路，同时强调了要利用用户体验的思维来进行学科建设和对外合作，同时倡导该思维在更广阔的领域中的运用。下面给出两点在合作中的注意事项。

### （一）与企业合作的注意事项

这一次和青岛-亚马逊云计算服务联合创新中心的合作十分愉快，在这里有两点经验和大家分享。第一，和企业合作应该频繁地沟通，在改造实验室的时候出现了这样一个问题：创新中心的内部装修交由外部工程公司完成，并且没有验收，而后我们又直接对实验室进行了改造，这给双方造成了一些麻烦。如果能事先和创新中心沟通、了解情况，先进行验收就可以避免发生这样的事情。所以，多和企业方交流是很重要的。第二，要大胆地提出我们的需求。一开始我们不太好意思向创新中心提改变布局的要求，但是老师很快指出了这个问题，企业愿意和校方合作本就是注重我们产出的结果和新的思路。不要担心被否定，而应与企业从共同视角去考虑，积极提出设想，多次沟通达成目标。

### （二）与政府机构合作的注意事项

虽然这一次不是和政府机构直接合作，但是也多少和政府打了交道，这里需要尊重机构的特性，如领导的时间有可能因为特殊的事情被临时调整，所以很有可能约定的时间会相应调整，这一次的展示在当天上午临时通知提前了2个小时，这差一点儿导致沙盘部分的展示没办法进行，所以一定要提前做好准备。

## 案例使用说明

本文以青岛—亚马逊云计算服务联合创新中心北京师范大学心理学部智能硬件体验实验室的建立为例，详细讲述了从合作的开展到实验室的建立以及最后的工作流程和方法的展示，以九九的视角全面地描述整个过程遇到的问题和解决问题的思路，也在过程中强调了将用户体验带入整个过程，用这种思维来完善这个流程，推广用户体验思维在更广阔的领域中的使用。同时，也在表明用户体验作为一个新兴学科的发展前景，给从业者以信心。

**关键词：** 智能硬件　实验室建立　工作流程展示

**目的与用途**

◎ 本案例适用于与企业建立联合实验室的项目，同样适用于所有企业合作的项目。

◎ 本案例着重探讨了实验室的建立以及对外展示工作流程的思路和方法，为类似的情况提供了参考依据。

◎ 本案例也可用于帮助学生建立学科自信。

**启发思考题**

◎ 对外展示工作流程的思路是怎样的?

◎ 如何把用户体验的思维运用在学科的建立以及合作途径的扩宽中?

◎ 对于异地的实验室如何进行高效的利用?

◎ 怎么处理和政府合作的关系?

◎ 如何避免在合作中出现矛盾?

# 第三节　学多知深，见多识广

## ——北京师范大学用户体验方向与企业合作，参加大会、大赛案例

从工业革命至今，在人与物的关系上，“工具理性”已经明显回归到了“以人为本”。一个产品，不仅要能够提供其工具性作用，更重要的是要让人用得舒服、感觉幸福。真正的设计要能打动人，好的产品要能传递感情，让使用者从内心情感上与产品产生共鸣。唐纳德·诺曼认为，一个良好开发的完整产品，能够同时增加心灵和思想的感受，能够使用户拥有愉悦的感觉去欣赏、使用和拥有它。而用户体验所关注的，就是人和物的交互问题，也正因为如此，近年来，用户体验才越来越受到各个领域的重视。

小鹿是一名上进的学生，当年在读大三的时候就开始考虑自己未来的人生道路。对于继续读研还是找工作，小鹿感到十分迷茫。就在此时，小鹿无意中发现了北京师范大学心理学部专业硕士用户体验方向的招生信息。深入了解后，小鹿了解到用户体验方向的教学采取项目制，十分注重培养学生的实践能力，学生在参与课程学习的同时会在导师的带领下参与完整项目的开发过程。而且心理学部还与国内外知名高校和企业开展全方位、多角度的合作，包括共同建设实验平台、开发课程体系、促进国际交流、开展联合课题等。小鹿同学被这个专业深深地吸引了，经过多番努力，一年后如愿以偿地考入北京师范大学。

小鹿在学习过程中发现用户体验方向在培养学生时十分注重从“做”中学，专业负责人通过邀请企业大牛来校授课、讲座、与企业合办工作坊等形式将实际课题引入课堂，让同学们在实战中学习。目前已经与多个企业开展了合作，小鹿怀着一腔热忱积极参与了包括微软、捷豹路虎、标致雪铁龙在内的企业与校方合办的工作坊，拓宽眼界的同时在课上学到的研究方法也在实战中得到应用，个人能力得到了很好的提升。

为了让同学们更好地了解用户体验的行业发展，拓宽见识与眼界，老师还带领同学们参加了一些行业的会议，包括用户体验大会、国际华人交互大会等。当然，为了促进北京师范大学用户体验方向的发展，我们也举办了自己的用户体验高端论坛，论坛邀请国内外的大咖们来向同学们展示业内最新科研成果，以及相关行业领域的最新发展。入学以来，小鹿作为志愿者、参会者已经参加了多次

大会，对用户体验本身以及用户体验在国内的发展有了更加深入的认识。

而每年一次的中美创客大赛也是我们用户体验方向关注的焦点，为了准备即将到来的大赛，包括小鹿在内的同学们都在努力学习相关软硬件知识，期待能在大赛中一展拳脚。

## 一、企业合作

与企业合作开展课题，请企业大家来校授课占了用户体验方向教学很大的比重。为了能够将在课堂上学到的专业知识应用到实践中，提升自己的工作能力，每次校企合作同学们都非常重视，非常积极地参与。接下来我们看看都有哪些企业和BNUX开展了合作。

### （一）BNUX与微软的合作

近期，BNUX与微软亚洲互联网工程院设计部门Studio 8团队围绕微软小娜（见图2-17）开展了首次合作。小鹿表示：“能有这样的机会参与微软课题真是太棒了！”

本次合作包含三个用户体验研究项目，即研究使用微软小娜设备和服务过程中，用户的认知、需求、痛点、所处的环境和可能产生的问题。我们的目标是通过真实的项目让用户体验专硕学生在实践中运用用户体验理论，利用一手数据和洞察点向微软的设计师、研究员和开发者提供微软小娜系列产品在未来可能出现的交互模式。

59位用户体验专硕同学被分入3个项目组，每个项目组被分为3个小组，每一个小组包括6～7名学生。来自微软亚洲技术研究中心Studio 8团队的专家会定期组织工作坊和研讨会确保对项目进展进行持续指导。一些常见的用

图2-17 微软小娜

户体验研究方法和技术，如情绪拼贴、思维导图、故事板、用户旅程图等都会在课题实践中得到应用。图2-18为微软亚太区设计总监道格拉斯·华生（Douglas Walston）先生与课题小组成员进行交流讨论。

图2-18 道格拉斯·华生先生与课题小组成员进行交流讨论

## （二）BNUX与捷豹路虎的合作

小鹿入学后不久，用户体验方向就迎来了与路虎合作的课题。这是用户体验方向成立后与企业的第一次合作，老师和同学们都分外重视，同时第一次参与实战课题的同学们都有些忐忑。

捷豹路虎是一家拥有两个顶级奢华品牌的英国汽车制造商。公司主要业务是开发、生产和销售捷豹和路虎汽车。其中拥有辉煌历史的捷豹是世界上生产豪华运动轿车和跑车的主要制造商，而路虎则是全球生产顶级奢华的全地形4×4汽车制造商。本次用户体验方向就与路虎合作，将路虎公司的实际课题引入课堂。

合作以路虎汽车“中国情境下的自然语音识别用户体验基准”为题，主要研究在中国情境下的自然语音识别用户体验基准。项目与应用心理专业硕士用户体验学生的用户体验概论课程相结合，用真实课题将课堂教学与项目实践结合。同学们使用多种用户体验研究方法，历时几个月，经过多轮迭代最终取得了可喜的成果。同学们纷纷调侃开题时还穿着短袖T恤，结题时就已经换上羽绒服了（见图2-19）。

图2-19 同学们做捷豹路虎课题

## （三）BNUX与标致雪铁龙集团的合作

标致雪铁龙集团是世界级知名的汽车制造商，位列全球500强企业前100位，其业务遍及世界150个国家，旗下拥有标致和雪铁龙，及DS（长安谛艾仕）三大主要品牌。

院方通过多番沟通与努力，请来了标致雪铁龙集团的用户体验专家。

本次合作北京师范大学请来了标致雪铁龙集团高级用户体验专家为同学们带来真实的课题——“2030年中国的智能汽车是怎样的”，为期两天的实战工作坊让同学们在实战中学习，全英文授课的形式紧跟职场前沿，小鹿积极报名并得到宝贵的参加名额。

2030年，我们不能进入完全自动驾驶的世界。虽然那时候在多车道路段，甚至包括一些单车道、双车道的路段自动驾驶车辆都可以驶入，但是别忘了驾驶员仍然是被需要的。这就是世界汽车组织所说的第四级自主程度：这意味着驾驶员可以在驾驶时做别的工作，同时不用总是在座位上集中全部精力控制汽车。他可以睡觉、玩游戏或者看个电影……当驾驶员需要拿回控制权的时候汽车可以处理好驾驶方式和归还时间。

在本次工作坊中，标致雪铁龙集团希望得到来自中国的关于汽车自动驾驶的建议，尤其是针对大城市未来复杂而灵活的情况，希望同学们能够提出自己的想法：当未来人们因为自动驾驶技术而越来越少地自己开车时，如何实现驾驶的灵活性？当车变得更加智能的时候会变成什么样？很多现有的趋势也在影响我们的看法，如共享经济、对健康的追求要求连通性和更多的灵活性等。同学们在此次活动中学会了如何使用故事板讲述当时人们的生活、人们的感受和人们的喜好。

## 二、用户体验会议

要想深入地了解用户体验是什么、在做什么，参加用户体验相关会议无疑是最好的选择。会议一般会邀请国内外资深专家，很多相关企业从业人员和学者都会参会分享。关注用户体验相关会议是用户体验从业者的基本素养。

### （一）北京师范大学心理学部用户体验UX@BNU高端论坛

入学以来，在老师的带领下，小鹿已经参加了多次行业相关会议，而小鹿第一次参加，也是作为志愿者参加的，就是我们自己的用户体验论坛。

2015年7月，北京师范大学心理学部成功举办了“第一届北京师范大学心理学部用户体验和人机交互实验室成立暨用户体验专硕招生发布会”，成立了国内第一个“用户体验方向”应用心理专业硕士方向（Master of Applied Psychology，MAP），第一批学生于2016年9月入学。设立该专业旨在培养国内掌握应用认知心理基本理论，能熟练运用心理学实验与分析方法解决人机交互（HCI）/用户界面（UI）/用户体验领域实际问题的应用型、实践型、复合型专门人才。本次发布会邀请了美国普渡大学张虹教授、美国西门子研究院高级研究员郑先隽博士，以及联想新兴设备与用户体验创新中心高级总监王茜莺博士在内的多位行业专家，他们向参会者分享了各自领域的用户体验应用与发展。

2016年8月28日，北京师范大学心理学部举办了第二届“北京师范大学心理学部用户体验UX@BNU高端论坛”（论坛海报见图2-20），以“当‘心理’遇上‘设计’”为主题，邀请国内外学界知名学者与业界资深专家一起探讨心理学与设计的跨界与融合，探索用户体验在未来教学、科研和实践中的更多应用，当设计遇上心理，会

图2-20 论坛海报

发生怎样的奇妙体验？跨界与融合，无限欣喜，无限可能，无限期待……

论坛上，北京师范大学心理学部部长刘嘉教授首先带来了名为“创建国内第一个用户体验专硕”的精彩演讲。来自美国普渡大学人机交互中心的张虹教授带来了她最新的研究成果——通过可穿戴接口实现触摸输入和反馈，而来自清华大学美术学院信息艺术设计系的付志勇副教授则向我们介绍了他的基于智能家居（LivingLab）模式的城市体验研究。论坛上，用户研究专家刘艳芳师姐还向我们讲述了一个心理学毕业生的用户体验之路。此外，微软用户体验高级总监道格拉斯·华生、英特尔首席用户体验研究员刘颖、猎豹移动用户体验总监乔立、捷豹路虎科技主管克里斯·泰勒（Kriss Taylor）等多位行业专家都带来了精彩的演讲报告（见图2-21）。

2017年8月26日，“第三届北京师范大学心理学部用户体验BNUX高端论坛”如期举办。论坛以“Where Psychology Meets Design，Technology，and Business”为主题，邀请国内外学界知名学者与业界资深专家一同探讨心理、设计、科技、商业的跨界融合，图2-22为该论坛的宣传海报。

论坛开始由北京师范大学心理学部副部长林丹华老师向所有参会者介绍了北京师范大学心理学部的创立与发展，并分享了UX专业一年的成长。接下来由和蔼可亲的白胡子老爷爷、美国驻华大使馆戴康宁带来美式幽默的演讲，和大家分享了“创客空间”的概念。之后英特尔中国新技术中心的高级主任研究员马静宜为大家带来了Intel公司的新技术和新体验。看到各种狂拽炫酷的新技术，小鹿被深深地折服了。此外，微软用户体验高级总监道格拉斯·华生带来了“Design Principles for AI”的主题演讲，幽默风趣的演讲风格博得全场阵阵掌声。还有歌尔研究院创新实验室执行院长张向东在会上分享了从事多年语音识别的研究成果。

下午由刘伟老师开场，向参会者阐述了一年多来BNUX校企合作的心路

图2-21 用户体验专家答疑

图2-22 第三届论坛宣传海报

历程及对同学们的期待。随后来自小米的高级设计总监任恬向大家展示了小米生态链的产品以及设计思路。最后北京设计学会的创始人宋慰祖以工业设计为立足点，分享了对工业设计与用户体验的思考。表2-2为论坛的日程安排。

表2-2 第三届北京师范大学心理学部用户体验BNUX高端论坛日程安排

| 时间 | 嘉宾姓名 | 头衔 | 内容 |
|---|---|---|---|
| 08:00—09:00 | | | 签到 |
| 09:00—09:25 | 林丹华 | 教授／副部长<br>北京师范大学心理学部 | 开创和领跑国内UX教育 |
| 09:25—09:50 | 戴康宁<br>（John D'Amicantonio） | 地区公共联络专员<br>美国驻华使馆 | Maker Space Movement in the U.S. |
| 09:50—10:15 | 马静宜 | 中心高级主任研究员<br>英特尔中国研究院新技术 | 新技术带来新体验 |
| 10:15—10:45 | | 休息＋社交 | |
| 10:45—11:10 | 道格拉斯・华生<br>（Douglas Walston） | 亚太区设计总监<br>微软亚洲互联网工程院 | Design Principles for AI |
| 11:10—11:35 | 张向东 | 执行院长<br>歌尔研究院创新实验室 | 后AI时代智能硬件的交互技术 |
| 11:35—14:00 | | 社交＋午休 | |
| 14:00—14:20 | 刘伟 | 副研究员／UX方向负责人<br>北京师范大学心理学部 | BNUX校企合作心路历程 |
| 14:20—14:40 | 宋慰祖 | 创始人<br>北京设计学会 | 创新驱动设计是方法 |
| 14:40—15:00 | 任恬 | 初创员工／高级总监<br>小米生态链 | 生态系统的用户体验设计 |
| 15:00—15:30 | | 休息＋社交 | |
| 15:30—16:30 | | BNUX学界和业界导师们 | Panel讨论：UX求学与求职的那些事儿 |
| 16:30—17:30 | | BNUX学生团队 | 课题、案例与心得分享 |

## （二）UXPA中国：User Friendly大会

2016年的“User Friendly”大会在苏州举办，小鹿等几位同学在导师的带领下到苏州参加了这次会议，不得不说这次旅程给小鹿留下了十分深刻的记忆。

### 1. 大会介绍

UPA中国（Usability Professional Association）成立于2004年，是中国本土的非营利性的用户体验组织，2012年正式更名为UXPA中国（User eXperience Professional Association）。经过10多年的努力，UXPA中国已在中国用户体验行业具有首屈一指的知名度及影响力。UXPA中国组织的活动或项目也获得国内外企业及行业人士的认可。大会希望把大部分活跃在中国的用户体验专业人员、产品经理、关注用户体验行业发展的人聚集在一起，继续支持和推动用户体验在中国的发展。

2004年12月，第一届“User Friendly”大会在北京举行，之后曾在南京、深圳、上海、苏州、杭州等城市举办。2014年是UXPA中国全新十年的开始。过去十年经历了漫谈用户体验概念、方法，到规划企业体验战略、布局组织架构，再到内化UCD流程、固化用户体验价值，用户体验的深度和广度被不断拓展延伸，其间越来越多不同背景的同事加入这个新兴领域，用户体验也在不断与更多元的部门和专业相互协作贡献真正以用户价值为核心的创新。

文集分享是大会的重要一环，文集自2008年开始征集用户体验方面的文章以来，不断推动全行业对用户（心理和行为）体验设计和评估的理解。大会每年都会得到很多作者的支持，体现了用户体验在中国的飞速发展。现在从中国制造转向中国创造，创新成为整个行业的话题。成功的创新离不开良好的用户体验，离不开产品及团队乃至企业用户体验文化的培养和推行。文集分享活动旨在希望每个作者都积极主动分享，不仅主动扩大影响力，而且能够在现场进一步深入交流和互动，大家一起推动行业能力提升，让体验处处成为产品的核心竞争力。小鹿也计划在2017年的大会上分享自己的文章并已经开始着手准备，将这一年里的项目经验总结成文字性资料。

### 2. 大会回顾

2016年11月中旬，小鹿和其他几位用户体验的同学在北京师范大学心理学部用户体验方向负责人刘伟老师和应用心理专业硕士教育中心张晓娜老师的带领下，参加了UXPA中国在苏州主办的第13届“User Friendly”大会。参加UXPA中国大会，不仅让小鹿了解了用户体验行业的发展现状，更重要的是，对用户体验领域的未来发展趋势有了更深刻的思考。

大会的第一天，刘伟老师主持了UXPA文集分享会，分享会有用户体验和可用性、设计与艺术、智能终端、设计思维、人机交互五个主题。

在用户体验与可用性的分享中，大家一起探讨了儿童体感复健游戏、品牌出发的用户体验设计、博物馆网上用户体验、设计中的“贪心算法”、产品语义研究的实际应用、基于语音趋势的产品设计、设计思维在互联网证券业务中的应用等内容。在设计与艺术分享中，我们和相关研究者共同探讨了关于交互设计策略创新增强用户体验对软件的情感与粘性、城市开放数据语境下的信息可视化、自闭症儿童识别形状游戏设计、地域特色文创产品设计、基于情感的TV动效设计研究等内容。关于智能终端，我们和相关研究者探讨了关于移动终端的语音交互设计原则、用户需求洞察、驾驶环境中手机使用研究及设计、多媒体有色汉字字体可读性等内容。在设计思维分享中，我们与相关研究者共同讨论了以用户体验设计为中心的创新设计、设计思维在社会创新的应用等内容。关于人机交互，大家则共同探讨了单手操作拨号盘设计、增强现实场景下的中文输入交互设计以及背景对数字产品界面色彩识别等内容。

会议还进行了以从用户体验到品牌体验为主题的专家论坛，包括人类知觉与认知能力、增强现实中的交互、为虚拟现实而设计、理解和模拟人类行为改善用户体验以及以故事分享推进行业发展等内容。

大会期间还举办了多个小型工作坊，需要注意的是工作坊都要提前报名，缴纳报名费后参加。

3. 大会参与

“User Friendly”大会目前已成功举办了13届，每年都会在不同的城市，基本上于每年11月中旬举办。大会举办前会在UXPA官方网站推送相关信息，无论您是要投稿还是报名参加，都可以关注该网站，以便及时获取信息。

## （三）国际华人交互大会

世界华人华侨人机交互协会（ICACHI）于2012年5月10日在美国奥斯汀

图2-23 国际华人人机交互大会

（ACM CHI2012 国际会议期间）成立，理事会由27名来自本研究领域且活跃在世界各地的海外华人华侨代表组成（包括两名监事）。大会的目标是促进人机交互的研究及应用，促进会员及本协会的发展，提升会员在所在国及世界的地位，通过研究、应用人机交互为人类做出自己应有的贡献。

国际华人交互大会是在国际华人交互大会组织下，由人机交互研究和应用领域的众多国内、海外资深华人华侨科学家们创建的，涵盖用户定制（user customization）、用户体验（user experience）、嵌入式计算（embedded computation）、虚拟现实（virtual reality）、增强现实（augmented reality）、社交计算（social computing）以及人机智能（human-computer intelligence）等人机交互领域的学术论坛，自2013年起已经成功举办四届。

第五届国际华人人机交互大会于2017年6月在广州白云国际会议中心召开，承办方为广东工业大学。会议包括学术报告、企业论坛、人机交互（视频）大赛、学术创意设计展四个主要部分。会议汇集HCI专家学者、在校学生、工业界研发、设计、管理、市场专业人士以及众多创新型企业的代表。

## 三、大赛

用户体验还有比赛？不，事实上接下来要介绍的比赛并不是专门针对用户体验的，但对于学用户体验的同学来说参加这样的比赛是十分有好处的。一方面可以将用户体验思维融入作品设计，团队共同创作出人性化的产品；另一方面可以在参赛过程中学到新的知识和技能，从而辅助优化产品的用户体验。而且参加比赛还能丰富自己的履历和经验，何乐而不为呢？

### （一）中美青年创客大赛

入学后，小鹿多次听老师提到中美青年创客大赛，老师还曾带领团队参加过，并向同学们表示希望他们也能报名参加。这让小鹿心里对此次大赛充满了期待，他迫不及待地查找了相关资料。

### （二）大赛介绍

中华人民共和国教育部自2014年至今已成功举办了首届和第二届中美青年创客大赛，分别列入第五轮和第六轮中美人文交流高层磋商成果清单（大赛主题海报见图2-24）。2015年习近平主席访美期间，中美双方将“支持每年举办中美青年创客大赛”正式列入两国元首会谈成果清单。大赛受到两国领导人的高度重视，吸引中美青年广泛深度参与，丰富中美青年交流模式，为中美

图2-24 大赛主题海报

人文交流高层磋商机制增加了“创新”亮点，社会关注度逐年增加。为深入宣传创新精神，进一步促进中美人文交流，中华人民共和国教育部在2016年继续主办中美青年创客大赛，并委托教育部留学服务中心、清华大学、英特尔公司、北京歌华文化发展集团承办。此次大赛也是第七轮中美人文交流高层磋商的配套活动，大赛于6月24日在成都市启动，设国内北京（见图2-25）、天津、成都、温州、厦门、深圳、上海、南京、西安九个分赛区和美国赛区。

整个大赛最吸引人的莫过于24小时的创客马拉松决赛了，赛场为参赛者准备了扳手、钳子、3D打印机等各种各样的工具，还有舒适的休息区、特色菜品等。大赛要求参赛团队在规定的24小时内，结合创新理念和开源软硬平台共同创造，以其选拔赛的创意为基础继续深化产品原型设计。决赛评审将按照规则对项目作品打分，根据评分高低确定十强团队或个人：一等奖项目将获奖金人民币10万元整（税前）；二等奖项目奖金则为人民币5万元整（税前）；三等奖项目奖金为人民币3万元整（税前）。

图2-25 2017年北京赛区比赛现场

## （三）参赛要求

### 1. 参赛资格

中美青年创客大赛对任何中国公民或美国公民、在中国或美国获得永久合法居留权的个人开放。参赛者年龄应在18周岁以上40周岁以下。参赛者有责任了解其出席并参加此次活动的合法权利，参赛者不能为①承办单位［即中国（教育部）留学服务中心、清华大学、英特尔公司和北京歌华文化发展集团］的员工，或上述任何实体的母公司或子公司的员工；②上述任何实体的任何一名员工的直系亲属。

### 2. 报名

本次比赛的参赛者到各分赛区选拔赛承办机构报名，并在分赛区承办机构的指导下在大赛官方网站完成在线注册。参赛者可采用个人或团队方式参赛，所有参赛个人及团队将同台竞技。比赛将不单设个人或团队比赛及奖励。

### 3. 参赛团队要求

第一，团队成员不得超过5人（含领队），领队为团队的联系人和代表。

第二，直至比赛正式开始前，领队可替换一位或多位成员，领队不可更换。

第三，参赛者可加入多个团队，但至多作为其中一支团队的领队。

### 4. 比赛要求

基于比赛官方网站发布的主题方向，采取命题和自主选题相结合的方式进行。

第一，创意契合比赛主题，提交的作品应关注社区、教育、环保、健康、能源、交通等可持续发展领域，结合创新理念和前沿科技，打造具有社会意义和产业价值、通过原型机实现具有一定创新功能的智能硬件或软件。团队可在比赛过程中对成果进行持续的改进，提交的解决方案须具有想象力和创新性；大赛组委会和各分赛区选拔赛承办单位将对其产品进行创新性检索，并将检索结果提交评审委员会作为评分参考。

第二，参赛者需要在现场完成设计并制作出可演示的产品原型。

第三，原型要求基于开源软硬件平台完成。

第四，大赛谢绝已经商业化的（已完成作品的概念规划和框架设计，且已进入基于市场化运作的项目精细开发阶段）或者已经获得包括但不限于风险投资机构、天使投资机构、私募基金等投资性的资助、奖励、借贷或股权性投资的项目参赛；大赛组委会对于违反此项规则的团队和作品，有权禁止其参加比赛，或取消其已经获得的成绩。

第五，组委会将提供大赛可采用的竞赛技术平台及设备工具的参考方案，参赛者也可自行选择技术平台和使用相应的工具和设备。

## （四）知识产权

第一，参赛者必须保证作品的原创性，不得侵犯任何第三方的知识产权或其他权利，且内容符合可适用的法律、法规（包括但不限于中华人民共和国、美利坚合众国的相关法律、法规）。参赛者同意对因侵犯第三方知识产权或其他权利而导致的请求和索赔负全部责任，并保护比赛的举办者、协办方及其承办方、代理人并为其辩解，使其不受任何损失赔偿的请求或追诉。

第二，参赛作品的知识产权归参赛者所有，但应适当兼顾竞赛主办和承办单位的权益。中国（教育部）留学服务中心、清华大学、英特尔公司和北京歌华文化发展集团作为此次大赛的承办单位，拥有在全世界范围内永久免费使用本届参赛作品进行演示、部分或全部出版的权利（不涉及技术细节），大赛承办单位的其他全资子公司也拥有上述权利。如果大赛承办单位以其他目的使用参赛作品，需与参赛团队协商，经参赛团队同意后，签署有关对参赛作品使用的协议。每个参赛者均须携带政府颁发的官方有效身份证明参加此次活动。在可适用的法律允许的范围内，大赛组委会保留本规则的最终解释权。

### （五）参加流程（以2017年为例）

第一阶段大赛启动、参赛选手报名和分赛区选拔赛（4～7月）：参赛选手须通过2017中美青年创客大赛官方网站报名，阅读参赛须知并选择要参加的选拔赛所在分赛区。按照分赛区安排认真准备参加分赛区选拔赛。各分赛区根据大赛官网报名情况组织分赛区比赛。

第二阶段决赛入围团队打磨作品（7～8月）：为获得更好的展示效果和更强的竞争力，自确认成为入围团队之日起，团队可对自己的作品进行迭代升级。比赛承办方和各分赛区承办单位将尽可能为团队提供帮助和辅助资源支持。

第三阶段中美青年创客大赛决赛：决赛于2017年8月9日—11日在中国北京市举办。由各分赛区推荐并经组委会确认的70支团队进入决赛，每支队伍由不多于5名符合竞赛要求的青年创客组成。大赛要求参赛团队在规定的时间内，结合创新理念和开源软硬件平台共同创造，以其选拔赛的创意为基础继续深化产品原型设计，并通过评委团的筛选，评选出优胜的十强团队，同期大赛将举办主题论坛和颁奖典礼。

奖项设置：总决赛设立一等奖1名、二等奖3名、三等奖6名，获奖者将获得大赛组委会颁发的证书以及奖金；其余为优秀奖，获奖者将获得大赛组委会颁发的获奖证书。

### （六）大赛回顾

2017中美青年创客大赛北京师范大学心理学部用户体验方向共有10支队伍报名参赛，4支队伍进入北京分赛区竞赛，3支队伍打进前20强，经过激烈竞争，1支队伍获大赛一等奖（见图2-26）。该团队凭借作品“BraVo”对青年女性的抑郁情况进行及时的监测和预警，将心理、设计、科技与商业完美融合，获得了评委的一致好评。

#### 1. 冠军作品

BraVo是一款帮助焦虑女大学生预防并及时治疗由于压力过大引起的抑郁症的智能医疗可穿戴产品，通过“心率变异性”“皮肤电”“睡眠状态”“皮肤温度差”“体重”生理指标客观地对用户的心理状态做出评定，让这些女性及时地了解自己的心理健康状况。

#### 2. 冠军背后的故事

四月份开始，我们就展开了中美创客大赛的前期调研阶段。用户体验专

图2-26 团队荣获一等奖

业的我们希望能设计出一款完美贴合市场以及用户需求的产品，而不是过度强调技术上的炫酷。以此为出发点我们将目标聚焦在了心理疾病的预防上。

通过调研我们发现，近年来心理疾病呈现高发的趋势，人们对其重视程度也逐渐增高，其中，抑郁症作为全球第四大疾病，更是受到了人们极大的关注。越来越大的社会生活压力，伴随着越来越多的抑郁患病风险。同时，抑郁症在女性中的患病率远高于男性，在大学生群体中的发病率也呈现逐年上升趋势。以此为基础，在与心理咨询方向的老师探讨后，我们将产品的重点放在了抑郁症的预防上，并将用户人群定位在了大四的女性学生群体上。

处于大四阶段的女性学生群体面临着就业、考研、情感问题、家庭问题等各种各样的生活压力，有着很大的抑郁患病风险。她们一方面会担心自己的心理健康，另一方面又无暇顾及，或者羞于暴露自己的心理问题。我们希望通过我们的产品帮助这类用户群体预防潜在的抑郁风险。

同时，我们的产品还可以防止已确定抑郁的患者病情加重，以及在抑郁症治疗后预防复发。依据前期的目标用户确定以及产品功能的初步构想，我们开始通过大量的文献调研寻找抑郁症相关的生理指标。我们发现，抑郁症与心率变异性等五项指标呈显著相关，最终确定通过测评这五项指标的综合结果来判定抑郁水平。在产品设计方面，我们最初希望设计一款专门为女性定制的手链作为抑郁监控的体感设备，这一构思参考了古代悬丝把脉的原理，但是考虑到了技术上的可实现性以及手链这种可穿戴设备的外显性，我们调整了最初的方案，最终决定设计一款专门为女性用户监测抑郁水平的可穿戴

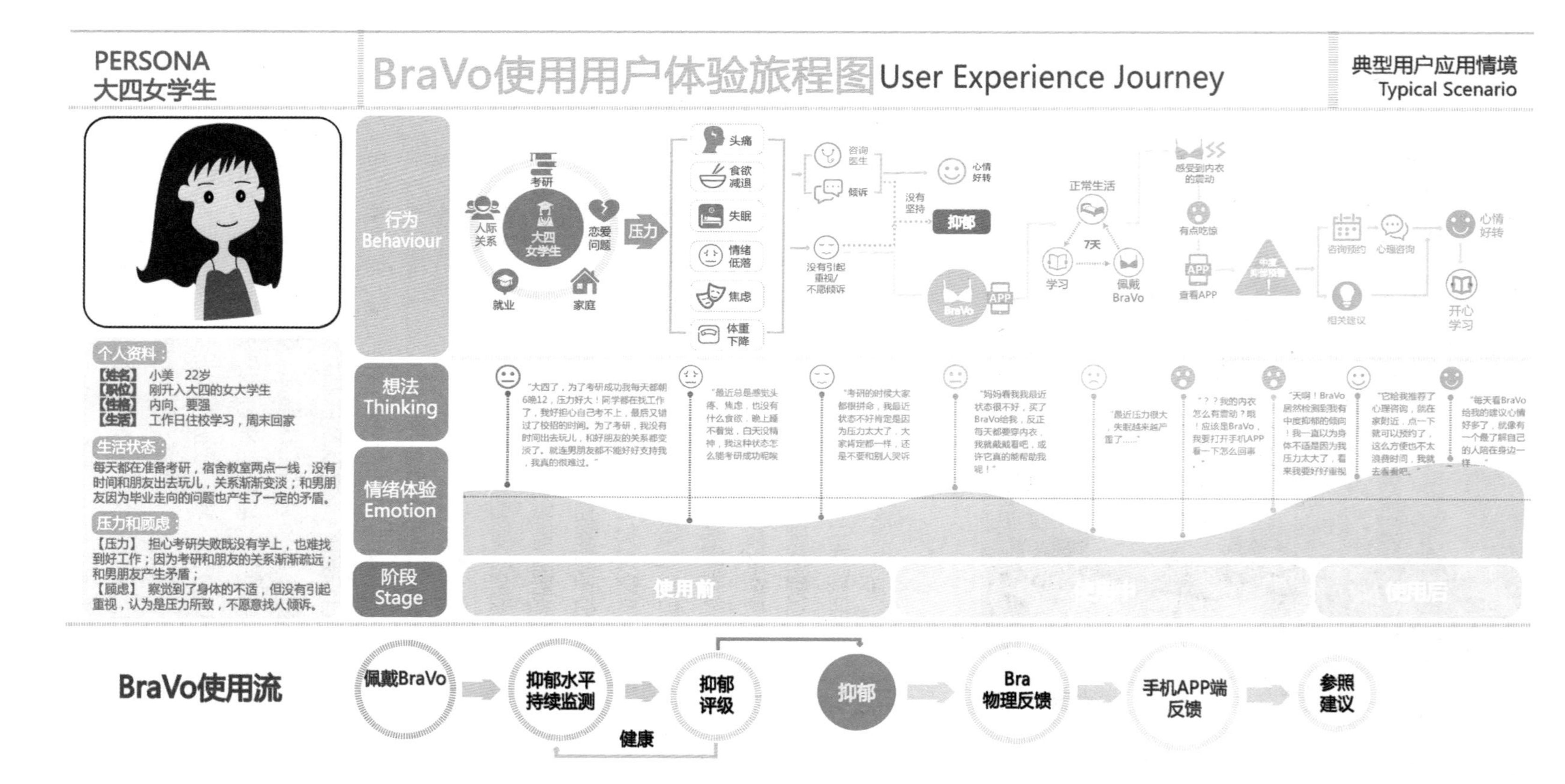


图2-27 用户体验旅程图

式Bra（Bravo，意大利语中意为“好棒”）。

将产品设计成Bra的形式不仅更能保护用户的隐私，同时还可以降低用户因为担心患病而造成的不良的自我暗示。以一种自然私密的方式保护女性用户的心理健康，这是我们在产品设计阶段始终想要秉承的概念。

在产品使用方面，我们考虑与手机APP端协同使用的方式。在产品测评到用户的抑郁指标后，会对用户施加物理反馈，提醒用户查看手机APP端的抑郁监控信息，并给用户相应的建议以及咨询通道。

## 四、总结

小鹿来到用户体验方向学习已经有一段时间了，来到北京师范大学小鹿经历了很多：参加了微软、路虎、标致雪铁龙等企业的工作坊，参观了多个大公司，参与了多次行业会议。这些经历都在潜移默化地影响着小鹿，让小鹿从一开始的懵懵懂懂、充满迷茫，到现在对自己的未来有了更明确的规划；从一开始对用户体验一知半解，到现在勉强算得上登堂入室；从一开始独自一人来到北京师范大学，到现在结识了很多志同道合的同学朋友。小鹿学到很多，收获很多，也蜕变了很多。一切都让小鹿对未来的用户体验生活充满信心。

## 案例使用说明

BNUX成立不久，但在这短短的时间内就促成了与微软、捷豹路虎、标致雪铁龙等多家企业在内的校企合作，为专业的发展注入了大量的生机与活力，同学们也在这个过程中从一个用户体验小白晋级到初级用户体验从业者。与此同时，BNUX还举办自己的用户体验高端论坛，带同学们参加行业大会，参加创客大赛，让同学们进一步了解用户体验在企业实际工作中的应用，看到用户体验在国内外广阔的发展前景。这些让大家相信，用户体验方向的明天会更好。

**关键词：** 校企合作　用户体验大会　中美青年创客大赛

**教学目的与用途**

◎ 本案例主要介绍用户体验方向与企业之间的合作，以及用户体验相关的大会、大赛。

◎ 本案例的教学目的是帮助学生了解用户体验方向与企业的合作模式，学习用户体验有哪些需要关注的大会、大赛。

**启发思考题**

◎ 北京师范大学用户体验方向主要以什么样的方式与企业进行合作？

◎ 用户体验方向有哪些值得关注的行业会议？

◎ 详细了解各个大会、大赛，如果要参加，可以做哪些准备？

◎ 你对国内用户体验的发展有什么见解？

# 第四节　少年不惧岁月长

## ——用户体验论文写作方法、发表方式及途径技巧

### 一、用户体验论文写作方法

#### （一）简述

作为设计师和研究人员，我们需要把自己的想法传达出来。书面上的内容比口头交流更忠于事实，也更具有档案价值。研究论文是学术领域的一个重要组成部分，要求大家在文字沟通交流的范畴之内表现得更为专业。其他研究人员可以通过（网络）数据库检索到所需的论文。例如，对于一个经验不足的设计师或研究人员来说，撰写论文看上去是一件令人生畏的事情。然而，只要论述方法逻辑性强、体系完善，撰写论文其实是水到渠成的事情。在下笔之前，规划的好坏就已经决定了该篇论文质量的高低。

通常来说，研究论文有两种类型。一是论述性的研究论文。这种研究论文着眼于某个争议论题，研究人员通过论文明确表达自己的立场。此类论文的特点是，持相反观点者也能够提出合理论据，从而对论题展开讨论。二是分析性的研究论文。这种研究论文着眼于某个具体的课题，和论述性研究论文不一样的是，这种论文论题可能不具争议性，但是必须尽自己所能让读者对所阐述的观点百分之百信服。

撰写一篇用户体验研究论文之前，研究人员首先要问问自己："我研究的这个课题是否具有价值，值不值得为这个课题写篇论文？我为什么要写？"对于这样的疑问，通常的回答就是："我的研究成果会引起别人的兴趣，值得分享，或者我对此有独到的研究，此前没有人进行过相关发表。"这些都是要最先解决的问题，只有这样才能建立以下四项标准：①论文中涉及的理论知识和实践内容是否准确无误；②论文素材是否是前所未见的，而且它将对用户体验领域的实践有所影响，或者会本质上提升当前的知识认知范畴；③对于论文所面对的学术会议或专业期刊受众群体来说，论文传达的信息是否具有

吸引力；④初稿是否已经准确完成，是否有必要进行大幅度修改，以达到该学术会议或专业期刊的特定要求。

### （二）选题

选题需要富有挑战性，并且切实可行，对研究人员和读者都具有吸引力。论文选题需要围绕一个具体的、细化的方向展开。例如，把“汽车用户体验研究”细化到“汽车导航研究”，或者进一步细化到“人机语音识别交互研究”。在全面着手展开研究之前，研究人员需要把论文选题告知导师并且得到认可。如果对项目所期望达到的目的尚不确定的话，可以再去看一下任务清单或向导师询问。所选的课题也要在可操控范畴之内，避免那些技术性、学术性或者专业性过强且空洞浮夸的课题，同时还要回避那些原始资料（如文献）范围很窄的课题。

### （三）研究问题

当正式开始研究工作之后，研究者需要对研究问题加以准确而又清晰地定义。例如，“一个有趣的用户体验标准是什么?”“我们如何将好玩的交互设计应用到生活情境中?”“这款新设计能够多大程度上提升这一有趣的用户体验?”选择研究问题是量化标准的核心要素，在某些情况下，选择研究问题要先于构架研究的概念框架。选择研究问题将使得框架内所得出的理论假定更加明确。研究问题服务于两个目的：①它确定了研究人员所寻求研究问题的答案的方向；②它明确了研究或论文所要针对的具体目标。

撰写研究论文的时候，开篇及延伸主题的过程可能会令人生畏，但只要将有效的研究问题加以规划，这一阶段的工作将变得简单得多。研究问题是撰写研究论文的初始环节。这些问题会帮助研究人员从某个直接的、具体的关注点中建立论点，研究问题一旦建立，论文的基础也就建立起来了。

### （四）目标读者

对于研究人员来说，每一位读者都是他的检验者。他们想知道该研究完整的、细节的过程和内容：研究目的、研究背景、研究思路、研究内容、研究结论等。为了了解撰写的要求和读者的需求，研究人员需要从导师、同事或同学那里最大限度地去获取帮助，并且积极阅读一些近期的成功论文（如被检索次数较多的论文）。通常来说，容易出现的错误是认为读者均是专家视角的。例如，一些专家用繁杂的词汇给普通读者展示研究内容，令读者费解难懂。

## 二、一般结构

研究人员一定要在读者最关注的点上多下功夫，如标题、摘要、图表。通常来讲，标题和摘要是读者在（网络）数据库上检索到这篇论文时唯一能够看到的信息，所以标题和摘要必须和论文剩余部分内容的观点保持一致。很多论文的主体部分撰写完毕之后，论文的标题和摘要才出炉。

### （一）标题

研究人员可以先阅读相关的学术会议论文或专业期刊论文，了解论文标题的编写方式。必须让标题涵盖论文的全部信息，这样论文在（网络）数据库上才能即时地被准确无误地检索出来。把论文的关键词放到标题当中是明智之举。一些学术会议和专业期刊还会让研究人员在论文的标题页面上列举出关键词。起标题时尽量不要（过于）别出心裁，而且不要在标题中使用缩略语。

### （二）摘要

凡是阅读摘要的读者，肯定都是被标题吸引过来的。他们对是否要继续读下去举棋不定，所以研究人员要尽可能地用几句话让读者知道他们能从论文中获得什么。摘要最好放在论文初稿拟好以后再开始写。摘要的作用是介绍研究的背景环境，并需要陈述研究目的、基本步骤、主要发现以及基本结论。摘要应该着重强调研究观察过程中的新发现和侧重点，不要涉及参考文献。摘要是论文当中唯一被很多（网络）数据库收为索引的实质部分，同时也是为广大读者直接看到的唯一部分，所以研究人员需要对摘要精心把握，以准确表现论文内容。

### （三）关键词

使用3～10个关键词或短词组来体现论文的主题，这些关键词将帮助搜索引擎为论文建立交叉索引。关键词一般会和摘要一同发布。

### （四）介绍

论文介绍的功能在于告诉读者、研究人员进行这一课题的目的。介绍的第一句话尤其重要，要引起读者阅读该论文的兴致。论文介绍需要表明研究的背景环境，陈述研究目标、研究问题或者相关的设计设想，这些都需要通过实践过程加以检验。研究目标和研究问题通常会受到特别的关注。问题和关注点在哪里？为什么这样的问题有意义？谁是主要的参与者？这些参与者将完成什么工作？研究人员需要说明为什么这个问题需要解决。论文介绍需要简明扼要，但还要举出这一研究领域的关键性论文（文献）有哪些。研究人员在着手启动课题研究的同时，还需要提前阅读相关文献，总结这一领域目前的研究进展。另外，最好可以补充一些专业知识，以供那些有兴趣去了解论文内容的读者深入了解文章内容。还要表明自己想要完成哪些前所未有的内容。在处理以上几点的时候，要尽力保证言简意赅。

论文介绍在很多方面更像是论文结论的倒叙。论文介绍通常从主要论题的介绍引出话题，接着引导读者把注意力投向研究人员所关注的领域，最终进行主旨陈述，所以要避免照搬在结论中已经用到的语句。

### （五）相关研究

回顾相关文献的过程是对当前课题研究的自我审视。除了揭示现有的研究知识以外，文献回顾的另一任务在于，把想要完善的论题作为一个整体框架，去发掘文献当中存在的空白点。这样做可以为研究工作的执行说明前提背景和项目成因。研究人员需要广泛地、多途径地利用资料，包括网络、图书、期刊、专家访谈等。有些研究人员会依赖于网络，在线查询大量资料，如果资料来源的可信度存在疑问的话，坚决不能使用。对于论文中引用的资料，要记录下具体的页码、网页链接以及被引用的段落。

### （六）方法

在这个部分中，研究人员需要详细描述做了什么实践工作，以提供给读者一个足够清晰的概述，这样就能够再现该研究的全过程。这个部分的指导原则是清晰描述出以特定方式执行设计研究的方法和原因，而且要平衡好论文的简洁度与详尽度，以确保读者明白以下要点：

可以支持该研究方法的参考依据（文献）是什么？

研究人员的研究方法和当前（文献中的）研究方法相比，突破点在哪里？

参与者（分别）是谁？是何背景？数目多少？

参与者对新设计的意愿、要求以及预期是什么？

新设计是以何种方式或形式被创造出来的？

如何向参与者展示新设计？

参与者对新设计的体验如何？

参与者如何对比新设计和当前（旧）设计？

用户评估的方法和结果是什么？

如何开展后续的研究与设计工作？

如果方法过于复杂，有必要考虑使用图表或流程图的形式加以说明。一般情况下，我们用图形来展示设备的工作方式，或者表现某个机械装置或模型。例如，用流程图说明方法和进程，用表格描绘数据。即使有些读者没有时间去阅读论文内容，他们也会去看论文中的图表和标注。所以尽量完善每一张图表，并为其配以详细的标题和信息注释。如果有必要还可以使用附录，如某特定分析的细节情况。对于描述同一个事物，切忌给它赋予不同的指代名称，否则会混淆读者的理解。所以在对论文中反复出现的事物命名的时候，一定要再三谨慎。

## （七）结果

研究结果是论文的核心部分。结果的说明方式要清楚、准确而精炼。要做到字字与主题相关，不留半句多余的话。结果部分的目的在于说明并揭示研究人员的新发现，所以要做到完全客观，并且对讨论的内容全面地解释说明，不要在结果里面掺杂个人观点或个人阐释。使用文字、图形和表格按照逻辑顺序描述结果，首先提供最主要或最为重要的发现，并且要把描述性的数据补充进来。

图形和表格是表现研究人员的新发现、新成果的最佳方式。作为读者，对于出版物上这样的内容关注频度也最高。我们经常会有这样一个疑问：应该将数据通过表格形式加以罗列，还是将其通过文字描述表达出来？如果数据所承载的重要元素不是很多，那么在论文中表现出来。进而，将数据通过图形或表格的形式加以表现会显得更为清晰。需要注意的是，切忌在表格中放入大量的数据。否则，读者会觉得读起来相当困难。所有的图形和表格需要做到即使读者没有参考论文内容的时候也能一目了然地明白其中的含义，并在论文当中恰当的位置提及它们。

## （八）讨论

讨论部分旨在对研究成果进行解释，并且巩固研究结果。研究方法的优势和劣势是什么？按照这样的研究路线，下一步需要如何进行？这些问题都是研究人员需要面对的挑战，实质就是断定其最初的研究目标是否达到、研究问题是否被回答、设计设想是否有立足之地。讨论的目的在于对论文进行总结，并且全面地、客观地去看待它。对于研究人员来说，勇于承认研究存在局限性是至关重要的，因为没有一篇论文是无可挑剔的。往往这些局限性为未来的研究工作指明了方向。描述通过设计实践发现的重要性结果的时候，要做到清晰直白。在讨论部分中，解释数据信息的时候要有理有据。这就意味着，研究人员解释一个设计方案或客观现象的时候，必须描述清楚该设计方案产生的思路和依据。如果研究结果和之前的设想有所偏差，那么必须说明导致这个结果的原因是什么。如果研究结果和设计设想保持一致，则需要描述和说明支持的理论与数据。切忌使用主观武断的判断结论。同时注意“应”“宜”等词语的拿捏。

### （九）结论

书写结论的段落需要提到新发现、新方法和（或）新设计，语句之间需要前后呼应以构成这篇论文的结论。结论部分需要与研究目标和研究问题相互呼应，将最重要的研究结果以及其带来的影响安排在一起，并且将局限性和后续工作列出来。读者在泛读论文的时候，重点关注的部分就是摘要和结论。他们通常会浏览摘要和图表，然后直接把目光转移到结论部分。摘要和结论部分的内容切忌重复，摘要是全篇论文的综述，而结论是对该设计研究的创新之处的总结。所以说，结论部分是撰写论文的重中之重。

### （十）致谢

通过致谢对启发研究人员灵感、提供技术支持和（或）资金支持的人们表示感谢。致谢要简洁，并写出对方的全名以及从属关系，但措辞不要过于感情用事。提供有偿服务的研究参与者不需要被感谢。

### （十一）参考文献

这一部分专门用来说明对领域内重要论文的引用，包括用到的方法的出处、数据以及研究人员所获得的所有内容。参考文献的格式需要完整地书写，一般包括作者的姓氏、名字首字母的大写、年份、论文标题、会议或刊载名称，期刊需要包含卷号、起始页、终止页等。列出文献的目的是告诉读者，相关的方法、研究成果和数据资料的出处在哪里。作为研究人员，有义务保证参考资料的准确性，因此必须对以上内容仔细查证。

## 三、论文投稿类型

会议论文的投稿类型一般分为全文论文、工作进展论文、记录论文、互动海报论文、案例分析论文、座谈式论文、工作坊论文和博士论坛论文（具体要求以特定的会议论文投稿要求为准）。

### （一）全文论文

全文论文首先需要详述之前该领域的研究成果，然后必须明确报告新研究结果所在，以作为对这一研究领域的贡献。要充分展现细节，并且对研究结果和结论有足够的支持。同时要引用已发表的相关研究，对论文内容中的亮点部分加以强调，并且指出最重要的贡献是什么。评审委员会根据论文的创新性、重要性、论文写作水平以及对会议议程多样化产生的贡献进行评估。

### （二）工作进展论文

工作进展论文是针对当前设计研究的发现或者具有启发性的工作所做的简短报告。和其他形式的论文（如全文论文和记录）的不同点在于，撰写这类论文的目的是报告正在进行的、尚未得到最终设计方案或结果的研究工作。

### （三）记录论文

记录论文是针对研究规划的简明手稿。相对于全文论文而言，记录是关注点较小的论文。例如，记录论文一般不包括完整的迭代式设计过程，但是往往在具体环节当中深入挖掘下去（如调研、分析、设计或评估）。评审委员不期望记录中的讨论部分能够和全文论文的讨论部分一样完善。

### （四）互动海报论文

这种论文针对的是最新研究和初步成果，以及尚不符合全文论文要求的、尚未通过用户研究加以验证的新设计以及其他适合通过海报平台展示的设计研究。这类论文会被要求设计和制作相关海报，并在会议上展示，以供研究人员与参会人员互动和交流。互动海报论文需要直白地说明研究人员的贡献和设计创意所在，如研究问题是什么，为什么这种研究方法要优于其他已知方法。

### （五）案例分析论文

一个优秀的案例往往是在某种特定的使用情境下运用和探讨的一种方法和（或）一门技术。案例分析论文的重点在于，要能够把研究人员的心得囊括其中，并阐述获得这一心得的途径。

### （六）座谈式论文

演讲座谈式论文的时候，研究人员需要和台下观众进行问答互动。可以邀请一组专家讨论某一设计主题，依据他们的专业知识发表意见，或者回顾并分享他们的设计经验。

### （七）工作坊论文

举办工作坊可以帮助构建特殊兴趣小组，以推动某一设计领域的建立与发展。工作坊论文的内容可以涉及设计方法、用户研究、设计实践、交互设计教育、新学说（方法论）、设计管理、服务设计、战略设计等。每个工作坊都应该鼓励创造性思维，这些新想法能够为研究人员提供新颖的、有组织的思考方式。这些新想法能够为将来的设计研究工作方向提出建设性的意见和建议。

### （八）博士论坛论文

博士论坛是一项专门面向在读（职）博士生的学术研讨会。他们在此聚会相互讨论他们的博士课题，并得到设计界专家和资深设计师的指导。该研讨会的目的在于对博士生当前的研究课题和进展给予反馈。

## 四、论文格式参考

1965年，一位名叫布拉德福德·希尔（Bradford Hill）的英国统计学家提出了IMRD[①]格式。这是对论文结构标准化和一致化的一次伟大而又成功的尝试。IMRD对原始研究文本撰写的结构形式制定了标准，这使得论文更加便于理解，原稿也更加清晰明确，而且没有重复的内容。IMRD格式现已被广泛接受，大多数国际会议及科学期刊都推荐使用此格式标准。

一般结构（组成部分）：标题、研究人员信息、摘要、关键词、介绍、相

① IMRD指的是Introduction（引言），Method（方法），Resules（结果），Discussion（讨论）。

关研究、方法、结果、讨论、结论、致谢、文献。

一般撰写顺序：研究人员信息、介绍、相关研究、方法、结果、讨论、结论、标题、摘要、关键词、文献、致谢。

## 五、投稿渠道

研究人员究竟应该在什么平台上发表论文呢？根据学术影响力和与交互设计的相关性，这里列举出一系列的学术会议、专业期刊和文集，可以通过网络搜索关键词进行查询。论文选题确立，就可以开始查找相关的投稿渠道，了解具体要求和截稿日期，并依据该渠道提供的文字编辑模版撰写论文初稿。

接下来，介绍一些在发表论文中提前需要注意的重要期刊、会议。

### （一）设计学类

多数的设计学类的会议基本都是一年一次，只有“国际艺术设计院校联盟大会”是一年两次。以国际设计研究协会联合会（IASDR）为例，该协会旨在鼓励独立的社会团体进行国际间的设计交流，并促进设计研究在各个领域的应用。每年会在不同的国家开展会议，2017年选在美国。像这样的信息，可以通过各家会议或者期刊的官网找到。

① 国际艺术设计院校联盟大会，International Association of Universities and Colleges of Art， Design and Media Conference CUMULUS

② 国际设计研究协会联盟大会，International Association of Society of Design Research Conference IASDR

③ 设计研究协会大会，Design Research Society Conference　DRS

④ 国际设计管理协会大会，Design Management Institute　DMI

⑤ Design Issues（期刊）

⑥ Design Studies（期刊）

⑦ International Journal of Design（期刊）

⑧ International Journal of CoCreation in Design and the Arts（期刊）

⑨《产品设计》

⑩《设计》

⑪《设计管理》

⑫《艺术与设计》

⑬《装饰》

## （二）心理学类

心理学类的论文大多数还是以自然科学为主，SCI、SSCI、CSSCI都是首选。下面列举的是一些比较具有代表性的，但是可以根据心理学的不同领域再去探索分支的会议，毕竟“大而全”与“精与细”也是需要自己衡量的。以“华人应用心理学大会”为例，2016年由北京师范大学心理学部主办，主题为“植基于生活与社会需要的应用心理学”，以“促进应用心理学各专业领域的对话与合作，并经由理论与实务的融合，将应用心理学的知识贡献于社会”为宗旨。会议邀请国际应用心理学术界的顶尖专家和实务界的优秀代表与会研讨交流，搭建学术界与实务界之间的连接桥梁，促进双方的对话与交流，进一步推动华人心理学事业的产学研一体化发展。

① Science

② Journal of Management

③ Journal of Applied Psychology

④ Personnel Psychology

⑤ Journal of Pacific Rim Psychology

⑥ 华人心理学大会

⑦ 华人应用心理学大会

⑧ 国际心理学会议

⑨ 全国心理学学术会议

⑩ 心理科学进展

⑪ 心理学报（期刊）

## （三）人机工程类

人机工程类近几年以人机交互最为热门，相对应的会议和期刊也是非常丰富的。以CHI为例，它是针对人类技术和人机交互感兴趣的专业人士、学者和学生的首要国际会议。会议的主题包括计算机支持的合作工作（CSCW）、用户界面软件和技术（UIST）、设计交互系统（DIS）和美国计算机协会（ACM）多媒体。无论研究者的背景如何，无论在何种类型的组织中工作，CHI都期待研究者的热情参与。

① 计算系统中的人为因素大会 CHI，Human Factors in Computing Systems Conference

② 国际交互设计联盟大会 IXDA，International design association conference

③ 国际嵌入式可穿戴交互设计大会 TEI，International Conference on Tangible，Embedded，and Embodied Interaction

④ 移动设备与服务的人机交互大会 Mobile HCI，International Conference on Human-Computer Interaction with Mobile Devices and Services

⑤ 国际人机交互大会 HCII，International Conference on Human-Computer Interaction

⑥ UXPA：User Experience Professionals Association

⑦ ACM Interactions（期刊）

⑧ Personal and Ubiquitous Computing（期刊）

⑨《User Friendly 会议论文集》

⑩ Cognition，Technology，and Springer Work（期刊，Springer）

## 案例使用说明

下面是英文的设计类论文的主要结构，可作为参考。读者可以通过比较各类论文跟它的异同，找到撰写自己论文的结构。

①Title
②Abstract
③Author Keyword
④ACM Classification Keywords
⑤General Terms Design
⑥Introduction
⑦Research Approach
⑧Interaction Techonology Design
⑨Design Brief
⑩Iterations
⑪Demondtratig Generation Interactions

本章阐述了用户体验领域论文的撰写和发表的全流程，全面地描述了在论文的撰写和发表中可能遇到的问题及解决思路。本章包含论文类型及对应的应用场景、论文一般结构、撰写顺序、论文发表的渠道介绍以及论文撰写和发表时必须要关注的重点、要点、难点。通过本章的学习和实践，体会用户体验领域论文的广度和深度。同时，本章为高校参与或举办相关活动提供参考，旨在向有意愿举办或参加会议、创办期刊的高校介绍经验，以便少走弯路，顺利推进项目，促进高校和行业内的交流学习。

**关键词：** 论文发表　方法途径　基本流程

**教学目的与用途**

◎ 本案例用于高校或个人参加会议或投稿时的参考。
◎ 本案例旨在指导老师或者高校学生发表用户体验领域的论文。
◎ 本案例用于向有意愿举办或参加会议、创办期刊的高校介绍经验。

**启发思考题**

◎ 撰写论文前需要做什么准备工作？
◎ 论文题目（主题）的确定需要注意什么？
◎ 撰写论文的主要工作步骤是什么？
◎ 用户体验论文的主要结构是什么？
◎ 撰写论文时有哪些需要注意的事项？
◎ 不同交叉领域的论文要求有什么不同？
◎ 英文和中文论文结构是否一样？举例说明。
◎ 作为期刊的主编，在审稿时会从哪些方面审核？

学科建设 01

共建合作 02

# 学生培养 03

主题案例 04

## 第一节　梦想还是要有的，一不小心就实现了

### ——跨学科培养模式

小凡，本科专业是工业设计，现为BNUX的学生。2013年寒假，偶然的机会让小凡了解到代尔夫特理工大学工业设计工程系的实验室ID-StudioLab（ID-interaction design）。该实验室是一个设计研究社区，主要工作是以体验为中心和设计驱动。以体验为中心指的是设计的主要目的是改善整体的用户体验，以技术和研究作为手段；设计驱动指的是研究和教育旨在开发知识和技能，帮助设计师在设计中追求这些目标。目前，这个实验室大约有40个人，其中包括计算机科学家、心理学家、设计师，甚至神经科学家，他们所有的工作都并肩进行。甚至有时候，还会有代尔夫特外部的访问研究人员一起加入项目工作。对比毕业以后更多的时候被别人叫作“美工”“做图员”，小凡很是向往这样的工作。

2015年夏天的某个晚上，小凡又在例行地睡前刷新闻，有一则新闻报道了6月18日清华大学、华盛顿大学、微软合作开办全球创新学院，目的是探索和应对众多世界性的挑战，培养下一代创新人才。跨学科、跨文化、实战、创新领域、产学研融合将成为该学院的办学方向。融合来自不同领域的学生、教师、专业人员、行业领袖和企业家，扩展思维空间，培养富有探索精神和灵活解决问题能力的未来领导者。全球创新学院将注重创新教育模式，这个模式，依靠的正是“三个I”的特点：国际合作办学（International）、跨学科交叉（Interdisciplinary）、跨界融合（Integration）。

联想自己之前向往的ID-StudioLab，小凡无法入睡，不禁开始思考，为什么看到这则新闻就联想到了之前的憧憬呢，没错！就是它们的共同点：跨学科创新！小凡不再局限于自己的本科知识，不再盲目相信“一技在手，走遍天下全都有”，未来的世界是属于拥有多方面知识技能的创新全才的。

想通了这些以后，小凡有良好的设计学科背景，同时又十分喜欢心理学。于是期望在研究生学习阶段，能找寻到在创新教育模式下设立的学科方向，北京师范大学就在其中脱颖而出，吸引小凡的不仅仅是北京师范大学心理学强大的师资力量以及在国内首屈一指的地位，更重要的是北京师范大学

在2016年要招收第一届“用户体验方向”的应用心理专业硕士，旨在培养国内掌握应用认知心理基本理论，能熟练运用心理学实验与分析方法解决HCI / UI / 用户体验领域实际问题的应用型、实践型、复合型人才。BNUX将整合心理学、计算机、信息科学、艺术设计等学科资源，促进与行业和相关企业的合作，并成立了用户体验与人机交互实验室。孵化拥有心理学、计算机科学、艺术设计等多学科知识的专门人才。看完了招生简章的那一刻，小凡认定就是它了！仿佛是命运里为自己量身定制的专业一样。

## 一、行业背景

用户体验如此吸引着小凡，但是用户体验这个名词对于小凡来说是很新鲜的，那么用户体验到底是如何诞生的呢？学习用户体验需要具备哪些技能呢？用户体验行业目前到底是什么样的状态？带着一系列的疑问小凡查阅了很多资料。

### （一）北京师范大学用户体验招生需求

小凡发现，北京师范大学在招生简章中明确列出招生对象为：来自通信、IT、家电、互联网等企业的相关从业人员；从事用户需求分析、产品设计开发等工作领域的从业人员；心理学、信息技术、设计等相关专业的应届生。

这个招生对象的范围不仅表现了用户体验是一个综合性极强、跨多学科的领域，也是对报考学生和学校的巨大挑战。对于学生来说，除去自己的本科专业不说，心理学知识也是必备技能，同时还要涉及更多的学科，小凡作为工业设计的学生，要掌握的不止是设计、心理学，还要了解编程、数据、游戏等；对于学校来说，针对这些拥有五花八门背景的学生，既要有强大的各方面的师资力量，还要平衡不同程度的学生在紧张的时间内掌握多种本领，成为全才。

### （二）目前用户体验的从业情况

截至2013年年底，国内用户体验从业者近20万人，这个数量听上去很大，但相对我国的工业体量，这个体量还太小，远远不能满足市场需求。小凡看到这个数据既喜又悲，喜的是行业缺口这么大，以后的就业和个人发展是不用愁的，悲的是这个数据反映了国内各大小企业对用户体验这一岗位的忽视。相对来说，用户体验行业在美国、英国、加拿大、澳大利亚等国家发展得比较成熟，国际体验设计协会（International Experience Design Committee，IEDC）在2014年发表了《用户体验职业》的报告，该报告的调研对象有963名，主要是分布在上述地区的专业用户体验设计师。接下来我们就根据这个报告了解这些国家用户体验从业者的情况。

1. 用户体验从业者本科背景情况

图3-1中列出了受访者中前95%的大学本科专业分类。排名最靠前的专业包括：设计、心理学、传播学、英语、计算机、艺术、商科。下图说明了用户体验从业者本科时期的教育是非常多元化的，这也就可以解释用户体验行业是一个跨度十分大的行业。

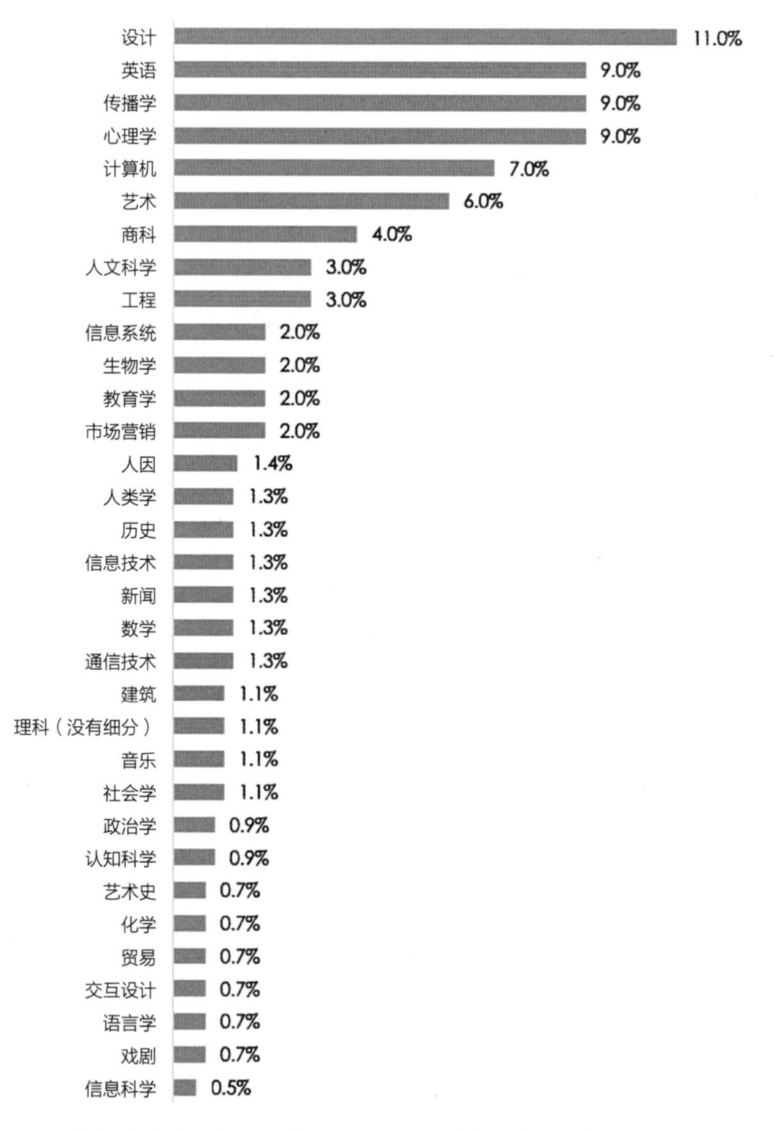


图3-1《用户体验职业》(2014年）报告中用户体验从业者本科学位分布情况

2. 用户体验从业者认为有用的专业

受访者们对现提供的一系列专业清单进行了重要性排序，图3-2是按照有用程度的高低来排列的。设计、人机交互、研究方法以及网页设计排在前几位。由于这个调查发生在以英语为第一语言的国家，所以英语没有在列表上，尽管如此，其重要性众人皆知。

3. 为什么用户体验需要多学科的综合能力

盲人摸象的故事（见图3-3）相信大家都听说过，这个故事告诉我们不

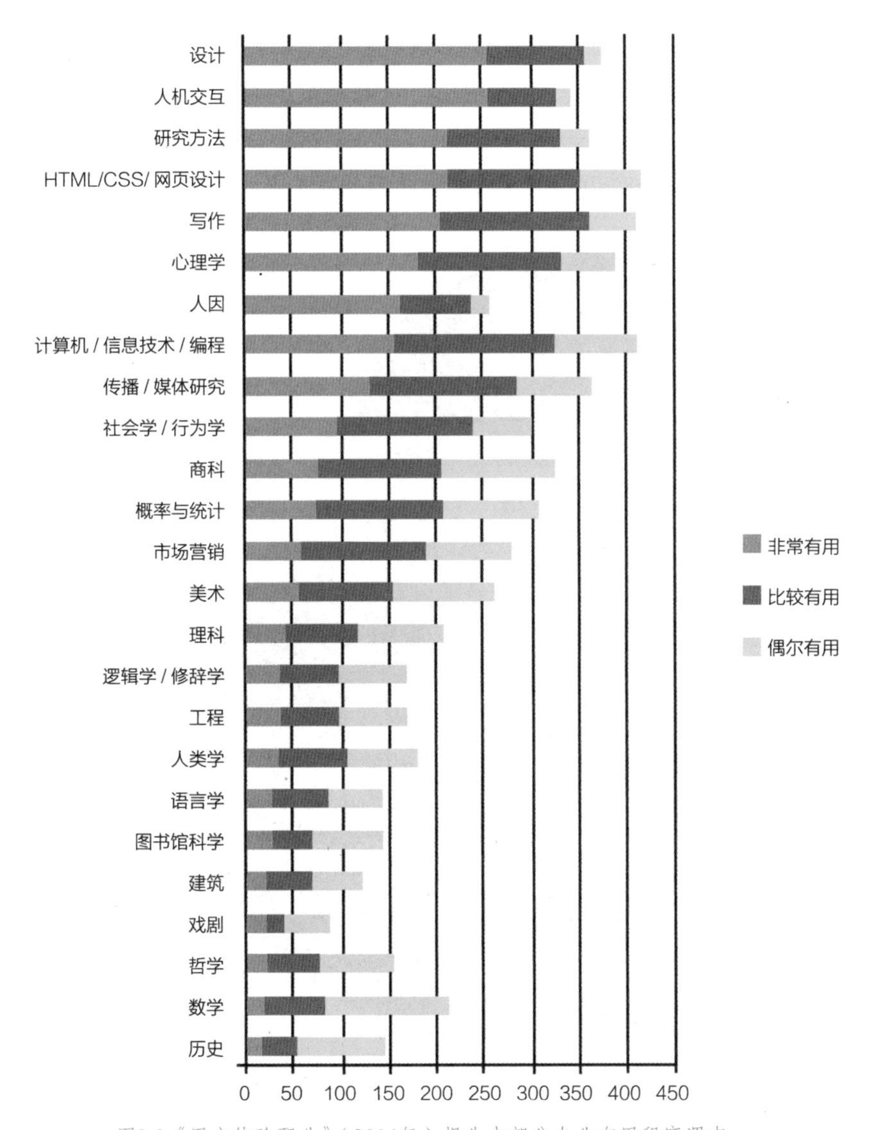


图3-2《用户体验职业》(2014年)报告中部分专业有用程度调查

图3-3 盲人摸象——认识要全面

同背景的人看同一事物可能会有完全不同的视角，且站在自己的角度是没有办法理解他人的。同样一个视觉设计师看待用户体验设计是一个角度，交互设计师是一个角度，程序员又是另外的角度。

而用户体验是一个很大的领域，包含交互设计、界面设计、人因研究、信息构架、软件开发等（见图3-4），单从上述的哪个角度都没有办法正确解读用户体验是什么，这也是为什么用户体验需要多学科的综合能力，需要注意的是，这个“多学科综合能力”并非完全只是一个人独挑大梁开展用户体验全部工作，需要个体与团队的交流顺畅无障碍，发挥团队的力量。

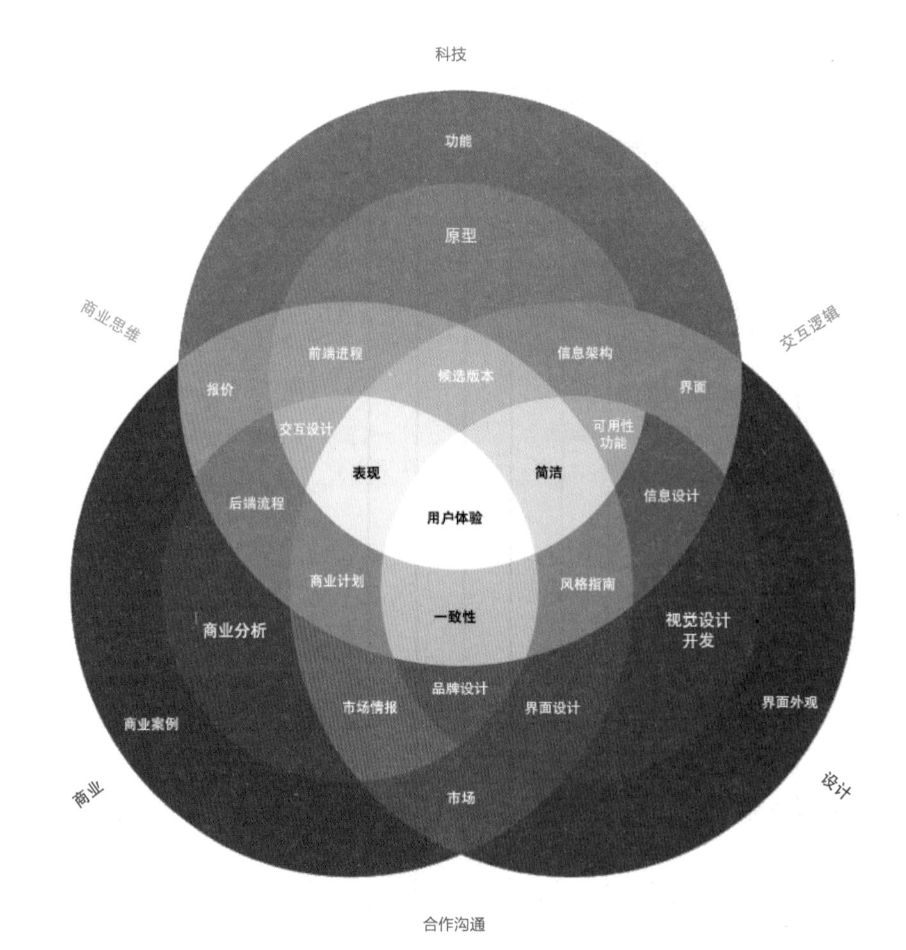

图3-4 用户体验领域划分信息图

4. 从国际准则的角度看

人机交互设计国际标准ISO 9241-210给出了6个基本要素以保证设计师的设计人性化：①做出的设计需要对用户、任务、环境有深入了解；②用户从头到尾参与了设计与开发过程；③设计是以以用户为中心的分析结果来开发、评估与改进的；④开发过程是可迭代循环的；⑤设计需要考虑所有用户的整个体验过程；⑥设计团队中拥有不同背景技能的人才。最后一条准则的提出又一次说明了一个团队是需要多种背景的人才配合协作的。

5. 从企业及招聘者的角度看

用户体验会被其所在的背景影响。比如，品牌、活动、网站、店面摆设、包装设计、交互设计、创新感、用户交流、售后服务等都会影响用户体验的研究和设计。没有个体可以设计以上全部内容，所以说用户体验是所有人的工作，需要每个人都参与其中，这也就意味着应当协调沟通，在彼此理解、语言（指专业术语）互通的基础上，协调沟通从而使整个用户体验保持完整。

用HR的话简单粗暴地描述就是："我并没有闲钱去聘用一个人只做研究、只做信息架构或视觉设计，我需要的是在其中某方面有优势，同时能对一个正在发展的团队有一定补充的人。"

6. 从用户体验从业前辈的角度看

用户体验行业的前辈们在经历了项目中的摸爬滚打之后，对学习用户体验的同学们提出了学习建议，希望同学们掌握以下技能。①共情——能够理解并与用户的挫败感和观点产生共鸣；②软技能——沟通能力、倾听能力、阐述能力等；③专业词汇——能够用工程师、程序员、设计师等人的专业语言交流；④韧性——不轻易放弃；⑤洞察力——观察的技巧；⑥写作和沟通技巧；⑦耐心（能够管住自己的嘴然后好好倾听）；⑧对有不同能力不同教育背景的人的关怀；⑨对优秀设计的热爱以及对这些好的设计背后的道理的好奇；⑩好奇心——学习新东西的动力；⑪有想要把事情做得更好，把事情流程化的愿望。

## 二、案例详情

小凡入学后发现所在的班级是一个神奇的班级，这里有着来自不同学校怀抱着不同技能，但是有着相同梦想的同学，开学后的每一件事都显得那么有趣，分组、互相了解、配合、争执、分享……都让BNUX同学们的新学期生动起来。

### （一）现有用户体验学生本科专业背景分布

作为被录取的北京师范大学用户体验的学生，大家的教育背景除了心理学、计算机专业，其他专业背景的人数虽然不多，但是种类各异，都将代表着各个领域，结合心理学在用户体验行业绽放异彩（见图3-5）。这些学生中也不乏有一定工作经验的同学，大家工作行业分布在IT、传媒、金融、教育、政府各领域，职位有研发、产品经理、设计师、市场研究、咨询等（见图3-6）。这让小凡对同学们的背景知识充满了好奇，同时对未来和大家一起的学习充满了期待。

### （二）项目分组方法论

假设一个小组有五个人，这五个人全部都只学过心理学的知识，用户体验的工作方向会不会更倾向于调研。这也就意味着无论是在企业的项目团队中，还是教育的项目分组中都应该考虑到参与人员的专业背景。因为不同的思维模式所衍生出来的更多的可能性创新发生在不同学科的碰撞当中。

另外，一个完整的用户体验设计要包括收集需求、竞品分析、分析任务、呈现概念或解决方案、构建原型、编写故事、剪辑视频、可用性测试等工作内容，所以建立每个团队的时候都要考虑参与到这个项目中的人的专业背景。

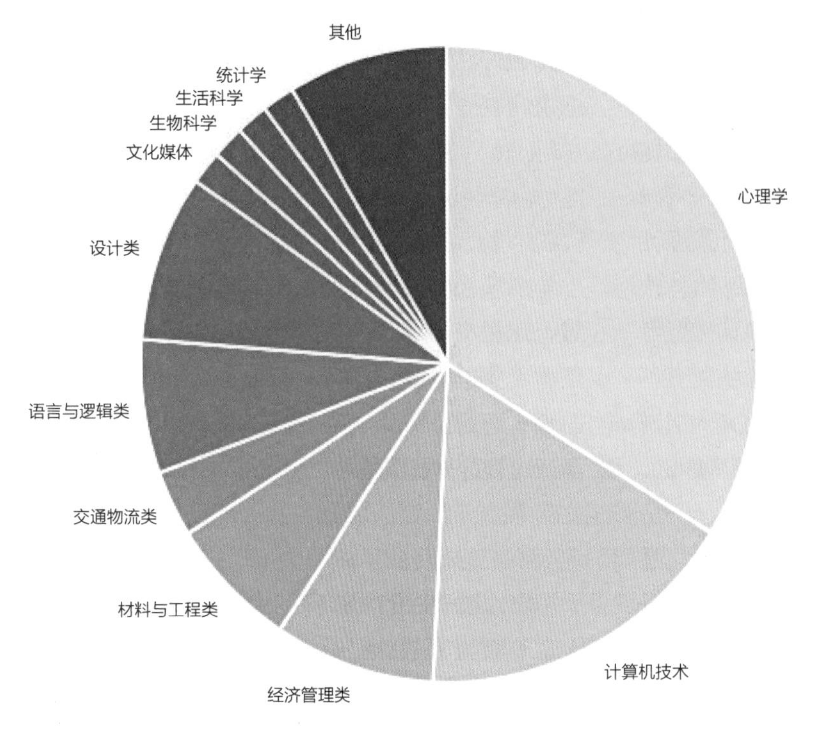


图3-5 用户体验学生本科背景比例图示

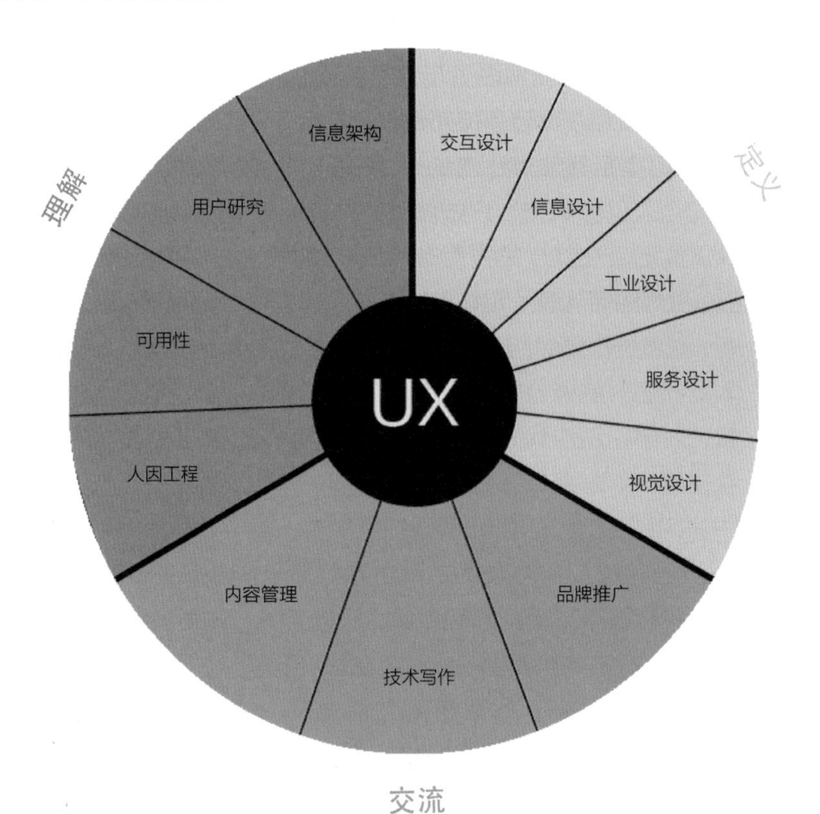


图3-6 用户体验设计中的领域

## （三）实践是检验真理的标准

这里有一个真实的项目，我们称之为W项目。在W项目开展前，小凡被任命协助老师进行此次项目的分组，同时被告知要遵循以下原则。

第一，各个学科同学分布开。也就是遵循跨学科培养的原则，使得各个组内有可以分担不同任务的同学，促进互相之间的学习。

第二，有特殊情况的分布开。例如，有同学可能会在项目期间有出国或者会长时间缺席的特殊情况，需要平均分配到不同组内，避免一个组内同时多名同学不能参加项目。

第三，每组避免有两名以上同学之前在一个组内工作过。此原则是为了避免多次同一拨人在一组导致思维定势、固定分工等弊端。

第四，名单确认公布后不得申请调整。提前适应职场规则，你可能会和任何人在一起工作，甚至是你讨厌或者害怕的人，但是必须学会适应而不是逃避。

第五，在以上原则的基础上，小凡与老师一起对班级同学进行了分组，主要步骤是：①按照本科专业将全班同学标记为四大类，即心理学、计算机（理工类有编程基础）、设计和其他文科专业；②有特殊情况的同学特别标出（如在职人员、在项目进行中将会出国交换的同学等），然后将特殊情况同学分别按照专业背景均匀分布在$n$个组内；③对剩余同学，按四大类背景依次进行分配；④对比之前的分组情况，如有两名以上同学之前在同一组工作过的情况则酌情调动。步骤和原则都不是固定的，小凡认为，或许以后还可以随时将同学们新学到的技能以及感兴趣的方面都作为参考依据列入记录表中，以便在进行分组的时候有更多的选择。

## （四）协作中的相爱相杀

小凡所在的组叫作“沉迷学习”组，组内同学背景情况为：心理学专业的灼灼与阿梨、传媒专业的大玥子、设计专业的小凡、电子信息专业的小天才与燃燃。

### 1. 六个人的分工

拿到项目题目后，前期的工作是需要六个人一起参加的。首先是通过拼贴画得出一个较大的用户研究群体，通过思维导图对整个题目进行细节性的联想。其次进行市场调研，一是了解此课题当前市场应用情况，二是在调研的过程中对用户进行访谈，进一步细化产品的使用人群，了解其在哪些特定场景中有哪些痛点。根据以上信息得出目标人群在特定场景中真实情况的旅程图。

在接下来的情景调研中则需要进行分工协作，大家商议由擅长逻辑的灼灼罗列出访谈大纲，由擅长沟通的阿梨主导进行访谈，其他人作为补充、提醒以及记录。根据以上内容分析之前旅程图中可以改进的地方。

大家一起使用亲和图法将前期的改进想法进行归类以及优先级排序，最终得出机会点。

接下来由擅长编写问卷的灼灼与阿梨进行问卷的编写，大家做了问卷调查，并由两位同学对得出的数据进行了分析。进一步细化了目标群体、使用场景、痛点、机会点。

擅长技术与科技的小天才与燃燃对机会点进行了功能实现，做出了功能逻辑图并确定交互方式。小凡集合功能与交互逻辑进行了界面设计以及低保真模型制作。灼灼同学做了测试任务设计，大家一起找用户进行了可用性测试，并得到改进。

最终到了视觉展示阶段：小凡负责故事板以及高保真模型的制作，大玥子负责导演、拍摄并剪辑视频，小天才和燃燃同学负责对图进行完善，灼灼和阿梨同学负责改进旅程图并制作PPT用于展示，擅长演讲的小天才同学则负责成果汇报。

### 2. 六个人的分歧

在整个项目的进行中不免有一些小插曲与小冲突。比如，前期大家讨论完成后由小天才制作出电子版的旅程图，被小凡吐槽了好久的色彩搭配与线条的不流畅。但是由于每个人都有自己的任务并且小天才坚持自己的审美，最终大家并没有对旅程图进行修改，但在以后的分工中会将有关视觉效果的任务交给更擅长的同学来做。

再比如视频拍摄，视频拍摄前需要剧本设定，阿梨提出了一个创意后，小凡和大玥子表示了赞同，小天才同学则提出了更加现实的想法，灼灼提出了一个相对基本的想法，但是其他人认为没有亮点，所以在这个问题上产生了比较大的分歧，最终按照投票的方式决定按照阿梨的想法拍摄，但是由于设备以及人员有限，大家想象的效果并没有展现出来，为了更好地完成任务大家又重新编写了剧本进行了拍摄。

对于过程中的矛盾和分歧，需要磨合也需要包容，更多的是需要互相学习，从别人身上学习到自己没有的东西。虽然每个同学都有不一样的分工，但是分工只是最终的执行过程，大家还是参与到了每一个细节中。

### 3. 六个人的完美落幕

由于专业背景不同，六个人的分工与配合整体来说是比较顺畅的，那些穿插着的小矛盾也都是为了产生更好的想法，最后成果展示时小天才同学富有激情的演讲得到了众多师生的称赞，大家共同努力的成果获得了竞争组同学的认可，被老师称赞：“是很具有商业价值的理念。”

## 案例使用说明

摘要：跨学科培养是北京师范大学、全球创新学院、ID-StudioLab实验室等众多有前瞻性眼光的学校或者企业在做的事情。在现如今这样的大环境下，学生小凡经过不懈的努力成为北京师范大学用户体验的一名学生，成为这个融合了不同学科背景同学的班级中的一员。在每一次的项目课题中，老师和同学们都在一起进行着跨学科的合作与自我培养。他们通过琢磨如何更好地分组安排，通过在项目中的不断磨炼，共同探索着如何让跨学科培养在用户体验的教育与发展中发挥更强大的作用。

关键词：跨学科　学生培养　团队协作

### 目的与用途

◎ 详细介绍了掌握多学科知识或者多种技能在用户体验中的必要性。

◎ 鼓励同学们坚持自己的本专业和擅长做的事情。用户体验需要全才，但是全才也需要有自己的特长。

◎ 说明用户体验设计是团队工作。快速适应环境，包容别人的想法，尝试与不同的人合作是用户体验学习者的必备技能之一。

◎ 建议从事用户体验教学方面的老师着重关注本专业在用户体验中的应用以及其发挥的作用。

### 启发思考题

◎ 你认为你的本专业在以后的用户体验生涯中会起到什么样的作用？

◎ 你认为应该如何处理在团队中与他人的冲突？

◎ 你认为用户体验可能会用到哪些技能？其中你擅长的又有哪些？

◎ 你希望在接下来的用户体验学习中学到哪些技能？列出来然后逐一学习吧！

# 第二节　嘿！你该出国看看了

——用户体验实践行

扫码观看
欧洲实践行

苗小水是一所普通本科高校的毕业生，她本科所学的专业是应用心理学，本科所学的专业让她对心理学有了一个系统的了解。北京师范大学是她作为心理学专业学生一直憧憬的大学，因此，她报考了北京师范大学的研究生。在初步了解了北京师范大学专硕的四个方向之后，苗小水对用户体验方向产生了浓厚的兴趣，最终选择了用户体验方向。通过层层选拔，苗小水成功考取了北京师范大学应用心理专硕用户体验方向。

开学后上了几周的课，苗小水突然接到学校和老师的通知：学院要为用户体验方向举办一次为期十五天的欧洲实践行活动。游学地点包括荷兰的代尔夫特理工大学以及南丹麦大学等欧洲的几所学校，这可把苗小水高兴坏了，她积极参与报名，最终和其他17位同学踏上了欧洲游学之旅。

俗话说，读万卷书行万里路，苗小水作为一名研究生一年级的学生，现在回想起来，当时本科毕业选择北京师范大学是正确的，选择用户体验方向是正确的，因为这里已经成为她用户体验设计师梦开始的地方。

## 一、用户体验实践行的背景

每个项目的创办都有它的背景，包含了项目实施的原因以及项目实施所要达到的目的。

苗小水所报考的“全日制专业硕士”的设立最初是为了解决本科生扩招以及2008年全球经济危机所引发的就业困难问题。因此，在这种形势下教育部推出了“全日制专业硕士”的概念。与学术型硕士不同的地方在于专业型硕士更偏向应用，毕业时会成为应用型人才；除了开设应用性的课程之外，培养应用型人才最好的方法就是放手让他们去实践，实践是检验真理的唯一标准。对于爱实践的苗小水来说也是如此，苗小水攻读的是北京师范大学应用心理专业硕士用户体验方向。北京师范大学作为首批应用心理专硕的招生院校，2011年至今，已经有6年的历程，用户体验方向是2016年成立的，但是学校非常注重这个新方向。刚刚开学不久，苗小水就得到了很多实践的机会，这些机会都是学部和用户体验方向的老师为学生努力争取来的，不仅仅是校企之间的合作，也有与其他学校交流的项目，这次的欧洲实践行活动就实现了与荷兰代尔夫特理工大学，以及丹麦南丹麦大学这两所学校之间的互通，为未来用户体验方向的学生去这两所学校交流奠定了基础（见图3-7）。

图3-7 在代尔夫特大学参观访学

## 二、用户体验实践行介绍

### （一）实践行

苗小水在本科阶段也曾经接触过实践行，但是并没有参与其中，实践行是20世纪随着经济全球化发展进程而产生的，是一种国际性跨文化体验式的教育模式（Experiential Learning Model），一般由具有海外教育背景的老师带领一部分学生去外国高校对应专业学习、参观，并与对方院校的同学们进行知识分享。组织实践行活动不仅可以扩宽同学们对本专业知识的理解，锻炼他们的外语能力，还可以体会不同的风俗、不同的信仰、不同文化的城市中人们的真实生活，这些与在国内所接触到的书本知识是完全不同的。在国外亲眼目睹到的、亲耳聆听到的以及亲自感受到的都是在国内的课堂上无法体会到的。

用户体验在国内是一个新兴领域，发展的时间并不长，而国外对于用户体验的研究时间相对较长，且已经形成一定的体系。为了将这种体系与国内现有的体系更好地融合在一起，苗小水的导师刘伟老师在北京工业大学工业设计专业毕业以后，前往南丹麦大学深造、学习了IT产品交互设计并获得了硕士学位；研究生毕业之后，又在代尔夫特理工大学攻读博士学位，毕业之后将自己已有的用户体验知识毫无保留地传授给用户体验班的同学们。苗小水当然要跟着刘伟老师的步伐，通过实践行进一步学习了用户体验知识。

### （二）学生对实践行的期待

作为一名研究生一年级的学生，从专业角度来说，苗小水对于这个新兴领域的了解是少之又少；从学习经历来说，之前并没有参加过实践行活动，也未有过出国经历的苗小水，最好奇的就是国外与国内的差异，最担心的就是自己的英语口语能力。但是，对于实践行的期待远大于对自己能力的担心，代尔夫特理工大学作为荷兰位于全球排名前15位的理工类大学，在工业设计专业领域以很高的学术水平以及高质量的教学水平享誉世界。这所学校的综合水平和专业水平都在欧洲范围内名列前茅，属于顶级的工科院校，这也是苗小水选择这次实践行的重要原因。此外，代尔夫特理工大学的工业设计专业能够扩宽苗小水对于用户体验方向的认识与理解，使其在心理学的基础上，从设计与交互的角度再认识用户体验。

### （三）实践行的影响力

实践行不仅能给学生带来好处，对学校、学院以及新开设的用户体验方向都有益。学院和学校对于实践行的重视，最终体现出的是学校对于学生的重视。不仅如此，实践行也是学校与国外的高校和企业进行互通的一种方式，也进一步增加BNUX在国内各大高校甚至是整个社会中的影响力。学校的影响力增加了，学生在毕业之后得到的社会认可度就会增加，从而形成良性循环，进而使得学生与学校共同发展进步。

## 三、欧洲实践行详情

实践行在学校学习中有很重要的意义，下文将用欧洲实践行这个具体的案例来展现从实践行想法的诞生到最终学成归来的全流程。

### （一）欧洲实践行想法的诞生

BNUX的建立为学校带来了很多新鲜血液，苗小水的导师刘伟老师就是其中特别重要的一员，从前面讲到刘伟老师的学习经历就能看出，刘伟老师对于工业设计以及用户体验的概念是随着求学经历不断完善的。刘伟老师认识到了国外对用户体验的认识与国内的差异，深切地体会到了学习用户体验需要有一个开阔的眼界。在刘伟老师离开企业成为老师后，教授的学生大部分为心理学专业背景，一小部分本科学习的是工业设计、工程设计等专业，所以大家在创造力以及对美的鉴赏力方面有很大的提升空间。本科学心理学专业的苗小水就是理论派，在本科阶段学习到的，与用户体验有最大关联的也就是心理学专业中的实验心理学了，更别说设计方面的内容。刘伟老师曾说，学习用户体验方向是需要有眼界的，是需要有审美的。鉴于此，刘伟老师决定领这些学生去他的母校以及其他几所高校开拓视野，提高审美。刘伟老师产生这个想法之后就付诸行动，与国外高校沟通。此举得到了学院的大力支持，对欧洲实践行来说是一个好的开始。

### （二）欧洲实践行的筹划

筹划是实践行中很重要的一步，主要分为以下四个方面。

#### 1. 各个部分的协助

万事开头难，欧洲实践行初期的筹划是整个过程中最艰难的阶段，这将为之后实践行的成功打下坚实的基础。与这次出行紧密相关的三方分别为学院、刘伟老师以及出行的17位同学，他们都对欧洲实践行的最终落实做出了很大的贡献。

2016年10月13日，欧洲游学小队组建成功，一共18名成员。刘伟老师和对方学校商定了在对方学校学习的具体时间，根据这个时间，刘伟老师确定了出行的具体时间为2016年11月23日至12月7日。从日期上来看，欧洲游学小队只有一个月的准备时间，为了能成功出行，欧洲游学小队积极地开始了出行前的准备。游学小队中有两名热心的同学主动承担起了为大家筹划的工作，与北京师范大学校方以及出国机构对接。国内高校学生的出国访学的手续很多，这两位同学先将校方需要的资料种类以及注意事项传达到游学小队，规定一定的期限，再将同学们的材料统一打印整理后一起交到学院老师手里，有错误或者修改的地方再一起反馈到同学这里，一并修改，如此往复。

相比学校内部的资料，出国需要的资料更多，签证办理时需要的资料以及手续更加繁杂。在这过程中，欧洲小分队所有成员的配合非常重要，需要按时上交材料，以免一个人拖大家的后腿。在准备材料期间，欧洲小分队出现了大状况，由于部分同学开学的时候将户口迁到学校还没落户，以致《亲子关系证明》无法办理；这种情况下，欧洲小分队慌了手脚，当学院老师得知此事后，直接出面找学校沟通，才得以解决。学院老师的帮助如及时雨一般，让苗小水一行人办好签证，成功出行。可见，学院以及学校对这次欧洲实践行的大力支持不仅仅是在口头上，更是落到了实处。由于有学院的配合，节省了时间，最终大家成功地办好了去往欧洲的签证。除了手续方面，还有一些难解决的琐事，对这些琐事，欧洲游学小队每个人都为集体做出贡献，有同学主动统计需要国外电话卡的人数以及所需的不同的资费方案，有同学帮所有同学买往返机票，有同学去银行帮大家兑换外币……每一个看似细小的问题，都需要大家贡献自己的力量。所谓众人拾柴火焰高，让每个人都主动为大家付出，也让每个人都承担责任。刘伟老师一再强调：让每个人都有事做，为集体做出贡献。

2. 欧洲实践行日程的规划

最初的日程是刘伟老师与对方高校互通之后规划的，是根据对方高校所安排的课程规划的，之后又交给负责日程规划的同学进行细化。刘伟老师给欧洲实践行的日程规划目标是：越忙越好！也就是让欧洲游学小队充分地利用好在国外的时间。他们上午到达荷兰，中午吃完饭，下午便开始了我们的游学之旅。

从到达荷兰的那一刻起，欧洲游学小队的脚步便再没有停下来，图3-8是欧洲游学小队回来时满满的行程单。

3. 实践行的准备

出行之前的准备要从衣、食、住、行四个角度来说。衣方面，苗小水参考了一些网上的攻略，总体来说，就是带一些轻便的衣服、鞋子就可以。喜欢拍照的女生可以带一套专门拍照穿的衣服，再辛苦也要美美的。食方面，苗小水一行人并没有带很多食物，去了之后发现带一些可以应急的干粮还是有必要的（荷兰的店铺关门早，有可能会吃不到饭），如果住的地方有厨房，也可以带一些调料作为备用，他们那里的调料没有味道，尤

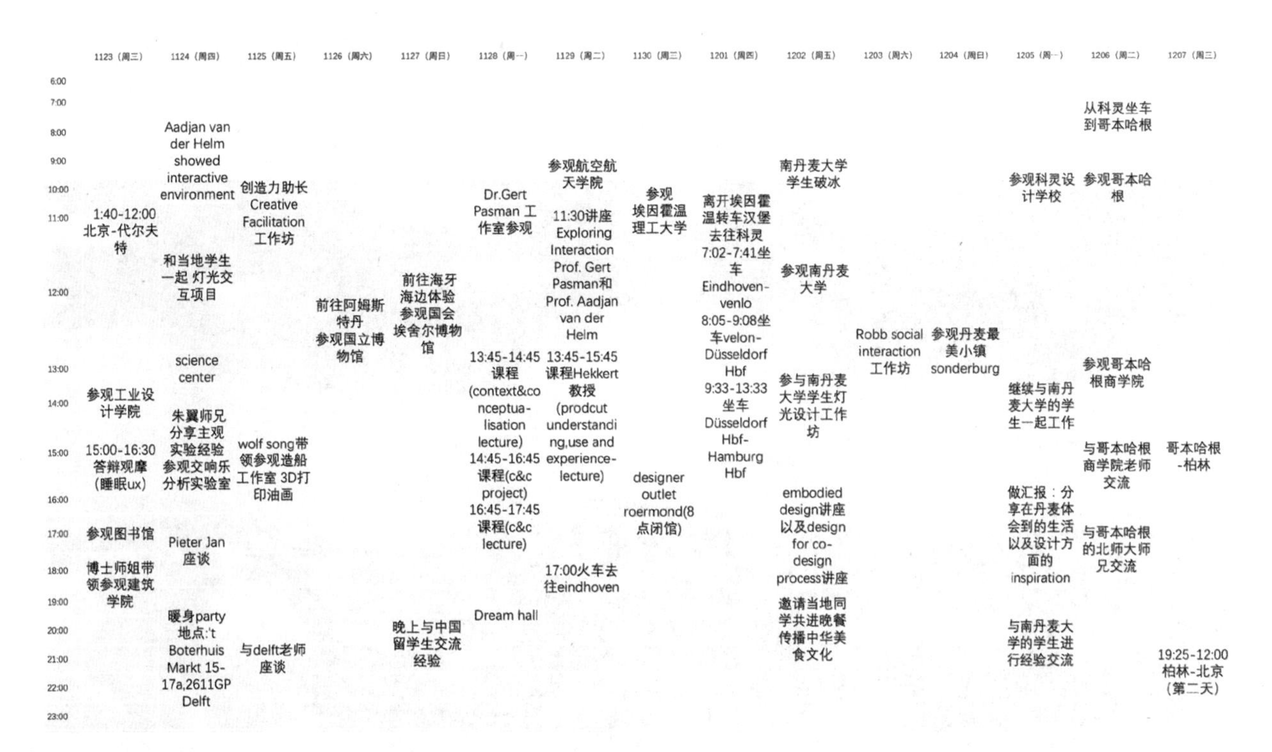


图3-8 欧洲实践行行程单

其是食用盐，几乎没有什么咸味。住方面，苗小水的导师刘伟老师之前有留学经历，对于住宿颇有经验，住宿都是刘伟老师在网上订的，这里不得不说一下，酒店的环境以及服务都很好，但是在网上订酒店的时候一定要提前订，否则不仅会影响价格还有可能没有地方住。行方面，最大块的就是机票了，欧洲游学小队中有同学帮大家统一买了往返机票，机票和酒店是一样的，能早定就尽量早定。行方面是去了当地之后的交通，在荷兰，自行车是主要的交通工具之一，而且是老式的“二八”自行车。因为公共交通比较少，欧洲游学小队主要是凭一双脚走遍荷兰的大街小巷的。苗小水认为，出行最重要的就是走路过程中的停停看看，虽然累但也不失趣味。

## 四、实践行的实践

### （一）欧洲实践行

欧洲实践行一共十五天，每一天都很有意思，每一天接触到不同的人，学到了不同的知识，欣赏到了不同的景色。

11月23日：苗小水在经历了十几个小时的飞机和火车后，到达了本次实践行的第一个目的地——荷兰的代尔夫特。到达代尔夫特的下午，苗小水就开始了与代尔夫特理工大学的第一次亲密接触，下午就在沃尔夫老师的带领下，参观了工业设计学院里制作原型的机器并了解了制作过程，也就是各类大型机床，相信工科专业的童鞋是相当熟悉的。之后参观并且观摩了庄严的博士生论文答辩现场（见图3-9），整个答辩过程包括15分钟的幻灯片展示、60分钟的答辩委员提问以及最后的庆祝会，共有八位来自荷兰国内外的答辩委员在司仪和权杖的带领下列队入场，答辩委员们一律穿教授服或其所属大学的服饰。答辩的博士生，男生必须身穿燕尾服，女生就比较随意。

11月24日：苗小水见到了一位长相酷似乔布斯的阿德阳·范·德·海姆（Aadjan van der Helm）教授，他是代尔夫特大学工业设计工程学

图3-9 代尔夫特理工大学博士答辩现场

院ID-Studio Lab负责人，研究生导师；他负责的研究生课程包括：交互科技设计（Interactive Technology Design）、可用性与用户体验评估（Usability and User Experience Assessment in Design）等课程。在阿德阳教授的介绍下，苗小水了解了代尔夫特理工大学及其学生所做的课题——公共环境中有关环境交互的设计，还深入阿德阳教授的课堂中了解了他们的点子、他们的故事以及他们正在做的课题——太阳能供电系统的设计等。苗小水还体验了代尔夫特理工大学工业设计专业的学生产出的一些科技性强的、超好玩的产品，不禁赞叹了他们的动手能力。不过自己想想：如果有材料是不是我也能做出来呢？随后，当地的中国留学生就他所研究的内容给我们进行分享，他分享的内容总算和苗小水本科所学专业（心理学）有点关系了，包括主观经验的分享以及交响乐分析的实验。

11月25日：欧洲游学小队参与了本次游学活动的第一个工作坊——创造力助长工作坊（Creative Facilitation Workshop），这个工作坊是代尔夫特理工大学的王牌工作坊。迎接我们的是一位美丽的博士师姐，这个工作坊是她精心准备过的，在她的带领下，苗小水从设计咖啡机、面包机以及热水壶中学到了思维发散的方法：在各自进行第一轮头脑风暴后，各自交换想法，在别人点子的基础上进行下一轮扩散。工作坊结束后沃尔夫老师带领苗小水一行人参观了各种各样的3D打印机及其价值不菲的3D打印的油画，打印出的名画和真迹摆在一起，根本分辨不出来真伪。

11月26日—27日：这两天是自由活动时间。虽说是自由活动，但是时间也一定要安排得满满的。苗小水一行人先到达阿姆斯特丹，参观了阿姆斯特丹国立博物馆；随后到达海牙参观了国会以及埃舍尔博物馆。埃舍尔是荷兰科学思维版画大师，作品多以不可构、平面镶嵌、悖论、循环等为特点，兼具艺术性与科学性，《普通心理学》里面也有埃舍尔的错觉图形。除了这个神奇的博物馆，我们之后还领略了海牙惬意的景色（见图3-10）。

图3-10 欧洲游学小队海牙合影

11月28日：休息了两天，苗小水一行人又回到学校，上午苗小水导师刘伟老师的博士导师格特·帕斯曼教授（Dr. Gert Pasman）给苗小水一行人上了一堂关于“交互品质”的课程，让苗小水明白产品也有情感，用户能够在与产品的交互过程中感受到产品产生的情绪，这样的产品才是好产品。之后，苗小水又参与到交互设计的硕士课程中，与他们进行小组讨论，苗小水觉得自己已经融入他们的小组了。重头戏还在后面，苗小水一行人又参观了造梦长廊（Dream Hall）（见图3-11），它是专门为学生提供的一个工厂，学生们可以参与造梦长廊的任意项目。在这个工厂中，学生可以做任意大型产品，如赛车、摩托车、机械臂，甚至是火箭，只要想做，都可以在这里完成，所有的步骤都由学生自己完成。这是一个实现梦想的地方，这里的年轻人有着一腔热血。苗小水一行人真的在这里被震撼到了。

11月29日：这是在代尔夫特的最后一天，苗小水一行人先去参观了高大上的航天航空学院的工作室，亲眼见识了不同型号的飞机实物。紧接

图3-11 造梦长廊

着，《代尔夫特设计指南》的作者安妮米柯·梵·波伊珍（Annemiek van Boeijen）教授亲自为苗小水一行人带来了一个工作坊。苗小水在这个工作坊中认识到了不同文化背景对于设计理解的差异，以及对于不同国家文化认识的刻板印象。比如，这次工作坊需要结合中国情境进行设计，而荷兰当地学生的设计就表现出了对中国学生认识的刻板印象，认为中国的学生都特别热爱学习。

11月30日：经过还算轻松的火车之旅，苗小水一行人到达埃因霍温，参观了埃因霍温理工大学的设计学院，埃因霍温理工大学在荷兰的实力位居第二。在这里苗小水对可穿戴设备进行了一番深入的了解，了解到可穿戴设备已经渐渐融入我们的生活，并不需要作为附件专门佩戴。像埃因霍温理工大学中学生设计的女士内衣，不仅仅限于内衣，还可以检测穿着者的心率等生理指标。

12月1日：这天从荷兰到丹麦从早晨七点开始就在路上，不仅如此，从德国汉堡转车到丹麦科灵，只有五分钟的转车时间，为了能够保证所有人和行李都顺利上车，欧洲游学小队还提前演练并且根据行李箱的重量分配行李，男生拿重的，女生拿轻的，好在大家最终都没有落下，真的是生死五分钟。

12月2日：在南丹麦大学的第一天，苗小水一行人与对方学校的学生进行分组后共同合作完成一个课题——不同性格的交互灯光设计，接着又和丹麦学生一起听了设计的具体化（Embodied Design）和协同设计梳理（Design for Co-design Process）两个讲座。

12月3日：罗伯（Robb）老师是南丹麦大学设计学院的助理教授，为了激发大家的创造力，让大家突破思维的局限性，他利用周末时间给苗小水一行人开设社交交互（Social Interaction）工作坊，让同学们用有限的几件物品来设计一款可以让人们在玩游戏的过程中锻炼身体的产品，在设计游戏的过程中，大家也玩了起来。

12月4日：苗小水一行人在丹麦的最美小镇桑德堡参观。

12月5日：苗小水一行人继续与南丹麦大学的学生共同合作，并且需要根据中国情境重新设计出一个不同性格的灯光交互产品。

12月6日—7日：前往哥本哈根，在哥本哈根商学院与原北京师范大学的师兄交流，之后返程。

这就是那充实的十五天，这会是苗小水一辈子珍藏的回忆。在这十五天内，苗小水学到很多干货，深知作为一个团队的一员需要为团队贡献自己的力量，哪怕只是问个路。同时团队中的每一个人都很重要，缺一不可。苗小水非常感谢欧洲游学小队，非常感谢老师。如果同样的人同样的地方，再来一次该多好。

### （二）实践行过程中的收获

苗小水一行人在这次欧洲实践行中的收获颇丰，主要涵盖三个大的方面。

第一是对于专业知识的拓宽，即一些学习到的干货，从最初的“创造力助长工作坊”到灯光设计项目，有太多知识需要我们学习。

“在这个《创造力助长工作坊》中，我们既是设计者又是被试，一方面，我们通过一系列流程表达心中的设计理念和创意，为设计课题丰富了数据；另一方面，我们也学到了今后若自己作为主试，我们要如何利用心理学原理、设计方法学工具来主导这样一场类似于焦点小组的活动并且不断优化活动的衔接，充分发挥大家的灵感、协同合作表达最终创意。”潘同学说。

第二是自身的收获。不得不说，我们能体会到国外高校高涨的学习热情。在苗小水看来，他们对于学习更像是爱好，不是被动的，不是为了完成任务，而是为了做好而做。

“课堂被反转了，不再是由老师带领学生去学习，充斥在课堂里的是学生的想法，而课程的作用是帮助学生实现想法，老师不是那个引领和传授的人，而是帮助你实现想法的人。他们的任务更多的是教会学生方法以及如何使用设备。或许在我们看来这是混乱的场面，因为在我们的意识里，还不认可每个学生都是为了自己而去选择学习的，所以学校更多地像是一个保姆，学习需要用点名来考查出勤，需要规定作业字数来考核工作量，没有主观能动性的学习是可怕的。”乔同学说。

第三方面的收获在于整个大环境，一种氛围，人人都会有的一种很开放的心态。

“在荷兰的建筑中，落地橱窗被广泛应用，不论是商铺还是住宅，从外部可以直接看到内部的装修与装饰，里面的人乐于展示，外面的人乐于欣赏，在这种开放的环境中，互相学习，互相促进。在学院交流时，同样能感受到这种开放的心态。”董同学说。

“通过几次工作坊，我感觉到工业设计工程学院的老师和学长学姐们都有一颗开放的心，老师和蔼，鼓励学生表达各种各样的想法，老师们也以各种方式加强与同学们的互动，与同学处在一个平等的地位。即使我们的同学英语不是特别流利，老师们也十分耐心地倾听，这让我特别地感动。”叶同学说。

### （三）实践行的反思

如何知道这次实践行是否完美，就需要通过反思来判断，反思能够给下一次实践行的组织者和参与的学生提供经验。不仅如此，每一次出行的都是一个集体，在欧洲游学小队的集体中，有一直为集体付出的人，也有偶尔拖后腿的人。在反思的过程中同学就会看到自己的欠缺以及闪光点。因此，学校还设立了三个等级的补助金以鼓励同学们多参加实践活动，这次欧洲实践行的反思包括每位同学要写的一篇游学感想的文章，还包括欧洲实践行的分享活动。分享活动是由欧洲游学小队中的三位同学组织的，在分享会上给每位同学三分钟的时间与大家分享自己的收获。分享之后，几位老师打出分数，最终结合队员之前的表现以及反思汇总出每位队员的最终分数，按成绩发放补助金。

## 五、应用指南

### （一）针对校方的建议

学校需要关注实践行的前中后三个阶段。在前期，学校应该对实践行给予大力支持，提供清晰的手续办理流程，有专人协助指导学生办理各种手续，并且让同学知晓学校对实践行的支持（发放补助金）；在中期，也就是实践行期间，学校需要起监督以及管理的作用，时刻关注学生的行程，做到“一个都不能少”，并通过带队老师来管理学生，制定相关的规则，由带队老师传达，从而约束学生的行为；在后期，即实践行归来之后，学校要积极督促实践行的组织者、带队老师以及学生进行总结和反思，为下一次实践行提供经验指导，并且要对实践行大力宣传，从而提高学校的社会认可度。

### （二）实践行的经验教训以及注意事项

实践行的经验教训也按照两个阶段来总结。

出行前期：①一定要提前至少两个月开始准备各种各样的手续，学生越多越需要提前，以免碰到突发状况；②出行学生的数量要以一个老师负责10位同学为宜；③如有个别同学有突发的无法处理的情况（如资料丢失），要立即告知学部老师，即校方；④准备电话卡，以免WiFi信号不好，联系不到；⑤带双运动鞋，在国外，需要走很多路。

出行期：①带队老师要制定相关的规则，如几点在哪里集合，不等人；②将学生分为几个小组，选小组长，以便于核对学生数量；③最好不要让学生私自外出，单独行动（如去临近城市见朋友等情况）；④让不同的学生承担不同的责任，再小的事情也有对应的同学监管（如苗小水是探路主管，专门负责制定路线）；⑤下载谷歌地图，国内的地图手机软件在国外还不能载入当地地图。

## 案例使用说明

实践行是20世纪随着全球化发展进程而产生的，这种形式能够开拓学生视野，提高学生的实践能力，让学生走出校园，学到课本外的知识，这种学习的形式越来越被大众社会所认可。而本文所阐述的案例——欧洲实践行，是BNUX的第一次出行，苗小水和她的欧洲游学小队跨越了大半个地球去探索用户体验，最终收获满满地归来，你是否也想体验一次？

**关键词：** 实践行　用户体验

**教学目的与用途**

◎ 高校举办实践行活动时的参考。
◎ 老师或者高校了解学生对于实践行的真实想法以及真实体验。
◎ 实践行中教学与参观的合理安排。

**启发思考题**

◎ 在实践行中学校需要承担的责任有哪些？
◎ 实践行归来的同学有哪些收获？
◎ 在实践行过程中有哪些事情是需要注意的？
◎ 实践行的意义是什么？
◎ 实践行的整体流程是怎样的？

# 第三节 不怕你不会，就怕你不动手做

## ——国际体感交互设计科技工作坊

8月的北京，炽热的阳光从空中撒下，透过窗帘的缝隙，散落在教室的地面上。正值一年中最热的时候，西西和她的组员们在教室的一个角落，正在为制作设计原型而忙碌着。尽管窗外的蝉鸣和风扇的呼呼声充斥着耳朵，尽管其他同学们早已在各自家中享受着自己的假期，但他们却从未后悔参加这一年的体感交互设计科技工作坊。

工作坊（Workshop）一词最早出现在教育与心理学领域。西西参加的工作坊，是一种时下越来越流行的自我提升的学习方式，叫作参与式工作坊。这是一个多人共同参与的活动，以一名在某个领域富有经验的主讲人（专家）为核心，少则五六人，多则几十人的团体（参与者）在该专家的指导下，短则半天，长则一至两周，共同探讨某个话题。它可以让参与者在参与的过程中对话沟通、共同思考、进行调查与分析、提出方案或规划，并一起讨论如何推动这个方案。换句话说，工作坊就是利用一种比较轻松、有趣的互动方式，将上述事情串联起来，成为一个系统过程。

## 一、工作坊背景

国际体感交互设计科技工作坊（以下称“体感交互设计工作坊”）在2012—2015年共举办了四届，每年一届，每年的主题各不相同。

### （一）课程介绍

体感交互设计工作坊曾经在北京工业大学工业设计系以及同济大学设计与创意学院举办，并联合了北京工商大学、北京联合大学，邀请了代尔夫特理工大学、卡耐基梅隆大学等国外知名院校的教授，是专为本科生、研究生、青年教师举行的学术讨论研究活动。在工作坊当中，参与者基于一定情境为特定人群进行设计，目的是通过设计解决实际问题（痛点）。

参与者经过前期调研发现问题，通过数据分析、故事版、拍摄视频故事来呈现问题、寻找设计灵感、共同讨论问题并提出解决方案，利用智能硬件制作实物产品原型，最后汇报展示最终设计和产品原型。

## （二）人员组成

从整体上讲，工作坊由专家、参与者和促成者组成。

### 1. 专业者

那些具有专业技能，能对于工作坊所针对的专业主题给予直接助力的即专家。专家凭借自己的专业技能为参与者提供专业支持，给予知识和技能的输入。

这四届工作坊分别邀请了来自国内外高校和业界的多位专家。

阿德阳·范·德·海姆（Aadjan van der Helm），助理教授，荷兰代尔夫特大学工业设计工程学院ID-StudioLab负责人，研究生导师。他负责的研究生课程包括：交互科技设计（Interactive Technology Design）、可用性与用户体验评估（Usability and User eXperience Assessment in Design）、交互探索（Exploring Interactions）、交互与电子（Interaction & Electronics）、交互空间设计（Interactive Environments）。曾任V2软件公司工程师、代尔夫特理工大学计算机图形科学研究员。

马可·罗森达尔（Marco Rozendaal），荷兰代尔夫特理工大学工业设计工程学院交互设计专业助理教授，Symbiont科技公司[①]设计顾问，Aropa基金会创立者。曾任荷兰埃因霍温理工大学交互设计专业助理教授，在代尔夫特理工大学获得了他的博士学位。

劳·兰根威尔德（Lau Langeveld），荷兰代尔夫特理工大学助理教授，同时就职于机械工程学院和工业设计工程学院，擅长利用具体化设计激发设计师潜能，研究生就读于荷兰埃因霍温理工大学，本科毕业于代尔夫特理工大学工程设计专业。

托马斯·亚斯凯维茨（Tomasz Jaskiewicz），荷兰代尔夫特理工大学工业设计工程学院Hyperbody助理研究员。他是来自波兰的建筑师和城市规划师，本科就读于格但斯克工业大学建筑学系，研究“城市性”，研究生就读于代尔夫特理工大学建筑学院。

曲延瑞，北京工业大学工业设计系主任、主讲教授、硕士生导师，兼任北京工业大学工业设计研究所所长、中国工业设计协会理事、北京工业设计促进会理事，主要研究方向为工业设计、产品设计、城市发展相关产品开发研究，曾经承接国家部委“工业设计参与传统产业改造”“工业设计与产业发展研究”“工业设计创新价值体系研究”“大城市交通工具设计研究”等项目。

刘伟，北京师范大学心理学部应用心理专业硕士用户体验方向负责人，

① Symbiont是一家新型的区块链平台公司，为近些年在世界上快速发展的数字货币与电子金融产业提供服务。

世界华人华侨人机交互协会理事，曾任同济大学设计创意学院助理教授、研究生导师、用户体验研究室主任、易科（Exact）软件公司博士研究员、欧特克（Autodesk）中国研究院资深用户体验设计师、摩托罗拉（Motorola）移动技术有限公司交互设计师，拥有荷兰代尔夫特理工大学交互设计研究方向的哲学博士学位、南丹麦大学IT产品交互设计专业的硕士学位、北京工业大学工业设计专业的学士学位。

王晨升，北京邮电大学副教授、研究生导师，曾任中国科学院软件研究所副研究员，代尔夫特理工大学博士研究员，曾著《工业设计史》，系新世纪全国高等院校工业设计专业“十二五”重点规划教材。

杨倩，美国卡内基梅隆大学人机交互专业博士研究员，曾任英特尔（Intel）公司交互设计实习生、飞利浦（Philips）公司产品研究实习生，经验丰富。

2. 参与者

体感交互设计工作坊凭借其强大的国际化师资力量，多校联合的阵容，吸引了大批学生和教师的参加。每年可接收60多名同学参加。

60多人被随机分为9组，每组6～8人，成员来自不同院校、不同院系，也互不相识。这需要大家互相了解、磨合并一起工作，每个小组平均有6位成员是基于以下因素考虑：人数太多将导致责任分散现象，影响成员工作积极性；人数太少则没有足够的人手完成任务，工作无法顺利进行。

3. 促成者

除了专家导师和参与工作坊的同学们，还有一些人在默默地保障着工作坊的顺利进行，他们被称为促成者。促成者是协助工作坊进行的人，他们有效推动着工作坊的进行，包括帮助参与者彼此之间进行有效沟通，或是协助参与者在讨论过程中发现并提出问题。

毫无疑问，北京工业大学和同济大学充当了体感交互设计工作坊的主要促成者，共同完成这次艰巨的任务，当然还有其他公司和个人在共同出力。例如，Arduino开源硬件的赞助商，工程师们努力提供全面的使用说明、应用实例、学习课程和线上技术支持，通过软件和硬件的结合，为创客准备好创作的一切要素。

洛伦佐·罗马格诺里（Lorenzo Romagnolil）是除阿德阳等专家以外，对体感交互设计工作坊工作的推动帮助最大的人。他是意大利的交互设计师，毕业于荷兰代尔夫特理工大学工业设计工程学院交互设计专业，曾任瑞士南方应用科技大学和哥本哈根交互设计研究院（CIID）客座教授，荷兰代尔夫特理工大学工业设计工程学院交互环境和交互科技设计专业学生助理，Arduino网页和软件开发师，都灵创客工厂创建者，意大利创客工厂总管。洛伦佐是体感交互设计工作坊的技术助理，负责帮助各组同学解决技术问题，如原型制作出现问题，智能硬件不会使用，编程出现问题等都可以找他。

## 二、案例详情

每年的体感交互设计工作坊主题都不相同，使用的智能硬件和编程软件也不太一样。

扫码观看方案视频及工作坊成果汇总

### （一）历届课题及内容

在2013年的第二届体感交互设计工作坊中，近60名参与者被随机分到9个小组中。这次工作坊关注三种具体的目标用户：老人、上班族和青少年。这些用户与产品的交互情境被设定为家庭、公共场所、工作场所/学校。不同目标用户和情境自由组合，任务是设计一款交互产品来促进这些人物和情境之间的体感交互。内容涵盖了设计调研、制作、概念产品设计、设计表达、体验式交互产品模型、MAX/MSP软件编程和Phidgets传感器应用。

在2014年的第三届工作坊中，60多名师生被随机分到10个小组中。导师阿德阳给出了10个特定情感表达的抽象词汇：Anger，Sadness，Mean，Doubt，Fear，Pride，Kindness，Dreamy，Energetic，Inspiration，每组基于其中一种情感，完成一个体感交互音乐播放器的设计。最初通过肢体动作与材料的互动来解读情感，并拍成视频以探讨和寻找设计灵感，最终形成设计方案，加上技术支持，实现原型制作。在此过程中参与者学习Arduino编程技术，以及如何运用视频作为设计和交流的工具。

在2015年的第四届工作坊中，参与者针对特定情境中的未来交互产品、工具、服务和系统展开调研、设计、开发和评估，基于导师给定的不同情绪（Angry，Annoyed，Worried，Bored，Sad，Happy，Friendly，Polite，Relaxed，Empathy）设计一款引导用户节约能源的办公室体感交互设备。小组成员先通过调研发现特定用户群在办公情境中的问题，再运用创新方法来探索和寻找设计切入点，形成设计方案，最后整合开源体验科技，完成高保真交互原型。在工作过程中，学员们深入学习和实践交互设计经典方法、用户（体验）研究流程、开源硬件科技、设计表达并与产业资本对接。内容涵盖了体感交互产品原型、原型制作技能、概念产品设计、Arduino开发平台、Seeed智能硬件应用和迭代的工作方式。

## （二）课程安排

体感交互设计工作坊每届持续两周，有效工作时间为10～12天，采用专家专题讲座与工作坊穿插进行的形式。专家的专业输入非常重要，专题讲座的内容输入将直接助力参与者的工作，如阿德阳“以用户为中心的设计”、马可“体感交互”、刘伟“交互故事版/情景故事”等讲座（见图3-12），被分别安排在工作坊进程中。

在看了今年课程安排后，西西对整体流程有了把握。大体上讲，工作坊的第一天是专家进行知识输入，组员相互熟悉并外出调研；第二天汇报调研成果，熟悉智能硬件的使用，准备设计概

图3-12 工作坊场景

念和故事版；第三天产出快速原型和视频故事；第四天测试快速原型，重新审视交互故事板；第五天小组汇报和讲评；周末休息，进行参观或小组工作；第六天专家进行技术知识输入，小组外出调研，准备制作最终原型的材料；第七至九天制作最终原型和视频；第十天汇报展示成果（见图3-13）。

## （三）设计流程

各组的研究情境和目标群体由抽签决定，西西所在的小组抽到的是在公共场所的上班族。

### 1. 前期调研

情境中调研，是发现痛点最直接的方法。既然要给在公共场所的上班族做设计，那么应该去上班族最常去的公共场所进行调研。可是，公共场所那么多，到底哪里才是上班族最多的地方呢?

在和组员相互认识之后，西西和组员们利用亲和图列出尽可能多的上班族会出现的公共场所，如办公楼、公交站、咖啡厅等，并整理分类。随后，他们利用一下午的时间外出去各个地方观察。他们发现，办公楼的电梯间是上班族出现最多的地方，而等电梯会感到无聊甚至焦躁。早高峰时期等待时

之前的电梯大堂，大家很无聊地等电梯……

现在，在电梯大堂，头上的感应光球根据人的身高上升。

如果去触碰它，它会继续上升，让你碰不到它。

当有人聚集，会形成高矮不同的波浪。

如果有人聊天……

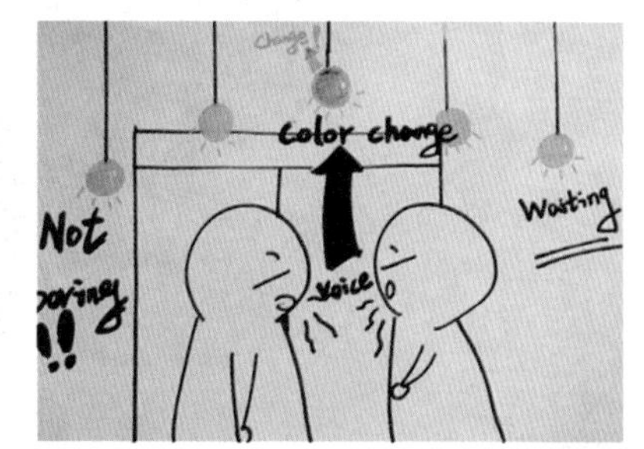

球的灯光会转变，随着声音变大，由冷色调渐变暖色调。

图3-13 西西小组绘制的故事版，展示了他们所设计的产品

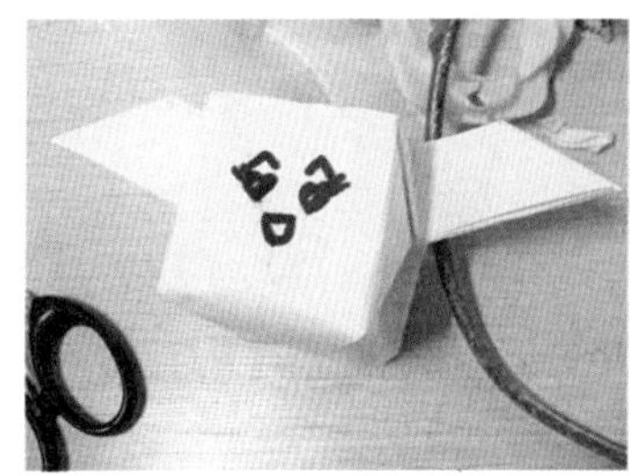

图3-14 快速原型

间长，人们都在看手机或是电梯间里的广告电视；下班时，跟认识的人一起走才会聊两句。这一发现启发了组员们。大家把等电梯时感到无所事事确定为产品式服务要解决的痛点。在随后进行了头脑风暴、绘制思维导图和故事板等工作后，他们在电梯间设计了感应灯光，既可以作为装饰，又可以利用碎片时间的交互填充人等待的空虚感。

2. 快速原型

在汇报设计定位后，小组得到了专家导师的指导建议，一轮迭代之后，接下来便要制作快速原型了。低保真原型是初步的产品原型，用于功能演示和可行性的验证。

首先要熟悉传感器的使用，他们花费了一天多的时间去学习编程语言，之后他们才开始动手制作。既然是初步原型，西西想，用手头能找到的材料制作一个简易原型就可以。叠一个小纸盒当作灯罩，用传感器连接LED灯泡（见图3-14）。

从熟悉使用硬件，到选择材料并制作，再到完成与汇报，用了整整四天的时间。

3. 交互科技

在制作原型的过程中，解决技术问题占用了大部分时间，包括西西在内的大部分学生都是第一次接触Phidgets传感器，所以并不熟悉，工作坊的技术助理洛伦佐给了他们极大的帮助。

在快速原型中，他们用到了声音传感器和一个可变颜色的LED灯，实现灯光颜色会随声音而变化的功能。声音响度越高，灯光颜色越偏暖色（见图3-15）。

图3-15 交互科技

4. 改进原型

试验证明该设计是可行的，那他们便要着手改进快速原型。改进原型就不能走“简陋风”了。恰逢周末，西西小组的几位成员一同前往市场选购制作原型外观的材料。同时，北京工业大学设计系的模型室也向这次工作坊的参与者敞开了大门。当时工作坊还未配备3D打印机。同学们用切割、拼接等原始制作手段，所以耗费了大量的时间。图3-16是成员们在为最终成果做准备。

5. 最终设计与原型

制作原型的时间非常紧张，两周的时间一共

图3-16 3D打印机还未普及的时候，制作方法很简单粗暴。切割、拼接，都是原始手段

要迭代三次，也就是要经过三轮的原型评估。同时，为了呈现最终的设计，还需要拍摄产品视频，用来展示所发现的问题、解决方案和成果。为了如期完工，西西小组成员与时间赛跑，为倒数第二天的原型汇报和最后一天的最终成果汇报做着准备。

在前面两轮测试之后，西西小组的设计已经比之前成熟多了，只要继续完善即可。而经历了整个设计过程，小组成员对产品的理解和熟悉已经达到较高程度。他们还为这个产品取名为“UnbelievaBall”，意思是“不可思议的球”，见图3-17。

6. 思考与总结

思考与总结是学习必不可少的环节，也是最重要的部分。

围绕着“学到了什么”“与之前学习的不同之处”“小组如何工作”“满意点”“不足之处”和“对下次活动的建议”等方面，各个小组展开了反思。

西西写道：“在这次体感交互设计工作坊中，我们了解了交互产品的设计流程，培养了交互思维，拓宽了思路和方法，学会使用MAX平台和Phidgets传感器。同时，明白了技术是用来服务设计的，不同的设计运用不同的技术，而不是就技术来进行设计。小组中的分工与合作充分发挥了团队精神，扬长避短是我们取得最终成功的秘诀。最终原型实现所需要的技术方案基本完全实现了设计的功能，且造型很棒，这是我们最满意

图3-17 最终设计视频故事

的地方。但我们还需要更多MAX平台的编程知识。希望以后工作坊的时间可以长一点，这样能够更从容些。”

## （四）学生遇到的问题及应对方法

问题：用视频表现出自己的设计、想法并不像听起来那样简单。

解决：除实际演示外，视频是最能够清晰表达设计方案的方式。万事开头难，可以多学习视频软件的使用，熟能生巧。

问题：智能硬件进入独立实用阶段，自己选择传感器，编写代码，完成设计中的功能，很有挑战，困难重重。

解决：在实际工作中，技术问题虽不需设计师来解决，但设计师需要了解和掌握基本的技术，以便更好地与技术人员进行沟通。

问题：时间不足，对于材料、工艺及机械结构不了解，导致制作原型时间紧张，怎么办？

解决：在职场激烈的竞争中，没有人会给你充裕的时间去做一个产品，学会在压力中快速完成设计是每个设计师的必修课。对材料、工艺及机械结构不了解没关系，可以向专家咨询，不要胆怯和害羞，他们会很乐意帮忙的。

问题：希望下次有更多中文课程或加入更多翻译。

解决：英文水平不够，确实会对一些学生参加国际工作坊造成一定阻碍。语言水平不是一蹴而就的，需要日积月累。

问题：我不想跟某某同学一个组，我想换组行不行？

解决：不可以。不想做可以退出，不会有人强迫你。因为你无法选择你的同事，他们可能是各种各样的人，要会适应而不是逃避。

## 三、应用指南

在这次的工作坊中，阿德阳教授把握设计方向，并进行技能指导。洛伦佐做技术支持。参与者共同努力完成方案设计。因此，专家、参与者和促成者，三者缺一不可。

体感交互设计工作坊连续多年顺利举办，为主办方积累了大量的经验。

### （一）针对指导教师的建议

本案例可以帮助指导教师针对目前课程的需要，因材施教地开展不同内容的工作坊。指导教师，即专家，在工作坊中起着至关重要的作用。教师需要不断提升自身专业水平和素养，这样才能更好地指导学生；培养学生的设计思维，强调目标群体、情境、迭代等关键词；翻转课堂，以学生为主，让学习成为主导而不是为他们设定好道路。

### （二）针对学生的建议

对于设计类专业的学生来讲，设计是为了解决实际问题，同理心有助于帮助设计师解决不同群体在不同情境中的问题。这种同理心，即心理学上的共情，也就是感同身受的能力，可以通过观察、扮演等专业训练加以培养。

### （三）针对组织者的建议

组织者是台前幕后工作者。邀请专家、组织学生、提供场地等，关乎着工作坊能否顺利开展。

1. 对专家的组织

如前文所述，专家是占主导地位的角色，选择专业水平适当的专家很重要。术业有专攻，不同专业的内容，邀请不同专业的专家。国内有很多各领域专家愿意与不同组织合作，国外也有一部分院校愿意与中国合作，但主要依靠组织者的人脉关系。

2. 对参与者的组织

根据工作坊规模，招收的参与者人数相应不同。人数越多，小组越多，意味着一名专家同时指导的小组数量越多。建议每名专家同时指导的小组数量不宜超过3组，否则无法保障指导质量。同时，与不同专业院系展开合作，汇集不同专业背景学生，拓宽学生视野，让学生变换角度看待问题。

3. 对技术支持的组织

技术是为设计服务的，设计需要何种技术便去寻求何种合作，不应以技术为主导，而是技术跟随设计。建议跟业内厂商合作，学习使用主流设备。

4. 对场地的安排

若是学生排排坐，老师在讲台上讲授，便失去了工作坊的意义。在工作坊中，参与者要不断与他人交流、合作，甚至动手制作原型，所以场地不宜过小，要有适当空间允许各组进行工作。建议选择开放式交流的场地进行工作坊，若实在条件不允许，可以灵活调整，如将教室的课桌椅变换位置，在各组间用隔板隔开防止互相干扰等。

5. 对时间和成果展示的控制

一场工作坊不一定要做整个设计流程，可以将整个流程分为几个小工作坊，每场工作坊针对流程中的一个步骤进行，这样既可以保障质量，也可以减轻学生的压力。工作时间不应太过宽裕，通过控制任务完成的时限来锻炼学生的抗压能力。

## 案例使用说明

国际体验交互设计科技工作坊，是专为本科生、研究生、青年教师举行的设计类科技工作坊。它旨在使用目前最前沿、最有效的设计方法与流程，利用现有技术，通过设计解决目标用户群在特定情境中的问题。同时，让学生了解设计的整体流程，培养其设计思维，并为其团队合作能力积累了大量经验。

**关键词：** 工作坊　设计流程　交互设计　原型

**教学目的与用途**

◎ 本案例适用于设计类相关课程。
◎ 本案例为指导教师提供设计工作坊的方式和思路。
◎ 本案例为学生介绍设计的流程，提供参加设计类工作坊的直接经验。

**启发思考题**

◎ 什么是工作坊？它的特点和目的是什么？起到怎样的作用？
◎ 一个工作坊由哪些人员组成？他们之间是什么关系？
◎ 为什么体感交互设计工作坊采用专家专题讲座与工作坊穿插的形式？
◎ 一个能够解决实际问题的产品是如何被设计出来的？
◎ 作为指导教师，如何保障一场工作坊高效、顺利地进行？

学科建设 01

共建合作 02

学生培养 03

# 主题案例 04

# 第一节　你真的了解你自己吗

——探究用户行为习惯

时光荏苒，岁月如梭，老刘回忆起当年走上用户体验教师这条路的那个契机是2009年的夏天，那时的老刘在外企做用户体验相关工作，虽然那是他梦寐以求的工作，但这丝毫没有阻挡老刘对自己提出更高的要求。

老刘曾于2000—2004年在北京工业大学学习工业设计，并于2004—2006年在南丹麦大学攻读信息技术产品交互设计（Information Technology Product Design，ITPD）专业的硕士学位。老刘曾以为他的学生生涯就此结束了，其实不然。随后他进入了世界知名的外企工作，在工作中，他几次主办与国内院校合作的工作坊，在这一过程中，他被同学们对交互设计的热情所感动，希望有一天能够帮助对此感兴趣的同学们了解并掌握更多交互设计相关技能，让他们快速自如地融入今后的设计工作。

做短期“老师”的自豪感激发了老刘继续攻读博士、进高等院校做老师的念头，所以当看到代尔夫特理工大学工业设计工程学院的博士招生信息后，他毅然决然准备申请博士。老刘看到的这条招生信息与国内传统大学的不同，其中已经详细说明了博士课题项目的具体内容，这就意味着老刘一旦被录取，他的博士生涯就是以这个课题项目为中心的，且该专业只收一名学生。最后，老刘从全球44个申请者中脱颖而出，但是在Skype面试中排名第二。在他苦闷一个月后却又突然接到了录取通知，原来是第一名放弃了入学资格，于是他欣然前往代尔夫特，但那时他还不知道接下来贯穿他四年博士生涯的课题，会是一个怎样严峻的挑战。

## 一、项目背景

在老刘读博的四年多里，他把所有的心血都放在一个项目上，那就是在荷兰教育部CRISP平台支持下，由代尔夫特理工大学与易科软件公司合作的PSS101项目中的Y一代的交互品质（Generation Y Interactions）课题。

## （一）CRISP平台与PSS101项目

CRISP（Creative Industry Scientific Programme）创意产业科学计划由荷兰教育、科学与文化部支持。这一项目的发起目的在于研发一系列的知识、工具和方法，以强化设计行业及创意产业的整体知识。

在以互联网为主导的大环境下，当今的产品已经不再仅仅是产品，它还维持着中小企业的整体管理和业务，这种新的思维需要新的设计和架构。PSS（Product Service Systems）产品服务系统就是这样一个适用于快速流动的网络环境的新体系。PSS101概念化产品服务网络（Conceptualizing Product Service Networks）项目是CRISP平台下的重要项目之一，旨在开发一套理论、技术与工具的框架，以促进所有行业中设计与开发的沟通及其概念化模式的形成。易科软件公司与代尔夫特理工大学都是这个项目的参与者。

## （二）易科软件公司

易科软件公司是一家全球知名的开发机构，致力于为中小型企业提供商业方案，通过提交商务方案，为企业资源规划（ERP）服务提供IT技术支持。该公司的方案为客户提供了自由空间，使得客户能够成功地找出面临的挑战与机遇，在为客户创造了价值的同时也实现了自我价值。易科软件公司有服务于创业者的优良传统，当时正在寻求机会了解并支持Y一代的工作方式，而中小型企业作为一个新的客户群体正在不断涌现出来，这些新兴公司的典型特征就是以Y一代办公职员为主。

本案例中，老刘的研究活动就是专门针对易科软件公司进行的。研究活动和教育活动主要在ID-Studio Lab中执行，如原型的构建和课程的教授。与此同时，易科软件公司负责执行一些实践性质的活动，如了解Y一代的工作情境等，并为研究提供了资金支持。

## （三）代尔夫特理工大学与ID-Studio Lab

老刘深爱的代尔夫特理工大学是世界顶尖的理工大学之一，并被誉为欧洲的麻省理工学院，其工业设计、航空工程、水利工程等学科在世界上都具有领先地位和卓越声望。老刘申请的学位就是工业设计学院交互设计研究方向的哲学博士学位。

代尔夫特工业设计学院下设的ID-Studio Lab是一个关注人与产品交互的设计研究团体，老刘的研究课题就是由其实验室发起的。设计技巧（Design Technique，DT）小组是ID-Studio Lab的一部分，设计技巧研究小组一直关注如何在设计过程的前期阶段为设计师和设计团队提供支持的工具。

## 二、探究用户行为习惯

所有产品在设计初始都需要明确目标用户，用户群明确后就需要探究用户需求与痛点，在这个阶段，用户的行为习惯尤为重要，而老刘认为，用户行为习惯固然重要，但是如何与交互相联系，用交互表达演示出来非常有难度。

### （一）课题介绍

Y一代是国外对从1983—2000年出生的人的说法，Y一代在国内又被称为“80后”或“90后”，他们是第一代“数字原住民”，也是这次易科软件公司想要老刘研究的目标用户。

#### 1. Y一代的交互风格

Y一代在成长过程中已经习惯用手中的工具来完成更多富于表现力而又随心所欲的交互方式，如通过摇一下苹果手机来随机重置歌曲列表。当时，典型的Y一代交互风格主要体现在家庭情境中。而大多数的办公室工作仍然通过传统的应用手段来完成，如键盘、鼠标和显示器的组合。因此，如何将全新的Y一代人群交互风格引用到工作情境中已成为一项挑战。

老刘察觉到，在过去的10年间，IT领域的极速发展使得人们在日常生活中可以使用越来越多极具魅力的工具。这一切都源于高度交互设备的广泛使用，这种行为的典型代表就是Y一代人群。

#### 2. 研究目标、研究问题及相关性

基于先前的研究经验，老刘选择从理论入手。根据之前的发现，老刘尝试将科学相关性和社会相关性运用于Y一代、IT和工作情境等方面以寻求Y一代的交互风格。他发现通过对家庭情境和工作情境下的交互体验进行审慎性的比较，可以在Y一代交互品质及设计机遇方面得到新的突破。

老刘将研究工作通过连续不断的3个层面展开（见图4-1）。

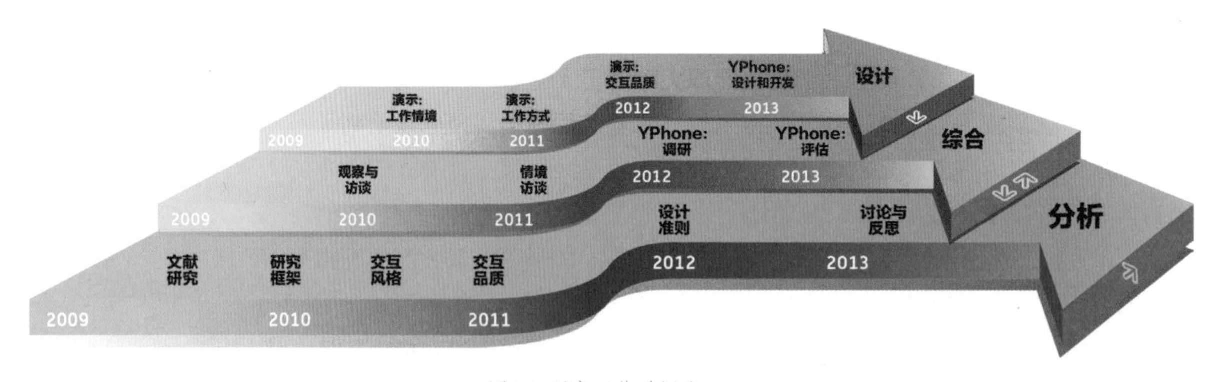


图4-1 研究工作时间线

这3个层面涵盖了理论研究及设计研究的相关行为，即分析、综合和设计，3个层面之间存在相互联系研究活动的时间线，2011—2012年的曲线部分表示从理论研究活动到设计研究活动的一个过渡。

3. 设计贯穿研究

伴随功能上的巨大变化，全新的交互风格（Styles of Interaction）也随之而来，这种交互风格的特点是人们可以通过简短而又富有表现力的手势动作交互，如扫过、轻敲或摇晃，这就是我们通常说的“Y一代人群的交互风格”。

老刘为了紧跟交互风格的快速变化与发展，源源不断地产生出新想法和新认识，采用了一种设计贯穿研究的方式，使知识的产生及应用的发展能够齐头并进。设计贯穿研究作为一种研究方式有助于提升设计主动性，而且它也经常被看作一种行为研究的形式，以及被定义为系统化的调研方式。

4. 研究框架

老刘将案例的研究框架分为3个主要部分，即Y一代人群（人）、信息技术（IT）和情境（家庭情境和工作情境），如图4-2所示。

这三者的交集处呈现了老刘期望了解的工作中的交互性问题。

当时针对Y一代的大多数研究主要停留在产品营销和受众统计的角度上，但老刘认为，不应该把目光局限在Y一代人群上面，而要关注新发展所带来的交互风格，因为迟早办公室里的员工将由Y一代甚至他们的下一代人群构成。

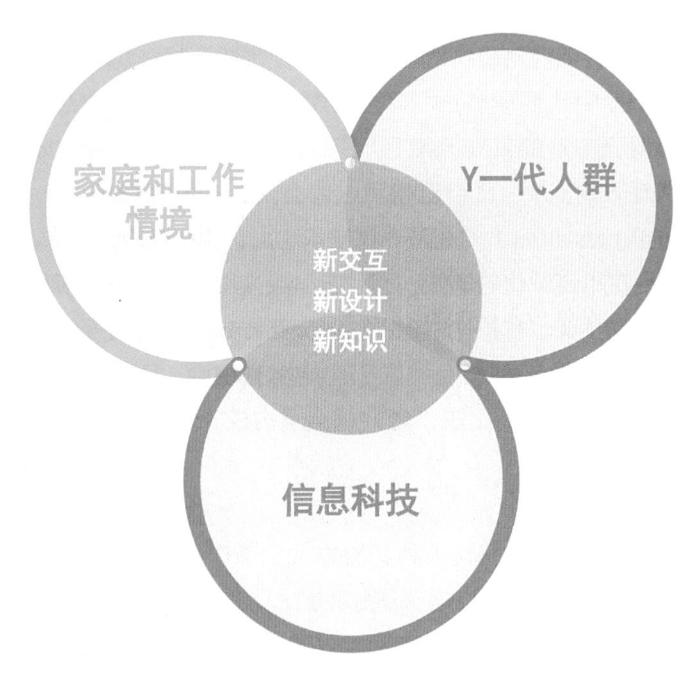


图4-2 研究框架

## （二）探索Y一代人的交互风格

通过硕士期间对IT产品交互设计的学习，老刘深刻地体会到交互风格可以为设计师提供强大的愿景，并且可以给予新用户交互及界面设计的鲜明方向，非常有益于交互设计的创新应用。比如，利用移动设备以触笔方式在物体表面进行可触式输入，可以实现一种应用于移动设备和多物体表面的跨设备的新奇交互。

1. 风格海报

在工业设计和交互设计领域中，“风格”这一概念基于“实现一个与主导思维相符合的审美一致性”这样一种理解而得出，也就是说，风格是“在社会团体中被定义，而且本质上在形式和功能方面都是动态的”。

风格海报是一种通过列举具有代表性的图片与相应总结信息来帮助设计者快速找到用户特质的设计技巧。老刘为了进一步明确Y一代人的交互风格，找出其特点，先从对各代人风格的调研入手，当今的工作人群包括传统主义者[①]（Traditionalist）、婴儿潮一代[②]（Baby Boomer）、X一代[③]（Generation X）和Y一代[④]（Generation Y），这几代人不仅在年龄和文化上有所区分，而且在行为和交互风格上也大相径庭（见图4-3）。

为了总结历史传承，以及与Y一代的比较设计相互对照，老刘设计了一系列风格海报，以便给人以方向、观念，深化对人们在交互行为方式上的认识。图4-3描述并阐释了几代人之间不同的交互风格。从横向视角（社会视角、交互视角、特征视角及技术视角）进行了比较。

从风格海报中我们能够一目了然地发现，IT对Y一代产生的影响比对其他几代都要强。这使其在家庭情境下与日常（数字）事物的交互中形成了新型的交互方式。Y一代自己也可以体会到，在家庭情境中，“数字原住民”[⑤]（Digital Natives）要么是一代技术达人，要么是网络达人。因为互联网具有无所不在和全球化的属性，而且它已经被用作信息发布和营销的工具。但是，同样可以发现，在工作情境中这些交互方式的相关调查研究少之又少。所以老刘认为将这些新型交互引入工作情境是机会，同时也是挑战。经过对各代人所接触的技术相比较，老刘总结了构成Y一代交互风格的典型相关技术：

（1）互联网

互联网已经影响了Y一代人的交流方式、工作方式及休闲方式，他们对“参与式网页”（如论坛及博客）有深切的个人体验。因此，与其他几代人相比，他们的参与程度最高。随着Web 2.0的发展，互联网为Y一代提供了更多的自由选择，以便于他们在数字世界中相互交流、互动与协作。

① “传统主义者”这里主要指第二次世界大战前出生的人，用以区分其他年代的人。

② “婴儿潮一代”指第二次世界大战结束后，1940年年初至1964年年底，出生的人口数大。

③ “X一代”指出生于20世纪60年代中期至70年代末的一代人。

④ “Y一代”美国人把1983年到2000年间出生的人称作“Y一代”，又称“千禧”。

⑤ “数字原住民”主要指的是1980年后出生的人，他们一出生就面临着一个网络无所不在的世界。

（2）在线通信

互联网和移动技术的使用，如电子邮件、文字聊天和即时通信（IM），使得在线通信成为可能，并且日趋广泛流行。Y一代选择这种实时方式与其同事、朋友和亲属沟通交流，因为他们非常在意沟通的迅捷性。

（3）移动设备和无线设备

移动设备使得Y一代的生活方式、工作方式及娱乐方式彻底改变，他们可以在上班的路上听歌，甚至听歌都不再流行，开始听书，或者外出的时候用手机和办公室联络并发送电子邮件，甚至直接连上办公室的打印机进行打印工作。无线通信手段及移动应用的进步，以及互联网标准在移动设备上的集成，使得Y一代能够始终使用、学习并适应最新的移动和无线技术。

（4）社交网络

社交网络是进入21世纪在互联网上的新媒体形式，如微博、微信朋友圈，这一新型媒体使得Y一代可以采用一种面向同类人群的交流方式和合作方式。对于他们来说，同类人的社会接受程度显得尤为重要。社交网络技术的核心组成部分是个人信息资料、营造一个自我界定社交群体的“虚拟好友”，以及与其他“好友”互动所引发的评论。更趋于广泛的网络所带动的交流给他们带来了机会，使其能够接触到更广且人群结构更多样化的“朋友圈”，而不是现实生活中那种面对面的交往。

经过对各代人所接触的技术进行比较，老刘总结出了构成Y一代交互风格的典型相关技术，即互联网、在线通信、移动设备、无线设备和社交网络。

2. Y一代的行为

Y一代的行为研究有助于建立并实施用户研究，因为在这项研究中，“Y一代”这个词是通过行为来定义的。老刘调查后发现，Y一代从交互到行为风格的明确使得研究员和设计师在从事家庭情境和工作情境下新型用户交互和界面设计工作时受益匪浅，他们能够产生强大的想法，并获得坚定的方向感，Y一代人的行为有助于建立并实施用户研究。与Y一代和IT相关的典型行为及特征如下：

（1）集成IT与生活

Y一代将IT视为生活中必不可少的组成部分，他们耗费大量时间与数码技术交互。他们能够很容易地与他人交流，并且快速实时地获取信息，Y一代人通过个人电脑网上冲浪、看在线视频和玩电子游戏。对移动设备的使用也更加频繁，而在阅读线下杂志和报纸上花费的时间比其他人群少。Y一代已将IT整合到生活中，也把生活整合到IT中，密切关注Y一代的生活是IT相关项目的重要设计环节之一。

（2）通过移动技术相联系

对于Y一代来说，移动电话的意义不再局限于通话。他们花费大量的时

# 传统主义者 TRADITIONALIST

Born: pre - 1946

## SOCIETY

People are welcoming new technology into their homes. Radios, gramophones and telephones are all becoming common during this era. Industrial production puts mass produced products in people's homes. Industrial design and appreciation for design follows. The technology and interface are now shown and being part of the overall design. Design is no longer hidden in the furniture. World War II causes destruction around the world yet encourages the development and introduction of lots of new technologies.

## Interactions

Big turning buttons are the main product interface, which limit users to operate products by using multiple fingers. Users only make the turning gesture. The interaction between users and products is very simple without having logic.

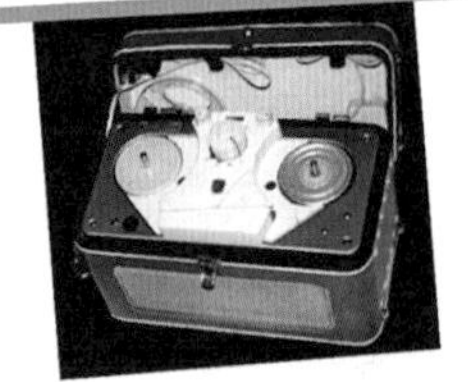

## Characteristics

Traditionalists grew up during World War II. They are familiar with hardship, value consistency, and are disciplined and respectful of the law. They are familiar with the top-down style of management that disseminates information on a need-to-know basis, and they get satisfaction from knowing a job is well done. Traditionalists are known for staying with one company for their entire career.

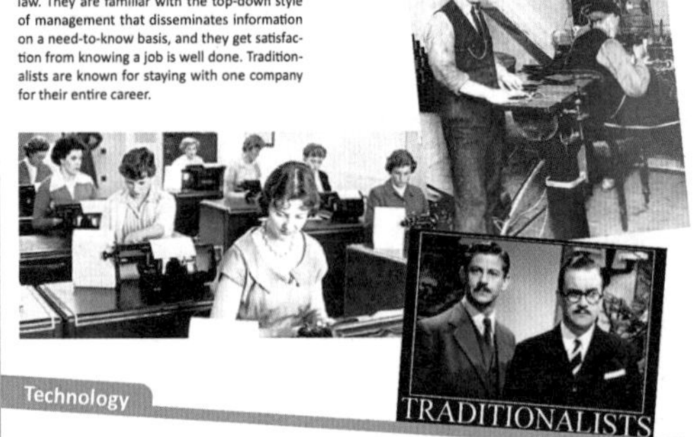


## Technology

1800 - battery is invented
1877 - world's first recording takes place
1906 - voice and music are radio broadcasted
1926 - the first usable PVC is produced
1936 - programmable computer is invented
1936 - voice recognition machine is invented
1946 - automatic computer is presented
1947 - the first transistor is produced
1950 - the first credit card is invented
1951 - commercial computer is available
1951 - video tape recorder is invented
1952 - hydrogen bomb is built
1954 - the first color TV sets are introduced
1954 - solar cell is invented
1955 - the first hard disk is produced
1959 - the microchip is invented
1960 - communication satellite is launched
1962 - the first computer game is developed
1962 - audio cassette is invented
1963 - video disk is invented

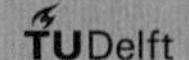

TUDelft

Promoter: Prof. Dr. Pieter Jan Stappers
Supervisor: Dr. Gert Pasman

Wei Liu, PhD Researcher, ID-StudioLab
wei.liu@tudelft.nl, 2010-04

# 婴儿潮一代 BABY BOOMER

Born: 1947 - 1963

## SOCIETY

Different ideologies split the world between East and West. A strong anti-war movement arises. Women go into the workplace to take the place of the former soldiers. Putting the war behind, the world focuses on family, home, good life, and optimism. The future is expressed through consumerism.

## Interactions

The push buttons is introduced, which are still very big and hard for human fingers to push. These buttons generate clear click sounds after pushing. In this case, users receive immediate feedback. Therefore the interaction quality is high. Gradually, buttons become smaller and can now be operated by only two fingers. The operation of opening and closing of a product requires some effort from users. The click sounds remain when the buttons are pushed and/or turned.

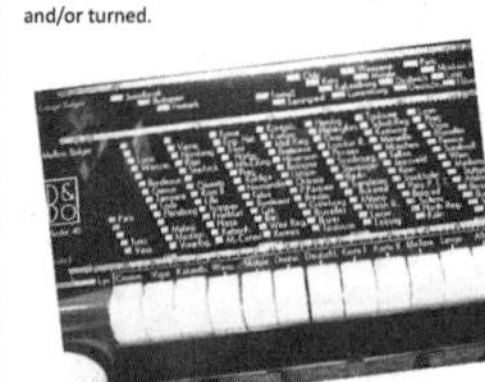

## Characteristics

The Baby Boomers are an enormous generation that grew up in relative prosperity and safety. They developed their opinions during the sixties and seventies, believing in growth, changes, and expansion. They seek promotion by working long hours and demonstrating loyalty. In general, they believe anything is possible and therefore strive for the corner office, top title, and highest salary.

## Technology

1964 - BASIC (computer language) is invented
1965 - the first LCD display is introduced
1967 - handheld calculator is introduced
1968 - computer mouse is invented
1969 - the Internet has its beginnings
1969 - pictures from the moon are broadcasted
1969 - the bar-code scanner is invented
1970 - the floppy disk is introduced
1971 - the first microprocessor is produced
1972 - the first word processor is developed
1973 - Ethernet is invented
1974 - consumer computer is introduced
1976 - the ink-jet printer is produced

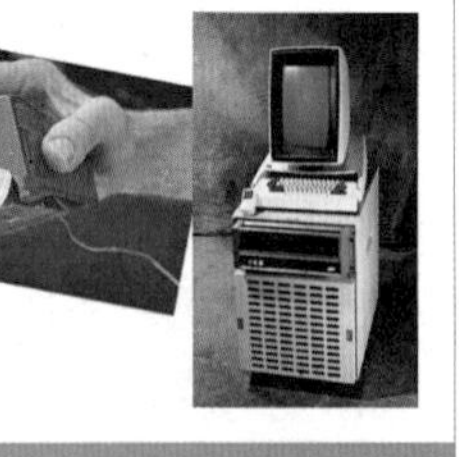

TUDelft

Promoter: Prof. Dr. Pieter Jan Stappers
Supervisor: Dr. Gert Pasman

Wei Liu, PhD Researcher, ID-StudioLab
wei.liu@tudelft.nl, 2010-04

# X一代 GENERATION X

Born: 1964 - 1979

## SOCIETY

The belief in the possibilities of technology is at a high. The world is looking towards the stars as USSR and USA compete to dominate space. Increased functionality makes products more complex, and the increased opportunities are presented in more complex and compact interfaces. The whole world watches on their TV sets as Neil Amstrong walks on the moon.

## Interactions

A novice gear movement is introduced. Users feel the button movement by receiving corresponding sounds when operating the buttons up or down, left or right. Besides, the sliders are introduced. Users hold the sliders and operate the product by sliding left or right to meet the desired position. The push buttons are now easier to press and some of them reduce the click sounds. Opening and closing a product requires less effort. The turning buttons are now much smoother to be operated. Meanwhile, scroll buttons appear on some products, which allow users to scroll back/forward.

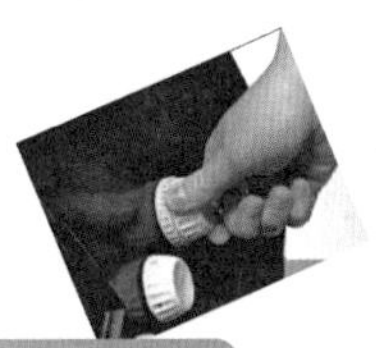

## Characteristics

Between the previous generation (Baby Boomers) and the following generation ('Generation Y'), there is a small group of the population born between 1964 and 1977. These people are determined to maintain a work-life balance. The days of a job for life became history with Generation X. The number of people staying in a job for 5 to 10 years decreased by 21.3 percent between 1972 and 2000. Besides, intensely self-focused post-Boomers born during the late 1960s and 1970s often lack loyalty to their employers. Without clear career goals, Generation X places family and community above work requirements.

## Technology

1979 - cell phone is invented
1979 - walkman (portable player) is invented
1981 - MS-DOS is invented
1983 - home computer with GUI is introduced
1984 - Apple Macintosh is invented
1985 - Windows program is invented
1987 - the first 3D video game is invented
1988 - digital cellular phone is invented
1990 - the World Wide Web and Internet protocol (HTTP) and WWW language is created
1991 - digital answering machine is produced
1992 - the first commercial text message is sent
1993 - the Pentium processor is invented

TUDelft  Promoter: Prof. Dr. Pieter Jan Stappers  Supervisor: Dr. Gert Pasman  Wei Liu, PhD Researcher, ID-StudioLab  wei.liu@tudelft.nl, 2010-04

# Y一代 GENERATION Y

Born: 1980 - 2000

## SOCIETY

The world is becoming less European centered. Led by the Japanese, cheaper Asian technology finds its way into people's homes and begins to dominate the market. Home appliances with microprocessors and user interfaces with displays and buttons become popular. Women fight for equal rights and enter the job market in large numbers. Divorces increase and the idea of family changes. Promising efficiency of personal computers brings changes to the workplace and forces people to learn new skills in their jobs. The Cold War ends, USSR disintegrates, and Germany's East and West reunites.

## Interactions

Touch sensors become widely embedded in products. This makes the turning and scroll buttons redundant. Furthermore, some advanced sensors can recognize and sense users' gestures, in other words, the products can respond to the presence of users. This allows users to interact with products almost effortless. However, the push, turn, slide, scroll interactions are all still used.

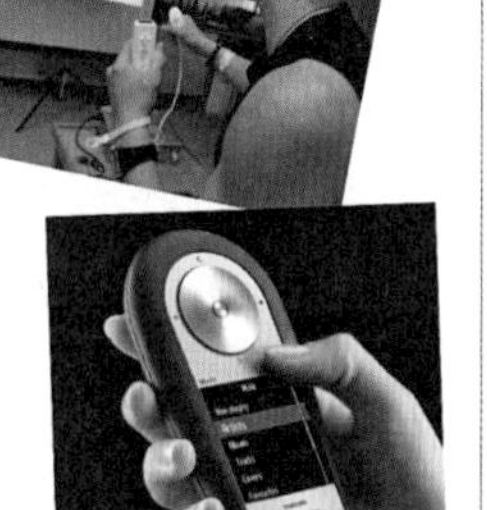

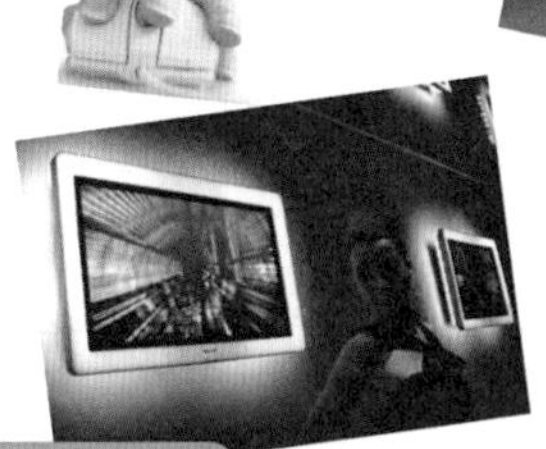

## Characteristics

People get to know 'Generation Y' by a set of terms including Millennials, Echo Boomers, New Boomers, and the Net Generation. They seamlessly access to information technology through the Internet and electronic resources gives them a great deal of knowledge. 'Generation Y' has always been familiar with the Internet, CDs, DVDs, cellular phones, and digital cameras. They are always looking to develop new skills and embrace a challenge. They strive for success, and therefore measure that success in terms of what they have learned and the skills they have developed from each experience. As a result of being exposed to a lot of knowledge and gaining a lot of experiences, 'Generation Y' is socially active by quickly exchanging information with other people. 'Generation Y' takes longer time to find stable careers and settle into lifelong relationships.

## Technology

1995 - DVD (Digital Versatile Disc) is invented
1996 - Web TV is invented
1997 - the first plasma TV is produced
2001 - fuel cell bike is invented
2001 - Apple iPod is introduced
2002 - nano-tex wearable fabrics is invented
2005 - Google Maps is presented
2005 - YouTube is available online
2007 - Apple iPhone is presented

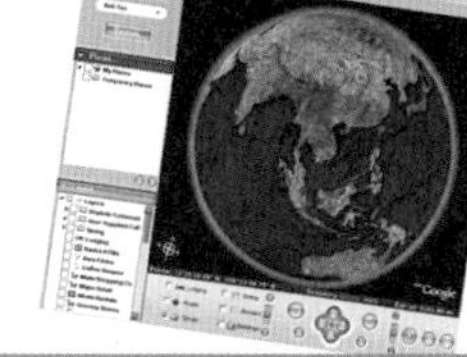

TUDelft  Promoter: Prof. Dr. Pieter Jan Stappers  Supervisor: Dr. Gert Pasman  Wei Liu, PhD Researcher, ID-StudioLab  wei.liu@tudelft.nl, 2010-04

图4-3 各代人的风格海报

间用移动设备在网上搜索想要的信息，或者听音乐、发文字信息、即时通信，以及通过社交网站交流并在虚拟社区中互动。

（3）社会式工作及协同式工作

Y一代是社会式及合作式的劳动群体，他们选择团队协作完成独立的工作，期间利用所有团队成员所拥有的技能、知识及资源满足个人需求。他们希望对自己的工作拥有更强的控制力，能够以自己的方式自由自在地执行任务，并最终在工作成果中留下个人的烙印。他们渴望以个人选择的方式交流与工作，相比上一代，他们更具有控制力并且更富有生产力和创造力。

（4）多重任务处理

Y一代已经通过技术将自己训练成能够在同一时间处理多项任务，而不会有疲于奔命的感觉。他们习惯于多重任务处理，也能够合理安排各种事务的完成节点，甚至希望面对同时执行并完成多项任务的挑战。

（5）平衡生活与工作

Y一代在日复一日的生活中寻找弹性和平衡，他们想要工作，但不想“工作成为生活的全部”。而婴儿潮一代往往把职业放在人生首位，与他们相比，当今最年轻的一代办公职员趋于使自己的工作更适应家庭及个人生活，因此对自我实现更为看重。Y一代认为，在接受具有挑战的工作时，应该有自由度并且用更少的时间完成。他们想要弹性工作，并可以从事兼职，甚至在朋友或家庭需要的时候可以暂时离开工作环境。例如，他们可能希望每周有一天可以在家工作，以便照顾自己的孩子。

（6）分享

Y一代在与好友之间的写作和交谈方面更为开放，无论线上还是线下皆是如此。和前几代人相比，他们更乐于晒出个人体验，并总是在寻找更新颖的自我娱乐方式，花费更多时间营造同朋友和家庭在一起的欢乐时光。Y一代受其所理解的新潮和新鲜事物的影响比其他人群要深远得多，而且更渴望尝试新鲜事物。他们重视其他同类人群的建议，并倾向于从朋友和家人那里得到更多信息。

（7）学习

Y一代人在工作和生活中总是在寻求新的知识，并渴望学习新的技术。他们希望尝试各式各样的新型产品交互，鉴于他们之前有过类似的用户体验，所以对这些全新交互学习得非常快。他们不想落后于现代科技，相反，他们不断追求最前卫的（数字）交互产品，并在同类人群中交流学习经验。

### 3. 确定Y一代人群的交互风格

用户体验经常说的“交互比功能重要”，是因为交互并不是冷冰冰的模型，只有通过感知、动作、情感、认知和表现形式的承载才能够体现。老刘

图4-4 描绘用户产品交互的图片

根据已有的几个针对设计和提高用户产品交互的研究项目发现，大部分研究是对品质如何用于提高用户与产品交互这一方面的探索，然而这些设计并不能让用户清楚地表达出交互品质的完整意图。考虑到这一点，老刘认为当时的交互品质不仅要在家庭情境中被体现，更要在工作情境中被体现。

4. 方法与步骤

老刘在CRISP平台的帮助下，先后在4家公司对10位办公室职员进行了4项调查，这4家公司都是拥有10～100名雇员的中小企业。调查是面对面的访谈，每次都是在1个调查者和2～3个被调查者之间展开的。老刘认为，通过这种方法，才能直接从调查者的视角，对他们的生活、体验状态加以了解。

访谈包括如下六个步骤：

第一，被调查者会收到一些描绘用户产品交互的图片（见图4-4），这些图片用于开启被调查者的记忆，并引起回应。例如，转动汽车钥匙发动引擎。

第二，调查者请被调查者选出一些图片，这些图片最能表述他们工作和生活中的行为和交互。

第三，被调查者用文字和选好的图片拼成一张示意图，以说明其个人体验（见图4-5）。

第四，由调查者整理被调查者的体验经历并引发讨论，被调查者对其体验加以反思。

第五，将被调查者拼出的示意图进行分类，以整理出交互的类别。

第六，收集讨论和思考的结果。

第七，采访时要记录声音，这些录音之后会被整理成文本，还要拍摄图像；同时，采访者还要做好现场记录，以捕捉当时看到的信息和非正

图4-5 制作拼贴画

式的交谈内容。

5. 结果与分析

当所有的访谈数据（包括录音文本、拼贴示意图、现场记录和可视素材）收集完毕后，就需要开始进行定性分析。老刘安排分析人员与两个研究人员就个人观点的选择和提炼相互沟通。首先，每个研究人员独自阅读记录副本并标记出可能相关的引述内容，这种引述内容可能是这样一种形式："对我来说，就职于一家软件公司意味着基本上可以在任何有互联网的地方工作。"其次，研究人员以一种陈述卡片的形式将150条引述内容转化为明确说明，以此保证其素材选择无误。陈述卡片这种形式的关键点在于说明是用自己的语言转述引述内容原文，如上文的引述就要被转述成"互联网让我的工作更加灵活"。最后，研究人员将陈述卡片分类成可以管理的组别（按交互品质加以区分）。每一组别都加以标记和描述，还要对拼贴示意图中的文字和图片进行归类并整合到陈述卡片组别中，帮助转述说明的描述及观点表达。

老刘对研究结果非常重视，调查和访谈后的那段时间他非常纠结，每天都在研究调研结果，深思熟虑并加以科学统计后他确认了6种关键的交互品质，包括迅捷的、有趣的、合作的、表达的、响应的及灵活的。具体见表4-1。

表4-1 Y一代的交互品质

| 品质 | 定义 | 示例 |
| --- | --- | --- |
| 迅捷的 | 立即、直接和自发的交互体验 | 拖动文件到Dropbox中来即时分享 |
| 有趣的 | 引人入胜、愉悦和具有挑战性的交互体验 | 下拉苹果手机列表来更新微博 |
| 合作的 | 支持性、统一和共享的交互体验 | 在Google Docs Online上写作并评论一篇文章 |
| 表达的 | 开放、自由和自然的交互体验 | 摇晃苹果手机来切换歌曲 |
| 响应的 | 警醒、快速和反馈的交互体验 | 轻敲触摸屏来唤醒待机的电脑 |
| 灵活的 | 适应、包容和可调节的交互体验 | 有Wii手柄来玩电子游戏 |

总体而言，被采访者会认为和采访者之间的工作关系是友好、互助和开诚布公的。他们的主要工具包括个人电脑和移动电话，除此之外，还用到一些数码产品、白板、纸张、笔记本和活动挂图，这些都被认为是其日常工作中的有效工具。他们对服务于日常工作生活的应用程序、服务、设备和网络有很高的需求，而且明确表示个人生活中的一些在线工具能够即时提供帮助并且好玩有趣，但是在工作环境下却没得可用，或者说在工作情境下远远达

不到他们的期望。有一位被采访者声称在苹果手机上通过下拉列表来更新微博这种体验是其个人生活中的一大乐趣，但是这种交互却没有被用于工作体验。他们同时表示工作中很缺乏富有表现力的沟通渠道，这样导致个人的期待和事实之间存在突出矛盾。例如，我火急火燎地给一个同事打电话，但是同事却未必能感受到我的这种急迫心情。有的被采访者说："摇一摇苹果手机就能随机播放歌曲，这实在是一种随意而又有趣的设计，但如果是对工作而言，我就不觉得这种操作方式能体现个人的控制力。真的只限于对工作而言，我认为应该再个性化一些。"

（1）初步演示

老刘决定对Y一代交互品质不采用详尽的语言描述，而是用演示来说明，他认为这样更加生动，一目了然。从访谈中老刘发现，交互沟通渠道在工作情境中显得尤为欠缺，如急电同事却未能立即而又有表现力地使其意识到紧迫性，说明紧急的程度缺失。为了适应并改善这种情况，建立一系列的最初原型，这些原型都是着眼于探求在Y一代交互品质和突发事件下对人们进行通告的新途径。这与本研究提到的设计贯穿研究途径相符合，这些原型的制作目的是为了介绍和探索。这一例子中的情境按照紧急程度被设置成3个级别，即非常紧急、中度紧急和缓和，这一模型被成功应用于富有趣味和打动人心的解决方案的设计中。这些方案与即将到来的行为活动相关，并且被证明在演示交互品质方面表现非凡。一些效果被用来表现想要得到的交互，如光线、声音、气味及火焰等。下面列出了这些原型中的两个，Max/MSP和Phidgets传感器被选为开发环境，这些原型与一台使用Max/MSP和Phidgets技术的电脑相关联。之所以选择简单的形式，是因为原型的意图在于探求交互品质，而不是追求造型的美观。

（2）气味

气味呈现了迅捷的、有趣的和表达的交互品质，这是一个通过计算机界面来工作的独立操作概念设计。这种设备可以放在家庭情境或工作情境中的桌子上，当有突发事件发生时，该设备会向空气中喷放有颜色的水。红色的水雾会发出难闻的气味，用于通告用户发生了一些需要立即处理的紧急事件。例如，用水雾来通知工作中的用户有人让其立即给老板打个电话。白色的水雾没有气味，它用来通知用户一个中度紧急的事件；蓝色水雾带有香味，告诉用户这个事件不太重要，需要花费最少的心思关注即可。

（3）碟子

碟子呈现了迅捷的、表达的和响应的几种交互品质的集成，这种设备可以在家庭情境或工作情境中置于桌子或墙上。

当突发事件发生时，它会发出亮光并发出一种声响。当其以高频率闪烁红色灯光并发出刺耳声音时，是告知用户发生了需要立即处理的紧急事件；当其以中度频率闪烁白色灯光并伴随柔和声响时，是告知用户发生了中度紧急的事件；当其以低频率闪烁蓝色灯光并且没有任何声音发出时，是告知用户发生了不太重要的事件，只要花费最少心思关注即可。例如，一段视频邀请，用户可以忽略这个提醒并稍后处理。

6. 结论

老刘分析了多个原型得出结论，发现这6种Y一代交互品质已经构成了这一研究框架的新部分，提供了家庭情境和工作情境中的具体实例。根据用户研究所得到陈述卡片的引用和解释，老刘认为这些交互品质在家庭情境中的体验也许比工作情境中更为丰富，他意识到，如果想对进入职场的新一代办公职员提供有效支持，则需要在未来的办公工具和服务中集成更丰富的交互品质。

### （三）通过交互科技原型演示Y一代人群的交互风格

明确Y一代人群的交互风格后，老刘悬着的一颗心总算放下来了，但没过多久，他又进入紧张状态，因为虽然经过了辛苦的调研与总结，但是通常情况下得出错误研究结果的概率还是很高。老刘决定通过实践演示来加以验证。老刘费尽心思，找到50名代尔夫特理工大学的学生，5人为一个小组进行团队合作制定出多个针对办公情境下Y一代交互风格的设计纲要。

1. 探索工作情境

最终决定通过交互科技原型演示Y一代人群的交互风格后，老刘组织了两次针对易科软件公司的访问。他让学生们描述自己对易科软件的印象，这一印象能够体现他们对现实情境下办公室工作的理解。这些学生团队必须要创建原型，而且要对原型概念化的过程和改进过程进行迭代式的验证。

经过不断的总结、改进和验证，老刘创建了3个交互原型（见表4-2），每个原型都做了演示。

（1）“One of Us”

“One of Us”是一种交互视频装置（见图4-6），这一装置的设计目的在于通过易科的工作人员以一种自然、合作和新颖的方式介绍企业标识，通过利用类似全家福的方式由雇员根据访客的行为进行回应，所以雇员对于这一装置来讲占据重要的位置。这里有3个实体对象：一部电话、一盏台灯及一张桌子，它们分别象征通信、灵感与合作。当一个访客走近装置的时候，电话开始响起直到访客接听电话为止。在电话线的另一端，一个虚拟雇员开始讲述自己在易科的个人工作经历。这时访客受邀开启台灯，一段展现该公司遍布全球的跨国网络架构的视频会被播放出来。一个虚拟雇员邀请访客坐下，

表4-2 老刘创建的交互原型

| 原型 | 工作情境 | 关键技术 | 关键交互 |
|---|---|---|---|
| One of Us | 接待访客 | Adobe Director距离感应器 | 挑选<br>切换 |
| 望远镜（Spyglass） | 了解各部门以及浏览博客 | 增强现实运动传感器 | 摇晃<br>点击 |
| 瓶中通信（Message in a Bottle） | 利用午餐时间提高团队向心力 | 压力传感器光传感器 | 就座<br>对话 |

图 4-6 交互视频装置“One of Us”

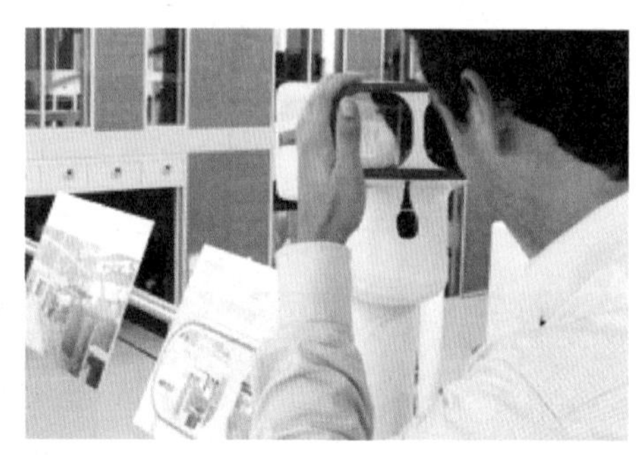

图4-7 望远镜的用户测试

随后这名雇员开始说明企业标识。

（2）望远镜

望远镜是易科软件公司员工和公司访客之间的一个媒介（见图4-7）。访客和员工能够通过增强现实来体验新的易科软件公司总部大楼。望远镜将现实分解成为两层级信息，使得人们能够与这些信息产生交互。通过望远镜探索大楼，用户可以看到各个员工所在的部门名称、咖啡区和餐厅的每日菜单；另外还有频繁更新的易科软件公司博客，其中带有（语音）评论。

（3）瓶中通信

瓶中通信是一个通信系统，该系统摆在公司大楼午餐区的长条桌上，它可以提高公司的团队向心力，瓶子里发出的光线促进人们坐到相连的位子上（见图4-8）。

通过这种方式，人们毫无间隙地随机坐到其他人旁边。人们可以互相交谈，即使两个相离很远的人也能通过瓶子说话。指示灯闪烁，说明麦克风和扬声器被打开。某两个位子由系统随机匹配（系统能识别出哪些位子上有人），一个位子上的人不必费力就能和另一个位子上的人交谈。如果某人不想参与这样的对话，只要把开关关闭即可。

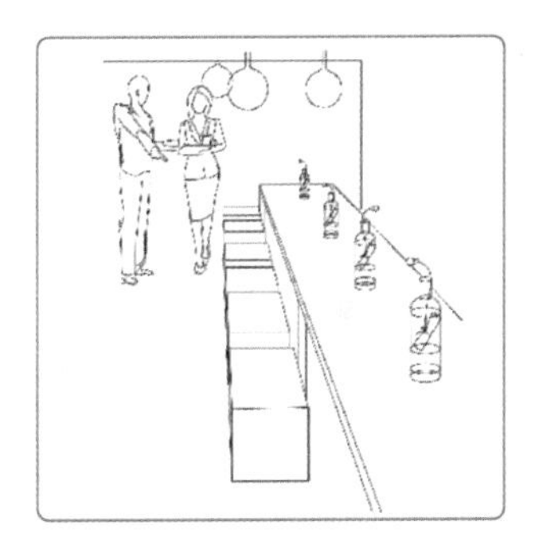

图4-8 瓶中通信

2. 设计思考

老刘带领学生创建了这3个交互原型，每个原型都演示了工作情境下的新型交互方式。这些原型均试图让雇员和访客通过利用各式的用户—产品交互参与到合作活动中，从而传播企业标识。在这一迭代环节中，老刘对技术进行了广泛的探索，学生实践了创建原型的技能（如编程能力），获得了教学经验。

原型带来的更多的是设计方面的愿景，而并非百分之百切实可行的设计。这一迭代环节必须要提到一个重要的积极方面，即它以这样一种教学形式，为学生提供一种为人所期待的经验。学生基础水平的体现对后面迭代环节指导方针的制定大有帮助，课程要求学生重视交互性和传感器技术的特性。交互设计指导的欠缺会造成我们难以对结果加以归纳和比较，如在课程评估中望远镜小组更多的是从功能角度，而并非从交互角度展现其原型。老刘就需要在2011年下一迭代环节前制定出设计指导方案。

## 案例使用说明

PSS101概念化产品服务网络项目是荷兰教育、科学与文化部支持的CRISP平台下的重要项目之一。老刘在四年十个月的博士生涯中全心全意地完成了隶属于PSS101项目中的交互品质研究。该研究是代尔夫特理工大学与易科软件公司公司的重要合作项目，旨在研究Y一代的交互风格，探索办公情境下的交互，开发支持此类交互的新工具，以及研究此类交互会在哪些方面对未来的工作方式产生影响。本案例以研究Y一代的交互品质为出发点，衍生出一系列的研究问题，并且将这些问题分成两个部分。本章讲述的探索Y一代的交互风格，旨在梳理办公室职员如何在家庭情境和工作情境下体验用户—产品交互。

**关键词：** 交互风格　Y一代　用户行为

### 教学目的与用途

- ◎ 本案例主要适用于辅助交互设计等相关课程。
- ◎ 本案例的目的在于帮助学生找出目标用户的特有交互品质风格。
- ◎ 如何设计与评估产品的交互品质。
- ◎ 了解交互品质研究的整体设计流程与方法。

### 启发思考题

- ◎ 如何理解探索目标用户的交互风格？
- ◎ Y一代交互风格所包含的交互品质具体是哪些方面？
- ◎ 用交互科技原型演示交互风格需要注意什么？
- ◎ 如何进行情境访谈？
- ◎ 针对Y一代交互风格，办公工具或服务设计蕴藏哪些机遇？
- ◎ 交互品质如何通过这些新兴设计被体验？

# 第二节　高大上的交互哪里来

——研究交互设计品质

探索出Y一代的交互风格并带领学生做出三款交互设计原型后，老刘准备在2011年将课题推进到第二阶段。老刘希望最后的产出结果是可行的，同时要推进课题的真实性，并满足荷兰教育部以及易科软件公司的要求。所以在第二阶段，他决定以探索情境为主，只有探索出真实的情境才能增加产出产品的可靠度。

值得一提的是，第一阶段的One of Us、望远镜、瓶中通信三个原型是老刘带领学生做的，收获颇丰，也让老刘有了当老师的自豪感，感觉自己离梦想又近了一步。他想要继续沿用这种方法，基于同学的活跃思维来为自己的设计创造灵感，同时可以根据这些经验来避免设计中出现的错误。但是这时，老刘的难题来了，作为交互设计课程的指导老师之一，若想用自己的课题为教学内容，首先他需要说服课程主管老师。而与国内选课不同，代尔夫特理工大学的选课是需要教师先做展示，学生自由选择。同时这门课程的学习任务是非常重的，从2月到6月底，每周五的全天都需要上课。如何提高课程的吸引力呢?

首先，老刘将第一阶段的成果展现给课程老师，寻求路演机会，而在路演前他仔细分析路演的旅程，分析每个阶段的不同情境需求，细化到每一刻钟，甚至还为学生准备了零食和小礼物。这使老刘获得了学生的喜爱，另一方面也争得了课程老师的同意，第二阶段的课程总算是顺利展开了。

## 一、探索工作情境中的交互品质

2011年，老刘的课程进入第2个迭代环节，这时的研究已经可以利用工作情境和Y一代交互品质的理论来理解。这些交互品质对研究起到了导向作用，特别是针对功能和技术。设计纲要明确了每个学生团队必须从迅捷的交互品质、有趣的交互品质和表达的交互品质中选两项，来创建一个工作情境下的具体方案，并且探索这些品质如何激发或促进全新的工作方式。为了依此行事，老刘要求学生必须要创建原型，并且对原型概念化的过程和改进过程进行三番五次的审视，如表4-3所示。

表4-3　第2个迭代环节原型

| 原型 | 交互品质 | 工作情境 | 关键传感器 | 关键交互 |
|---|---|---|---|---|
| DropBall | 有趣的<br>表达的 | 分享数据资料 | 无线射频识别力 | 投掷<br>挤捏 |
| Hermès | 迅捷的<br>有趣的 | 制定会面日程 | 电灯开关 | 推动<br>转动 |
| Permission Lamp | 有趣的<br>表达的 | 回应会面请求 | 震动电机 | 推动<br>击打 |

## （一）三个演示交互品质的原型

老刘领导学生创建了三个交互原型，以便展示设计可支持Y一代交互风格办公工具或服务的潜在机会。

1. DropBall

DropBall是一个富有趣味并便于文件传输的探索性概念设计（见图4-9）。

这一设计是为了演示有趣的和表达的交互品质，用户通过投掷压力球这一实实在在为人们所熟知的物品来完成文件的传输。这个设计可以鼓励同事之间通过一个简便的用户界面分享球体上的文件和链接，只要挤捏一下，这个球就会触发屏幕弹出一个桌面应用；同时挤捏这个压力球，还能让用户将文件拖放到代表这个球的虚拟形象中，然后选出一个希望共享的文件把球扔给对方。一旦对方接到这个球，他只需挤捏一下这个球就可以让文件出现在屏幕上。这时球里面的数据会被清空，以便后续使用。

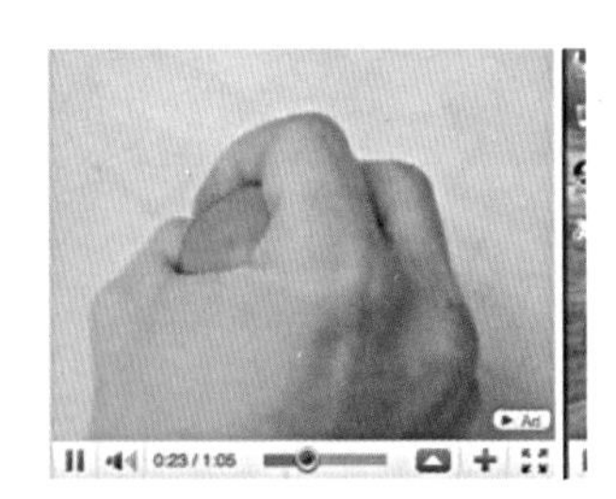

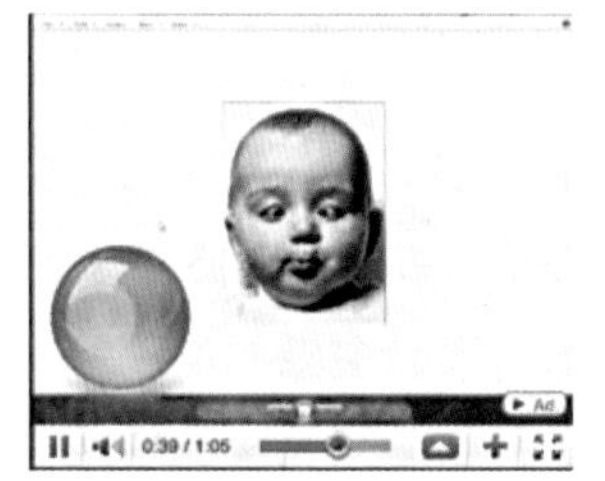

图4-9 DropBall

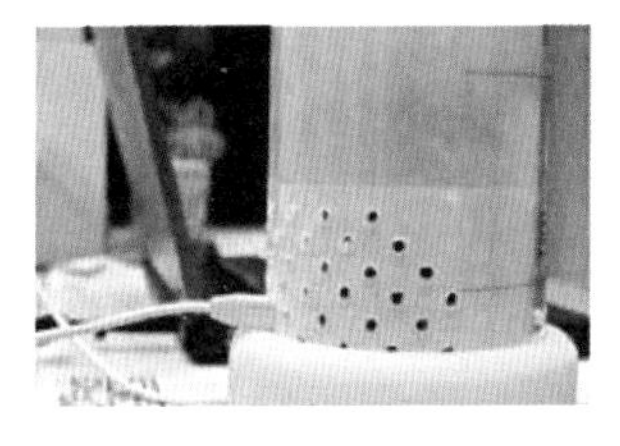
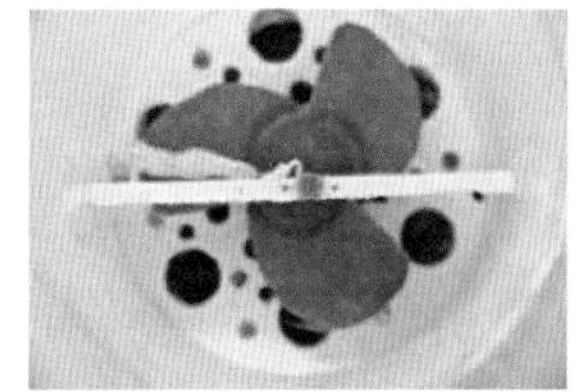

图4-10 Hermès

2. Hermès

Hermès这一原型是为了便于用户询问同事是否可以进行一个简短且计划外的会面（见图4-10）。

这一设计是为了演示迅捷的和有趣的交互品质，邀请者通过旋转一个选择环可以从个人收藏名单中选出受邀者。然后小球被推送到Hermès中，以传递这一邀请。在受邀同事的一方，这个球会弹出来，然后邀请者会显示在受邀者选择环上的收藏名单中。那个同事可以选择接受或拒绝这一信息，最终Hermès将肯定或否定的回应信息以弹出不同尺寸的小球传达给邀请人。在此情况下，它还能即时记录受邀者的出席情况，并且给予否定的回应信息。

3. Permission Lamp

Permission Lamp是一盏台灯，它可以帮助同事接受并回应他人的会面请求（见图4-11）。这一设计是为了演示有趣的和表达的交互品质，当受邀者收到邀请后台灯向用户闪起绿光以通知到他。台灯为用户提供了3种回应方式，一是将台灯的灯罩（灯头）推开，使光线减弱，表示受邀者推迟请求；二是将灯罩往下推至桌子，这时灯的光线变红，随后台灯关闭，台灯退回到中间位置，接着亮起绿灯，表示受邀者拒绝了请求；三是敲击/触摸灯罩，灯光变绿且灯罩顺利落下。随后台灯回到中间位置，亮起绿灯，表示受邀者同意请求。

图4-11 Permission Lamp

### （二）设计思考

每个原型都呈现了两个交互品质及多样且新颖的用户—产品交互，这些交互能够在办公室的新型工作方式条件下得以实现、得到支持并产生影响。例如，把信息实实在在地“投掷”给同事。

老刘发现虽然可以以此获得交互品质，但是在学生学习体验过程中的功能途径、体验途径及技术途径的推进仍然是举步维艰。在第1个迭代环节中，学生很难达成所有的目标。例如，在开发的第1阶段，Hermès团队对功能的关注比交互要多一些，而Permission Lamp团队在先进交互科技的应用方面投入了过多的精力。

老刘在工作情境中与办公职员共同进行了用户测试，每个团队都介绍了自己的项目背景和概念，并邀请3～5个办公职员用10分钟的时间来体验其设计；同时发起正面提问，如“你如何将各种交互及全新设计的用户体验与现有的工具加以比较?”。老刘发现办公职员承认概念产品与办公工作中的现有工具相比交互更吸引人，也更为实在。

接着老刘对原型进一步修改，如DropBall团队把目光从更大程度上对一般文件的关注转移到对个人文件共享的关注，因为投掷这个动作，用于用户共享文件时往往被认为是一种更个人化和有趣的方式。

最后，老刘依据对演示原型的评估，预制了一系列用于支持办公情境下Y一代交互方式的初步设计准则，以推进未来办公工具及应用的开发：①未来的工作方式需要实现迅捷的和表达的用户输入交互方式，如挤压、吹和击打；②工作情境下的用户交互需要对有趣的交互品质加以表现，并且要易于认识与实施；③未来的办公应用需要支持合作的交互及特征，如分享和共同编辑文件。

## 二、探索交互品质

2012年，课程进入第三个迭代环节，当初在课程设计时老刘就想到，经历了前两个原创阶段，在第三个迭代阶段，有必要开始让整个研究更贴近实际，让学生投身到真实的课题中学习，看看现有产品是怎么做的，了解之前自己的不足，并进一步综合强化现有产品。所以这一阶段的任务目标是针对既定的产品或应用提升交互品质的。老刘选择了一款经典的电脑游戏Pong作为创建交互原型的工具，这一原型所需要的输入装置足够简单，因此可以用技术进行广泛的探索。Pong的基本法则简单、健全又形象化，这有助于老刘把重点放在对交互品质的优化与协调上，而不是构思或开发出一个全新的法则。

## （一）产品设计

形象化的游戏有助于吸引参观者，也便于用极短的时间将这个原型的设定及目标解释清楚，所以老刘指导学生着眼于设计有形的用户输入，而不是在屏幕界面上指手画脚。每个学生团队被分配了六个交互品质中的两个，以此来创建一个具体方案，这一方案要在他们对Pong的多样化设计中实现。

每个团队被分配两个品质，为了做到这点，这些学生团队必须要创建原型并且对原型概念化的过程和改进过程进行三番五次的审视。表4-4为这些交互品质、关键传感器（技术）及关键交互在这些学生团队中的分配情况。

表4-4 第3个迭代环节原型

| 原型 | 交互品质 | 关键传感器 | 关键交互 |
|---|---|---|---|
| Space Ship | 迅捷的<br>合作的 | 迫使<br>接近 | 吹气<br>推挤 |
| Pada | 表达的<br>灵活的 | 2D跟踪加速计 | 拦截<br>倾斜 |
| Jump & Balance | 表达的<br>合作的 | 距离<br>光线 | 跳动<br>踏步 |
| Pirate Ship | 有趣的<br>响应的 | 红外线运动 | 抽吸<br>转向 |

### 1. Space Ship

玩家将两艘飞船放在一张布有障碍物的2D地图上（见图4-12），这一设计的目的在于通过主动撞击对方来扫清对手，用来演示迅捷的和合作的交互品质。其中设计并创建了一个带有推力控制的平衡板，并且放上一艘飞船。玩家偏向一侧，飞船也跟着向同侧倾斜，通过拉动绳索可以把飞船向上拉。

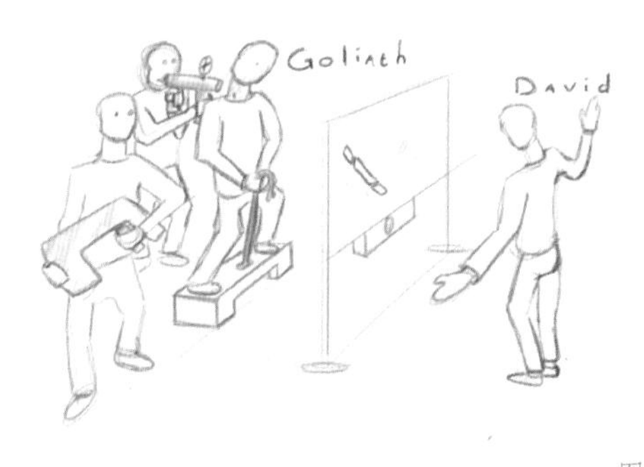

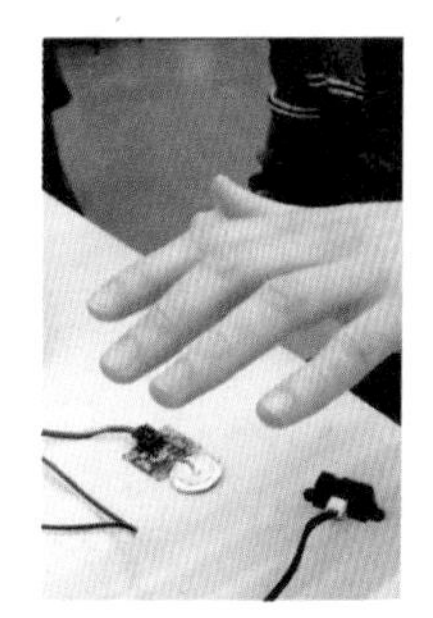

图4-12 Space Ship的设计和现场体验

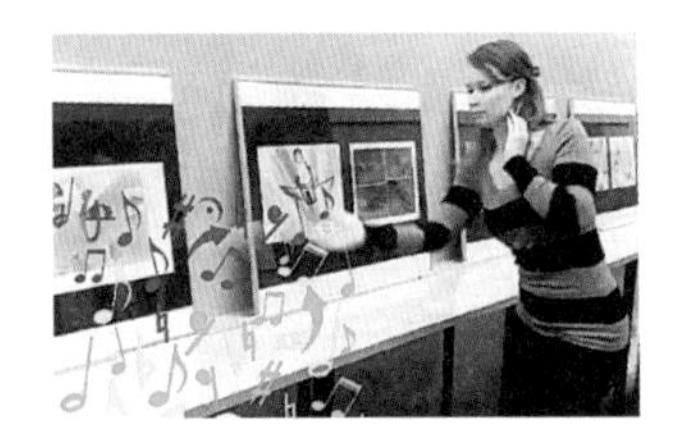

图4-13 Pada的设计和现场体验

如果有多个玩家，他们也可以参与其中。这些玩家各自拥有一个喷火器和重力枪，用于捡起并投掷虚拟物体。另有一种Kinect体感设备用于玩家放置另一艘飞船，Kinect使得玩家可以用随意的方式将飞船放在地图上。

2. Pada

Pada是一个以人体运动为输入和以音乐为输出的音频游戏（见图4-13）。这一设计目标是演示表达的和灵活的交互品质，两名玩家可以通过头戴式耳机和空间音响听到周围的音乐。为了将音乐传递给另一个玩家并保持游戏进行下去，他们需要在音乐穿过之前拦住它。玩家将自己的身体和头部向两侧倾斜，以此来挡住声音通过的位置；同时，Pada对玩家的位置进行测量。这些交互涉及全身运动，并且传达了指导的信息。

3. Jump & Balance

这一游戏设计通过地板上的投影使得对挡板的控制变成一项身体运动。这一设计是为了演示表达的和合作的交互品质，四个玩家被要求利用特殊功能（如加速和震动）来干扰、影响对手。玩家需要和另一个玩家组成一个团队共同合作才能控制挡板，一个团队要跳到气垫上来控制挡板，挡板通过气压影响传感器的运动；另一个团队通过使用一个大型平衡板来控制挡板，挡板会影响平衡板两端的高度差（见图4-14）。

4. Pirate Ship

这一设计用两艘海盗船代表Pong游戏中的两个挡板。

这一设计是为了演示有趣的和响应的交互品质，其中有四组用户输入，

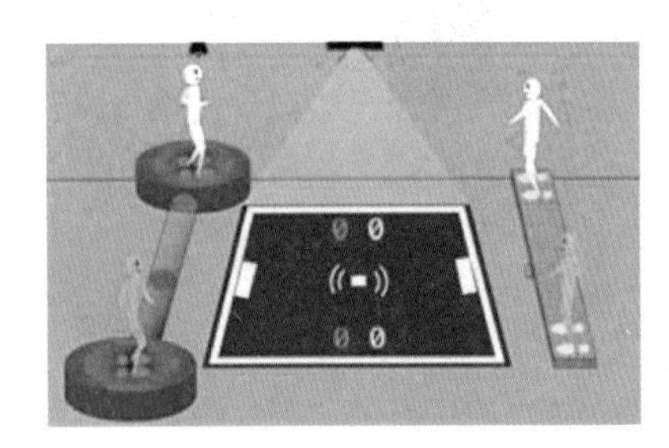

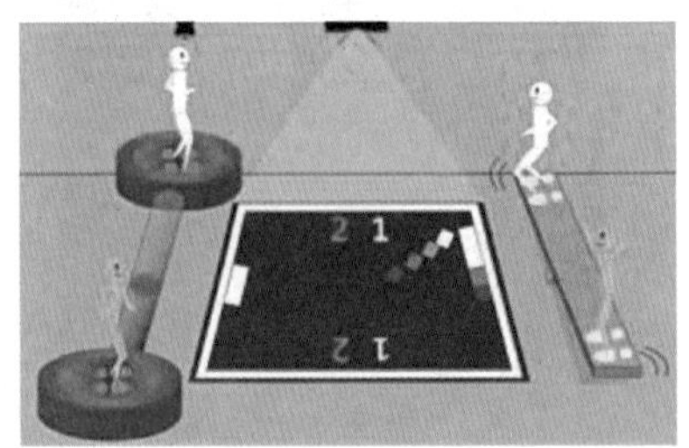

图4-14 Jump & Balance的设计和现场体验

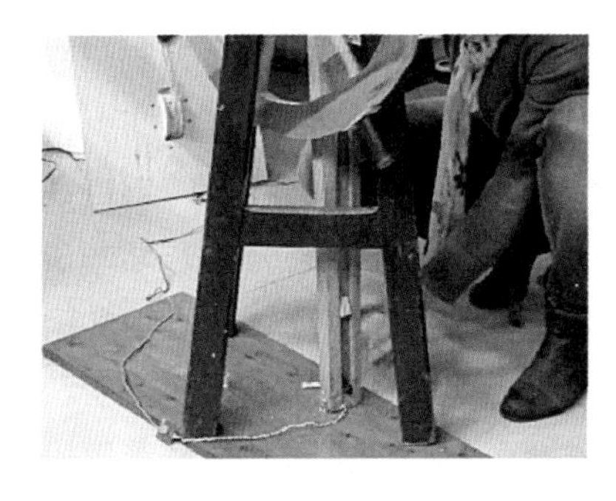

图4-15 Pirate Ship的设计和现场体验

即通过拉动和释放把手来攻击对手、在平台上躲来躲去以避开弹球、通过抽气来修复缩短的挡板（挡板被击中或者随着时间的流逝而变短），以及通过转向舵轮来移动挡板（见图4-15）。

## （二）设计思考

这四个以Pong为基础创建的交互原型，每个原型都演示了两种不同的交互风格，重点在于突出交互品质。学生们使用传感器技术使其输入变得有形和交互，如吹气和转向。老刘以一项交互品质为目标推进设计并演示交互风格，继而对能够支持选定品质的功能、体验及技术的应用加以探索。功能、体验及技术取决于选定的品质，切忌本末倒置。

这样做的好处是在设计纲要中对交互品质加以限定，并且将功能、体验和技术的复杂度控制在Pong这样一个众所周知和基础性的架构之内。因此，学生可以更自由地关注交互品质的实现，而不是追求花招或沉迷于发展出某个针对办公室的新想法，那样就无法实现一个可验证的成果。

之所以要选择Pong，是因为它具有简易、基础和互动的游戏特色，也实践证明了上面的说法。在交互的狭小空间内，研究框架的核心必须要通过对交互品质的探索和利用达到与交互的功能、体验和技术紧密结合。例如，Pada团队将用户界面从电脑屏幕最小化至空间音响关注身体上的交互（如跑动和拦截），以及将适当的技术付诸实现（如2D跟踪传感器），通过这些行为演示了表达的和灵活的交互品质。Space Ship团队实现了跨界设计，他们利用经典的Pong创造出自己的东西。这一设计非常切合主题，因为老刘要求这些学生关注迅捷的和合作的交互品质，而不是维持与原来别无二致的游戏形式。Pirate Ship团队在开发的前期阶段表现得颇为纠结，他们未能很好地运用有趣的交互品质。因为舵轮只停留在它本身的意义层面，而且只在功能上具有趣味性。所以老刘鼓励团队探索将其交互与有趣的品质相结合，如以不同的速度和频率旋转轮盘可以加速挡板。

## （三）讨论

在这三个迭代环节中，老刘对交互品质给予了递增式的设计指导。在2010年的课程中没有提及交互品质，因为那时它们还不存在。在2011年，交互品质开始有所涉及，但是就实践的复杂性来说没有那么起眼（如概念开发）。2012年交互品质在设计纲要中被提及，而且通过将基础游戏概念安置在Pong上对其给予更多关注。这帮助老刘更好地理解若想令学生更直接地关注交互设计，则要说明交互品质如何在其中起到作用。

这些迭代环节建立在教育环境下，而非商业产品开发的实践环境下。因为在教育环境下，老刘能够采取控制并对设计交互加以关注，而且还能将课程架构成一种训练。这种训练不必承受商业运作中的复杂度和压力，课程中的学生也被当作设计师对待。

功能途径、体验途径和技术途径是截然不同的，每种途径有自己的优势和劣势。设计师可以从3种途径着手，以不同的方式设计产品。例如，一部电话，若从功能途径着眼，设计电话在于产品形式及可用性（如需要接通一个呼叫）；若从体验途径着眼，设计电话在于良好的用户体验，而并不关注电话的工作方式；若从技术途径着眼，在于对现代技术的利用（如多传感器技术）使得电话运转正常。交互品质是将3种途径的贡献点加以整合的一种手段，即运用合适的技术使得电话得以运转并且能提供一个良好的用户体验。这使得学生可以在设计过程中使用交互品质，并且对（限定的）交互品质给予更直接的思考，这一优势使得学生可以将3种途径的优点合成一体。这也是一种打造交互愿景的方式，能对设计师设计Y一代用品类型及交互类型加以帮助。通过对交互的定义，交互品质能够引导交互过程。

### （四）结论

从设计课程中3次迭代环节的体验来看，交互品质可以通过构建功能、体验和技术的连贯性来获得见解和经验，交互品质成功用于功能设计、体验交互及交互科技应用的整合。

老刘认为有两件有价值的事：一是引入交互品质来直接引导并限制设计过程，使用交互品质途径的优势在于将3种设计途径紧密结合；二是将众所周知的概念（如Pong游戏）作为一个给定的概念用于研究项目，这样不同设计方案的交互品质可以被比较和评估。下一步的工作在于通过理解并设计Y一代交互来进一步探索并利用交互品质。

## 三、在家庭和工作情境中对比交互品质

在办公室工作中，信息技术（IT）的支持在功能性方面发展迅猛，但是在交互方式方面却步履缓慢。于是一个有趣的挑战出现了，就是如何将现如今人们在家庭和朋友圈等个人情境中所获得交互体验的丰富度引入办公室和同事圈等更为商务性的情境中。接下来老刘在情境访谈中用这6种交互品质对比家庭情境和工作情境，发掘工作情境中能够交互的潜在机会。

### （一）方法

老刘首先创建了一个测试版本的采访工具套装，其中包括一个由40张图标卡片组成的卡片组，这些卡片代表日常人们所使用的IT支持工具；此外还有代表各种交互品质的面板、一段用于表现交互品质等级的说明，以及一个家庭情境和工作情境下的清晰比对。他找到一些毕业于代尔夫特理工大学的办公职员，和他们共同考量这个工具套装的用途、评估方式及面板的设计方式。然后向他们发放了一块面板和两组卡片，要求他们用相同的两张标有IT工具的卡片填充到每一列中。在试验过程中，他们选取了24种IT工具，这24种工具是其在家庭情境和工作情境中使用最频繁的，而且他们还认为这些工具在用户体验方面急需改进。试验结束后，老刘将这些卡片所说明的IT支持工具转变成IT支持的行为，老刘决定对家庭情境和工作情境面板上相同的行为卡片加以评估，以完成对比。他还就面板的架构和图形设计进行了一些调整，如对各种交互品质进行统一的衡量，并且对衡量标准加以文字说明，使得最终的结果易于解释。

如图4-16所示，最终的采访工具套装由6个面板组成。每个面板由若干组行为卡片、一组空白卡片、几支彩色笔和几张便贴组成。在每一组行

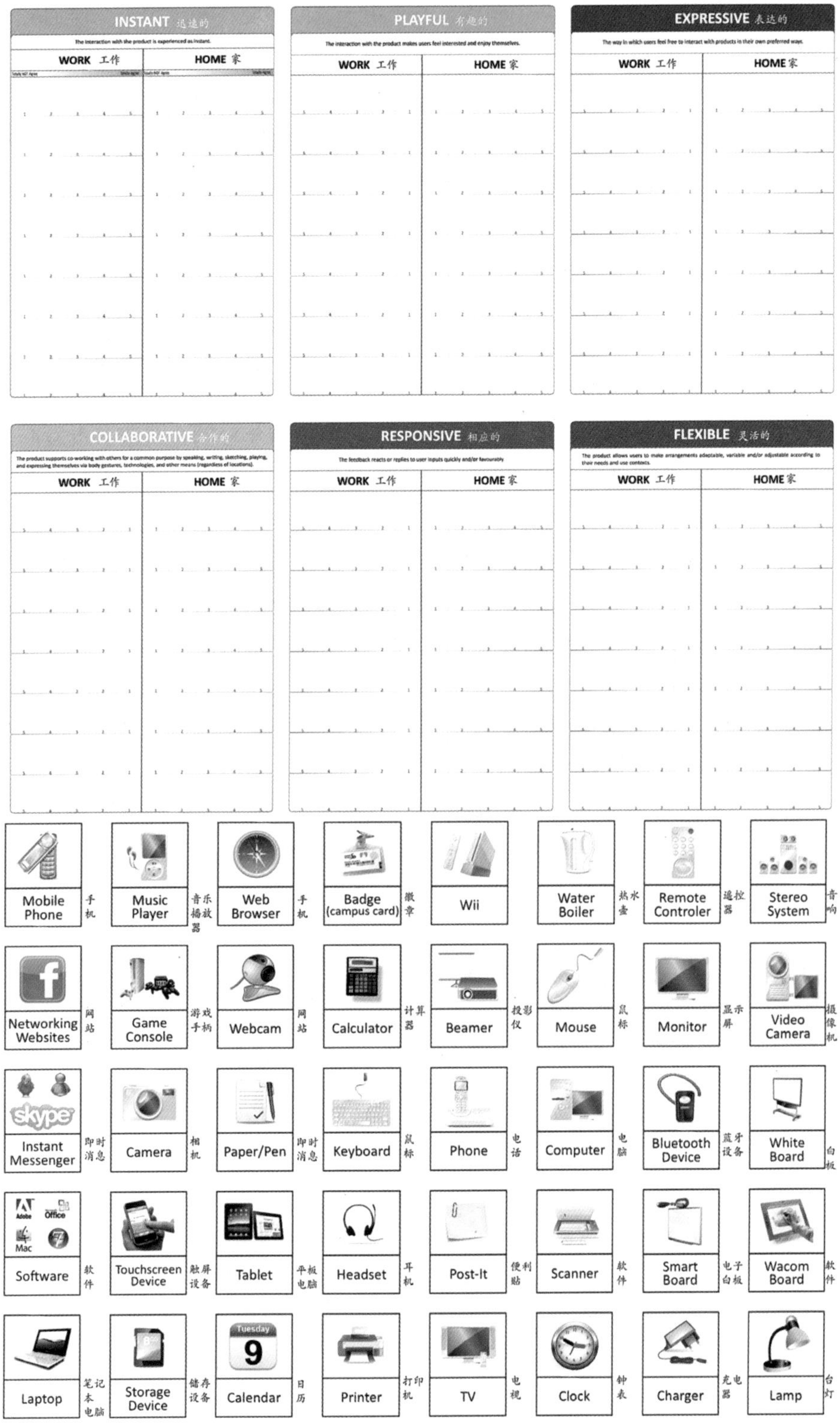

INSTANT 迅速的
The interaction with the product is experienced as instant.
WORK 工作 | HOME 家

PLAYFUL 有趣的
The interaction with the product makes users feel interested and enjoy themselves.
WORK 工作 | HOME 家

EXPRESSIVE 表达的
The way in which users feel free to interact with products in their own preferred ways.
WORK 工作 | HOME 家

COLLABORATIVE 合作的
The product supports co-working with others for a common purpose by speaking, writing, sketching, playing, and expressing themselves via body gestures, technologies, and other means (regardless of locations).
WORK 工作 | HOME 家

RESPONSIVE 相应的
The feedback reacts or replies to user inputs quickly and/or favourably
WORK 工作 | HOME 家

FLEXIBLE 灵活的
The product allows users to make arrangements adaptable, variable and/or adjustable according to their needs and use contexts.
WORK 工作 | HOME 家

Mobile Phone 手机
Music Player 音乐播放器
Web Browser 手机
Badge (campus card) 徽章
Wii
Water Boiler 热水壶
Remote Controler 遥控器
Stereo System 音响

Networking Websites 网站
Game Console 游戏手柄
Webcam 网站
Calculator 计算器
Beamer 投影仪
Mouse 鼠标
Monitor 显示屏
Video Camera 摄像机

Instant Messenger 即时消息
Camera 相机
Paper/Pen 即时消息
Keyboard 鼠标
Phone 电话
Computer 电脑
Bluetooth Device 蓝牙设备
White Board 白板

Software 软件
Touchscreen Device 触屏设备
Tablet 平板电脑
Headset 耳机
Post-It 便利贴
Scanner 软件
Smart Board 电子白板
Wacom Board 软件

Laptop 笔记本电脑
Storage Device 储存设备
Calendar 日历
Printer 打印机
TV 电视
Clock 钟表
Charger 充电器
Lamp 台灯

图4-16 采访工具套装中的面板及代表IT工具的卡片

为卡片中，每张卡片都有两个副本，一个用于家庭情境，一个用于工作情境，两个副本构成一组行为卡片。在每次采访的开始，参与者会把涉及某个指定交互品质的行为卡片加以排列，排列的顺序依据涉及该品质程度的高低。然后把工作情境下排列出来的卡片副本依次放到李克特（Likert）刻度线0～7的上方，家庭情境下排列出来的副本放在刻度线下方。之所以这样，是因为刻度线有助于参与者对交互品质进行对比，也便于其讨论体验。

### （二）参与者

这项研究的特点是探索有关交互品质的体验度，目的在于揭开显著的内在关系，而不是为了证实某个不可或缺的猜想而进行一种量上的研究，所以老刘不用采访太多的人，他选了6位参与者，其中有年轻的企业家、批发商、设计人员和办公职员。

实际采访步骤从第1项交互品质开始，简单介绍这一交互品质的定义后，老刘请参与者从卡片组中挑出至少5个日常行为，如果参与者认为某些行为未被选入卡片中，但也很好地体现该交互品质，则由其将该行为标在空白卡片上，然后参与者在该交互品质面板上的家庭情境和工作情境上下两行中分别排列日常行为，每行横轴坐标为0～7，精确度细化到0.5，接着就事实本质、背后原因、期望和建议等展开讨论。之后分别针对另外5种交互品质重复上述步骤。最后整理讨论和思考结果。他们所在的公司规模也各不相同，可能是一个由两人组成的咨询公司，也有可能是有10万员工的大型企业，之所以这样做是为了保证工作情境采访样本的多样性。具体见表4-5。

表4-5 参与者及其所在的工作情境

| 参与者 | 性别 | 职位头衔 | 公司类型 | 公司规模 |
| --- | --- | --- | --- | --- |
| DC | 男 | 总经理 | 新兴咨询公司 | 1～10 |
| JF | 女 | 研究顾问 | 设计咨询公司 | 50～100 |
| JD | 女 | 副研究员 | 医疗研究公司 | 500～1000 |
| MG | 女 | 项目经理 | 网络技术公司 | 10～20 |
| DM | 男 | 助理研究员 | 保健品公司 | 100～200 |
| VR | 男 | 软件开发人员 | 软件公司 | 1000～2000 |

### （三）过程

首先由参与者引导研究员浏览其所在的工作场所，这是采访的第1步，时

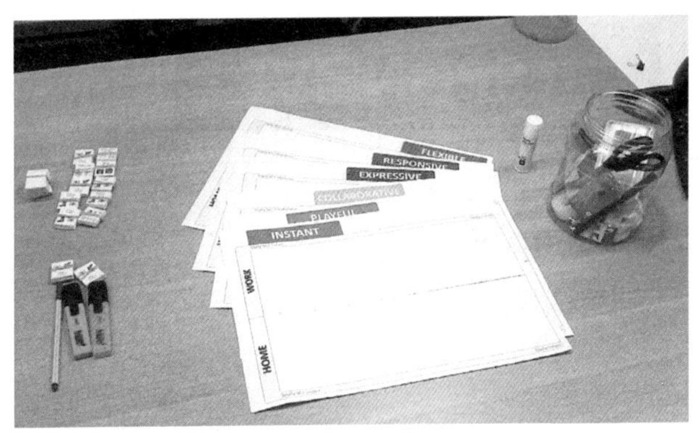

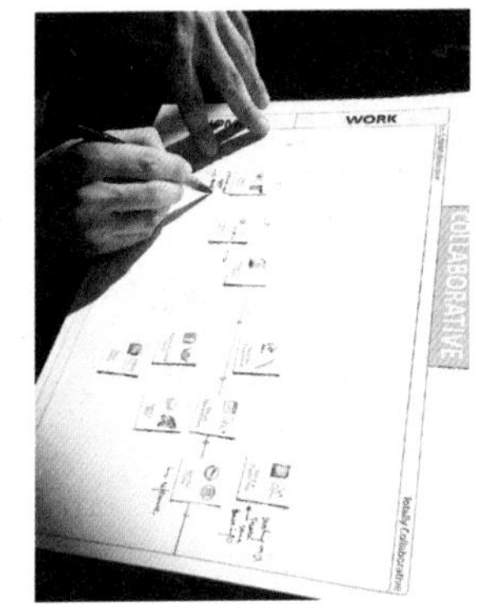

图4-17 参与者排列行为卡片，用采访工具套装评估交互品质并做好备注

长15分钟。接着进入正式的采访环节，参与者会被要求进行行为评估和反思性讨论，整个过程持续一小时。然后参与者会被要求描述其日常行为，并回忆通过IT工具进行交互的体验行为。其间他们被启发从交互品质的角度谈及自己的体验行为，实际采访步骤如下：

第一，从第1项交互品质开始（对每个参与者来说，选择哪个品质作为起始点是随机的）。

第二，由研究员简单介绍这一交互品质的定义。

第三，请参与者从卡片组中挑出至少5个日常行为，它们无论是在家庭还是在工作情境下都最能体现这个交互品质。

第四，如果参与者认为某些行为未被选入卡片中，但也很好地体现了该交互品质，则由其将该行为标在空白卡片上。

第五，参与者在该交互品质面板上的家庭情境和工作情境上下两行中分别排列日常行为，每行横轴坐标为0～7，精确度细化到0.5。参与者以这样的排位编号方式为能够反映该品质的所有日常行为打分，该行为得到多少分，就被放在相应的刻度位置上。

第六，参与者会就事实本质、背后原因、期望和建议等展开讨论，研究员要求其重点注意生活和工作情境下的显著区别，如有没有可能让一种情境下的交互品质也能用于另一种情境中。

第七，分别针对另外5种交互品质重复上述步骤。

第八，整理讨论和思考结果。

第九，所有参与者需要用语言描述自己如何理解这6种交互品质（迅捷的、表达的、有趣的、合作的、响应的及灵活的），并说明在家庭情境和工作情境下这些品质的体验地点和具体方式，他们需要在品质面板上用文字或图的方式进行注释以提交自己对新型工作方式的需求和期望。采访期间需要录音，之后录音材料要被转写成文字素材，采访的同时还要拍照；此外采访时研究员还要进行现场记录，以捕捉非正式对话和情境观测的结果（见图4-17）。

### （四）结果与分析

通过一系列的调研，老刘得出了结果（见图4-18），分析发现参与者对家庭情境下交互品质的评分要高于工作情境下的分数。参与者认为，对比家庭情境和工作情境下的交互，有趣的、表达的和响应的品质要明显很多，他们也希望在工作情境下能充分体验到这几种品质。

在交互设计的文献中，文献成果通常以面向

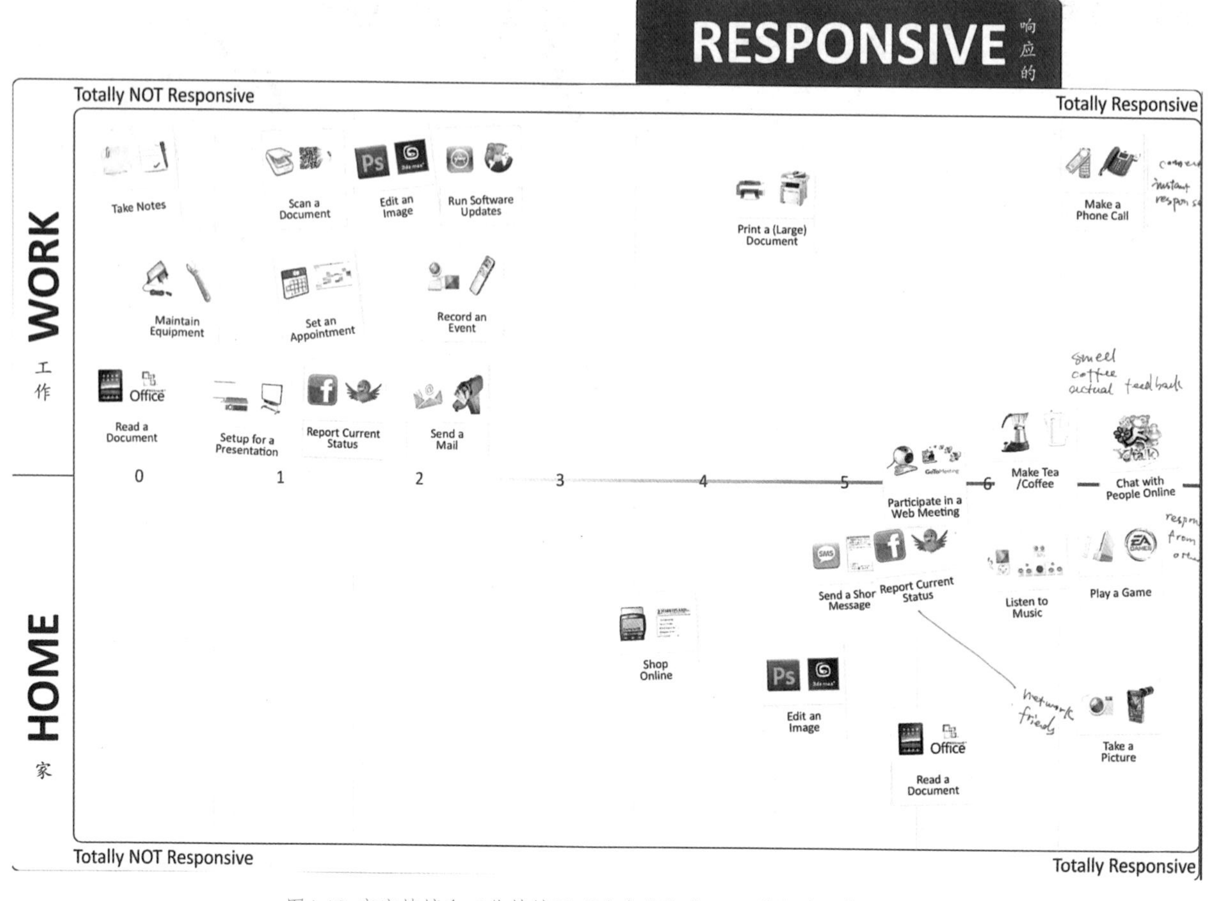


图4-18 家庭情境和工作情境下"响应的"交互品质的对比情况

设计师的设计准则的形式呈现在读者面前。和这些常规的设计准则相比，老刘提出了以下准则，专门针对有助于办公职员在工作情境中充分体验交互品质而做出的设计：

❶ 使用迅捷的交互来传达含义；

❷ 将有趣的交互整合至专注度需求低下的办公工作中；

❸ 将合作的交互整合到办公团队中以加强团队的沟通；

❹ 将表达的交互整合到常规的办公事务中；

❺ 使得办公工具及系统更具有（情感上）响应的交互；

❻ 思索交互的灵活性以突破其物理空间上的局限。

确定了6种交互品质后，老刘需要将既得理论投入实际应用，以这些交互品质为基准，在真实情境中设计产品。由此，课程进入第三阶段。

## 案例使用说明

在设计研究和教育领域中，一般通过三种途径达到设计目标，即功能途径、体验途径与技术途径。三者各有各的优缺点，而三者加以整合的全新途径为本节的主要内容。本节通过创建、分析及评估六个产品模型来探索交互品质。主要目的是设计和开发出一个可以工作运转的原型，并且要让用户参与其中。研究的目标始终是探索如何利用交互品质引导交互设计，以尽力帮助功能途径、体验途径及技术途径三者齐头并进。同时把它们放入家庭和工作两种情境中进行对比，从而发掘工作情境中能够交互的潜在机会。

**关键词：** 交互品质　情境设计　原型

**教学目的与用途**

◎ 理解情境及对比情境的重要性。
◎ 了解情境访谈的方法。
◎ 培养学生评估产品设计的思维方式。
◎ 明确采访的方式与程序。

**启发思考题**

◎ Y一代在家庭和办公室工作中的交互风格分别是什么？
◎ 在家庭情境和办公室情境中这些交互品质如何被体验？
◎ 功能途径、体验途径和理论途径如何指导交互风格设计？
◎ 如何利用交互品质指导交互风格设计？
◎ 交互品质如何通过这些新兴设计被体验？

# 第三节　厉害了，我的交互

——利用交互品质指导设计

在前面的工作中老刘已明确了Y一代所具有的6种交互品质，之后老刘需要请教各个背景的教授来检验交互品质的成果，但是在一开始却没有得到教授们的认可，他们认为6个交互品质太少了，老刘解释过交互品质并不是越多越好，不是所有的交互品质都具有代表性，但是这样“口说无凭”的解释并不能说服教授们。思来想去后，老刘开了一次工作坊，让其他方向的老师参与进来，以学生的身份体验设计流程，输出相应交互品质。通过这次工作坊，教授们终于切身体会到了交互品质的重要性，需要深入问题，排出解决方案的优先级，使用科学的方法深度挖掘，通过大量的定性研究，再得出结论。

调研和理论知识已经做好，同时也获得了教授们的认可，然而老刘对接下来的实践毫无头绪。要知道，将设计理论知识应用到实践是很有难度的，虽然老刘尝试着做了多个设计，但都不能令人满意。经历了多个不眠的夜晚，老刘产生了放弃的想法，于是找到易科软件公司想提出终止这个课题，但易科软件公司却对他的研究表达了赞许与支持。他们建议老刘休息一段时间，还鼓励他可以在易科软件公司多考察，也许能够激发灵感，他们还邀请老刘参加了多次公司会议，让老刘设身处地地观察现代办公场景。同时，DT设计技巧小组不同学科背景的朋友也为老刘提出了很多宝贵建议。在他们的帮助下逐渐度过了这段瓶颈期，老刘洞察到了一个特点，他发现电话在办公工作中使用最为广泛，也最为频繁，而且办公电话通常还具有一个复杂的用户界面。所以对它而言，交互的可开发空间非常广阔。

经过一番深思熟虑和计划后，老刘决定以办公室电话为设计原型，从中总结出特定的交互品质并演示Y一代交互风格如何支持未来的办公工作。

## 一、设计交互品质

老刘以办公室电话作为切入点，通过支持Y一代交互风格，开始研究如何使办公室中交互的丰富度达到在家庭情境中所体验到的效果。

## （一）设计过程

老刘为了寻找灵感，把握用户需求和痛点，制定了专门的设计流程方案。以下是基本的设计流程。

### 1. 用户观察

首先为了进一步立足于目标用户群，老刘进行了用户观察。用户观察的目的在于更多地了解用户对办公情境中某种特定产品（办公室电话机）的需求，这样做能够使得设计准则制定得更为具体（见图4-19）。

老刘非常重视目标用户这个概念，好的设计从用户出发，立足于其立场之上，这样才能够在最后更好地回归到产品的使用者，即用户身上。他开展了两项“非参与式观察”。这是一种特殊的观察形式，研究员并不会参与到观察活动中，观察目标用户的行为后，从中归纳总结。其中一项观察活动通过代尔夫特理工大学人力资源办公室的3名办公室主管来进行，而另一项在易科软件公司通过2名办公室主管和由12人组成的客户支持团队来进行。

老刘之所以决定观察易科软件公司的客户支持团队，是因为这些团队成员都高频地使用办公电话。每项观察在两个工作日内完成，大约耗费6个小时。在观察过程中参与者要在与各种办公工具或者与他人的交互中保持日常活动中所固有的交互风格，老刘还要求他们记录现场笔记，专注于与办公电话交互时的体验描述并在合适的时候延伸到交互品质的范畴中。表4-6为观察结果的典型现场笔记。

接着老刘使用拼贴画引发思考，并制定了详细的说明设计准则。这时，老刘发现6种交互品质对于支持Y一代交互风格而言都是至关重要的，但是其侧重点不同，而且重要性的程度也各异。

图4-19 参与者使用办公室电话交互时的场景

表4-6　不同交互品质的现场笔记

| 品质 | 现场笔记 |
| --- | --- |
| 迅捷的 | （1）通话完毕后伸手把听筒归到原位<br>（2）按下免提按钮开启免提功能<br>（3）自始至终带着一个头戴式的耳机听筒，即使不打电话时也要戴着<br>（4）与办公室主管不同，客户支持团队的成员通常要在3声铃响之内接起电话。而且通话时间也比较冗长，如10分钟以上 |
| 有趣的 | 备注：基于观察结果，工作情境下的办公室电话交互中未能发现有趣的交互品质 |
| 合作的 | （5）和处于同办公室的同事保持高频度的交谈<br>（6）正在打电话的同事不时向办公室主管询问相关信息<br>（7）向同事借用USB插口的耳机<br>（8）所处的工作环境要么安静，要么嘈杂<br>（9）4名员工围成一个正方形落座，组成一个工作小组（客户支持团队）<br>（10）大声说话时会影响其他人 |
| 表达的 | （11）拨打一个正常呼叫时，在拨号按键面板上轻轻地拨动按键<br>（12）拨打一个紧急呼叫时，在拨号按键面板上草草地挥动按键<br>（13）用笔记本电脑连接显示器，在展示工作内容的同时把笔记本电脑的屏幕腾出来，在屏幕上打开电话模拟器<br>（14）用办公室电话及其他办公工具来完成一个限定的用户操作，如按下按键 |
| 响应的 | （15）启用免提功能，拨号，拿起耳机听筒直到电话接通<br>（16）电话显示屏可显示呼叫号码，却对呼叫者及其归属地一无所知<br>（17）人守在电话机前对着电话机讲话<br>（18）在当前工作完成之前，如在Word文档中输入一句话之前，对私人电话上新进来的短消息持置之不理的态度<br>（19）当和办公室电话发生交互时注意力全部放在办公室电话上面<br>（20）人站在办公桌前面时电话总是处于繁忙状态 |
| 灵活的 | （21）对着电话讲话的同时敲击键盘<br>（22）一边打着电话，一边查看记在纸上的备注，以及电脑显示器上的日历<br>（23）在电话上按下一个按键可以应答其他座位发来的呼叫<br>（24）将电话放到电话显示器和键盘的旁边<br>（25）举着听筒在小范围内走动以寻找一个辅助工具，如钢笔<br>（26）用笔记本电脑当呼叫媒体，如使用笔记本电脑上的电话模拟界面<br>（27）在模拟界面上用鼠标来拨号<br>（28）认为电话机的占地空间太大，以至于没办法将其移置到办公桌的其他地方<br>（29）通过耳机或电脑显示器上的电话模拟器来实现免提效果<br>（30）桌子上布满了各种连线，如电话线和电脑线<br>（31）将办公室电话与其他办公工具相区别，作为一种独立的通信工具，如在线通信 |

2. 行为故事板

老刘创建了想象情境，以及与各种想象情境相对应的行为故事板，用于描述各种特定的设计准则如何为未来办公室电话的设计带来启发。这些情境体现了新型的交互方式，并且还包含了相关的设计准则。为了将设计通过形象化表现具体的行为活动并指出何种交互品质处于优先位置，他先是粗略制作了一组故事板，用于说明在典型的日常办公情境中用户和新型办公室电话之间的交互和工作流程。最终将故事版主要分成了背景和情境、接听电话状况、浏览电话簿、发出急迫的情绪、实现群组通话5个场景，见图4-20。

图4-20 Y1的生活方式和工作情景示意图

3. 概念设计

为了支持行为故事板中所描述的交互，老刘做了一系列的概念设计，这些设计通过绘画设计草图得以形象化。以其中的滑片为例，这一概念设计看起来像一个滑片，或者一部滑梯，如图4-21所示。

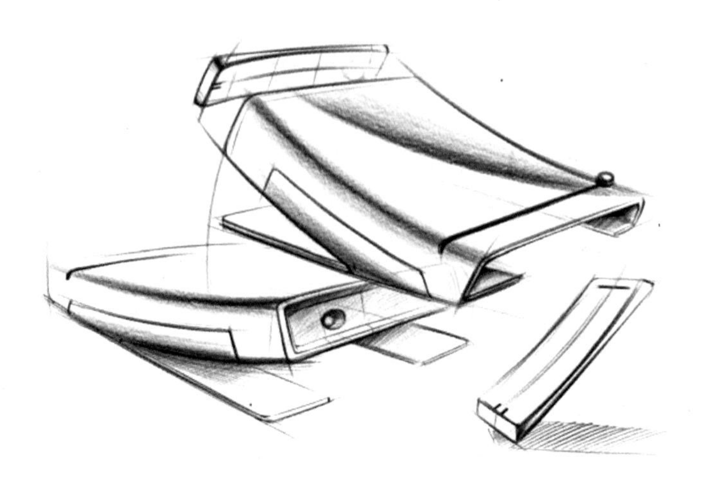

图4-21 滑片的概念设计

老刘将机体设计为柔软的，可以略微弯曲变形。电话的前面有一道滑槽，其中置入了一个滑钮，电话的背面连接耳机听筒。当收到一个急迫情绪的呼叫时，电话将显示呼叫者的姓名，闪烁强光并发出铃声。表4-7为用户行为、话机回应及相应的交互品质。

表4-7 滑片概念设计中的用户行为、话机回应及相应的交互品质

| 品质 | 用户行为 | 话机回应 |
| --- | --- | --- |
| 迅捷的 | 拿起置于话机背部的无线耳机听筒 | 激活拨号面板界面 |
| 有趣的 | 握住并弯曲话机 | 电话薄界面到达末尾后会弹回 |
| 合作的 | 电话接通时将耳机放到电话薄中的一个联系人上面 | 邀请该选定的联系人进行群组通话 |
| 表达的 | 握住并弯曲话机，选定一个联系人，并努力摇动话机以传递一个急迫的情绪 | 检测震动的程度，并向联系人发送急迫的情绪 |
| 响应的 | 滑动滑钮<br>坐在办公桌前、离开办公桌或和另一个位同事一起工作 | 在拨号面板界面和电话薄界面之间切换<br>检测用户的动作，并且向呼叫者发达可接听状况 |
| 灵活的 | 戴上无线耳机听筒并开启免提<br>戴耳机时在其背面垂直滚动 | 使得通话保持连接状态<br>垂直滚动电话簿 |

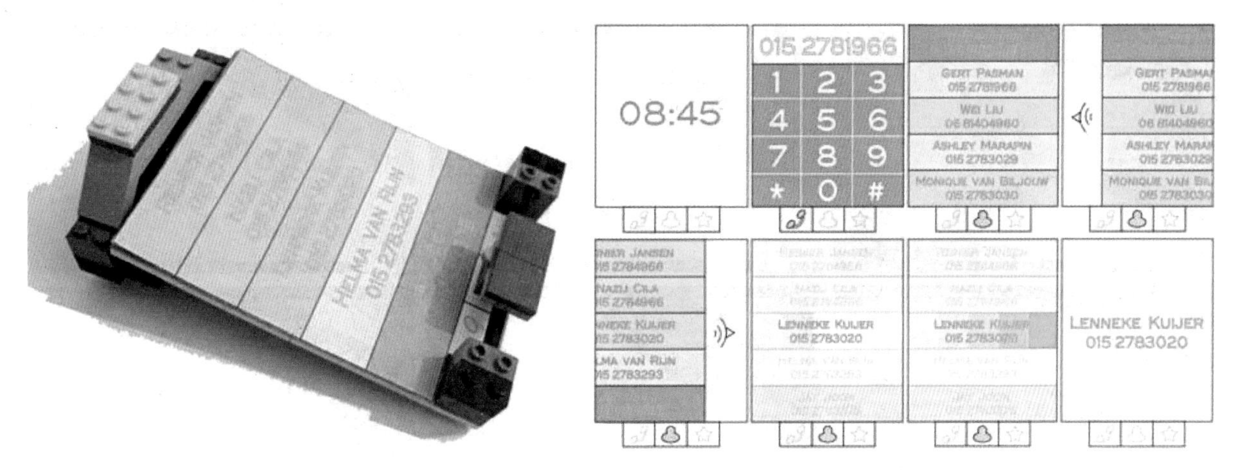


图4-22 用打印卡片和乐高积木设计和创造出的简易原型

为了使概念设计符合用户体验的要求，老刘认为创建一个简易原型（见图4-22），更有利于探索交互品质，并且能更加直观地演示真实的情境。

创建简易原型，如纸质原型，是一种应用广泛的设计方法，它能帮助设计师快速制作出用户屏幕界面并且测试。老刘依据情境设计出一摞电话界面，随后打印在硬纸板上，做成长110mm、宽95mm的卡片。这些卡片可以轻易换位，并且能随意摆放在平面上。老刘用乐高积木玩具设计并搭建了一个机体，还设计了一个平面，用于支撑打印的卡片。虽然打印卡片的界面和广为流行的智能电话界面看上去很像，但是老刘的着重点在于用户交互和工作流程的逻辑性。

4. 角色扮演

老刘认为，对情境中所描述的不同情况进行实际的角色扮演，能实现对概念设计、交互及情境进行探索。图4-23是用户和电话交互场景的界面，包括查看联系人的可接听情况、浏览电话簿、拨出紧急呼叫和实现群组呼叫。

5. 最终原型

根据以上研究步骤，老刘将获得的有价值的信息整合起来，加以修改，建立了YPhone产品原型，见图4-24。这个概念具有干净、朴素和吸引人的工业设计风格。之所以这样做，是为了使得原型在交互品质的设计和评估方面表现最佳，而不是出于一个新产品营销效果的考虑。这个原型是一个平滑的机体，即用户操作主界面，在话机的前部有一个滑槽，其中有一个磁力滑珠，磁力耳机听筒置于话机顶端。当接收到一个急迫情绪（呼叫）的时候，电话会显示呼叫者的姓名，发出强光并大声响起铃音。

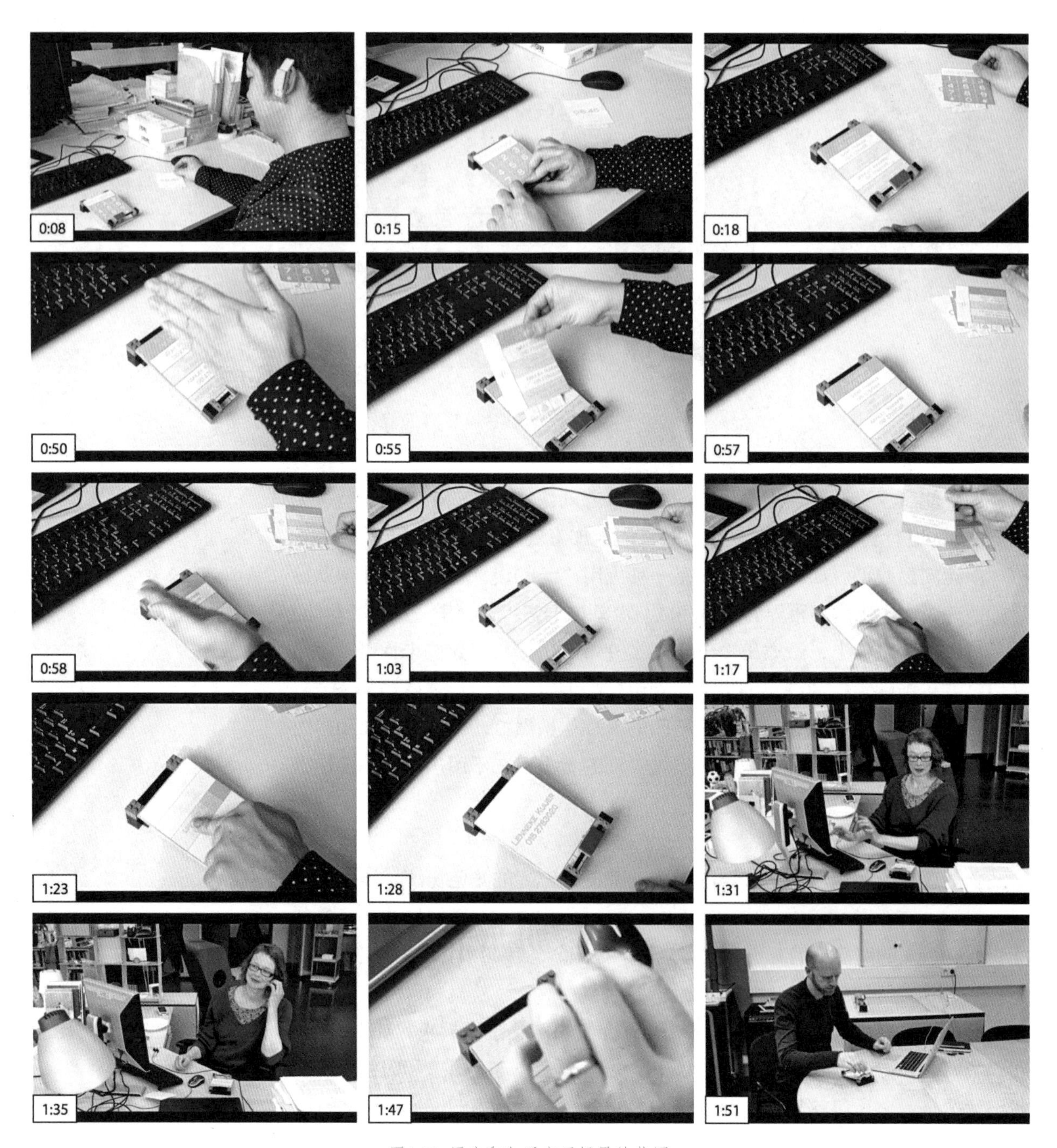


图4-23 用户和电话交互场景的截图

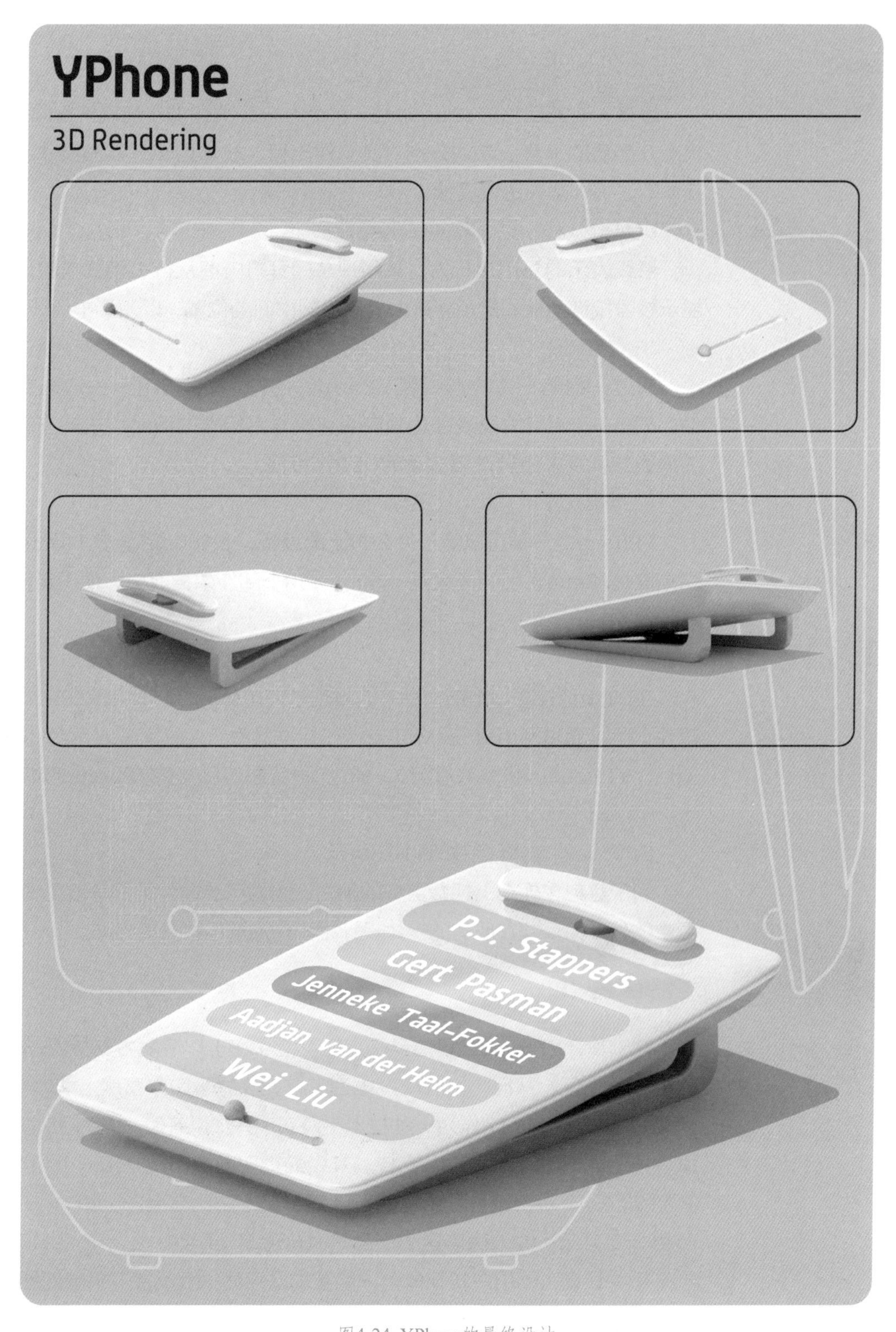


图4-24 YPhone的最终设计。
注：底部图片表明话机处于电话簿模式。该模式可提示联系人的可接听状况，如联系人老刘当前可接听电话。

## （二）YPhone设计规范

最终，老刘建立的YPhone是一种令办公职员在工作情境下得以体验Y一代交互品质的工具。老刘分别对其工作流程、技术构件、外形尺寸、软件和实体下了很大功夫进行设计。

### 1. 工作流程

粗线表示的是用户行为，如用户拿起耳机听筒从待机模式唤醒话机，即显示拨号按键面板。然后将磁力滑珠滑到中间的位置，以激活电话簿模式。

### 2. 技术构件

通过一台笔记本电脑控制YPhone，并同时运行用户—话机交互的软件。YPhone使用的缆线是达到商业解决方案标准的缆线、达到互联网标准的网线，以及未经过任何改动的USB连接线。

### 3. 外形尺寸

YPhone是一种可以置于办公桌上的设备，长150mm，宽110mm，其前端高度是12mm，后端高度是32mm，由3个部件架构而成，便于运输和维护（见图4-25）。

### 4. 软件

在DT设计技巧小组的帮助下，实现了使用Max/MSP编写YPhone的所有软件，可以通过利用Max/MSP支持的标准对象组件来实现对两台YPhone的操控。YPhone的状态共有8种，通过8种状态可以支持YPhone的不同特性。

### 5. 实体

YPhone的实体原型如图4-26所示。

为了避免在外观上耗费更多的精力，也为了给硬件维护争取更多的空间，图中的外形和尺寸在现实的实体设计中不作为严格执行的标准。

## （三）总结

老刘设计YPhone的目的是开发一种能够在工作情境中支持Y一代交互风格的办公设备，从而使办公室（电话）在交互体验的丰富度上能够与家庭情境相持平。将YPhone作为一种技术手段实现并加以开发，是为了对理论和实践中所得到的发现结果加以支持。其中最重要的技巧就是用一个正在工作的原型演示一个新的设计，再也找不到第二个办法比在桌子上摆一个工作的原型更能令自己和他人确信这个产品具有价值了。同时，一个产品只有放在现实环境中让真正的用户实际体验才能被加以评估，因此接下来老刘把YPhone放到实验室和现实中，以此来对新设计本身得出结论，并发掘全新设计中的交互品质如何（在工作情境中）被体验。

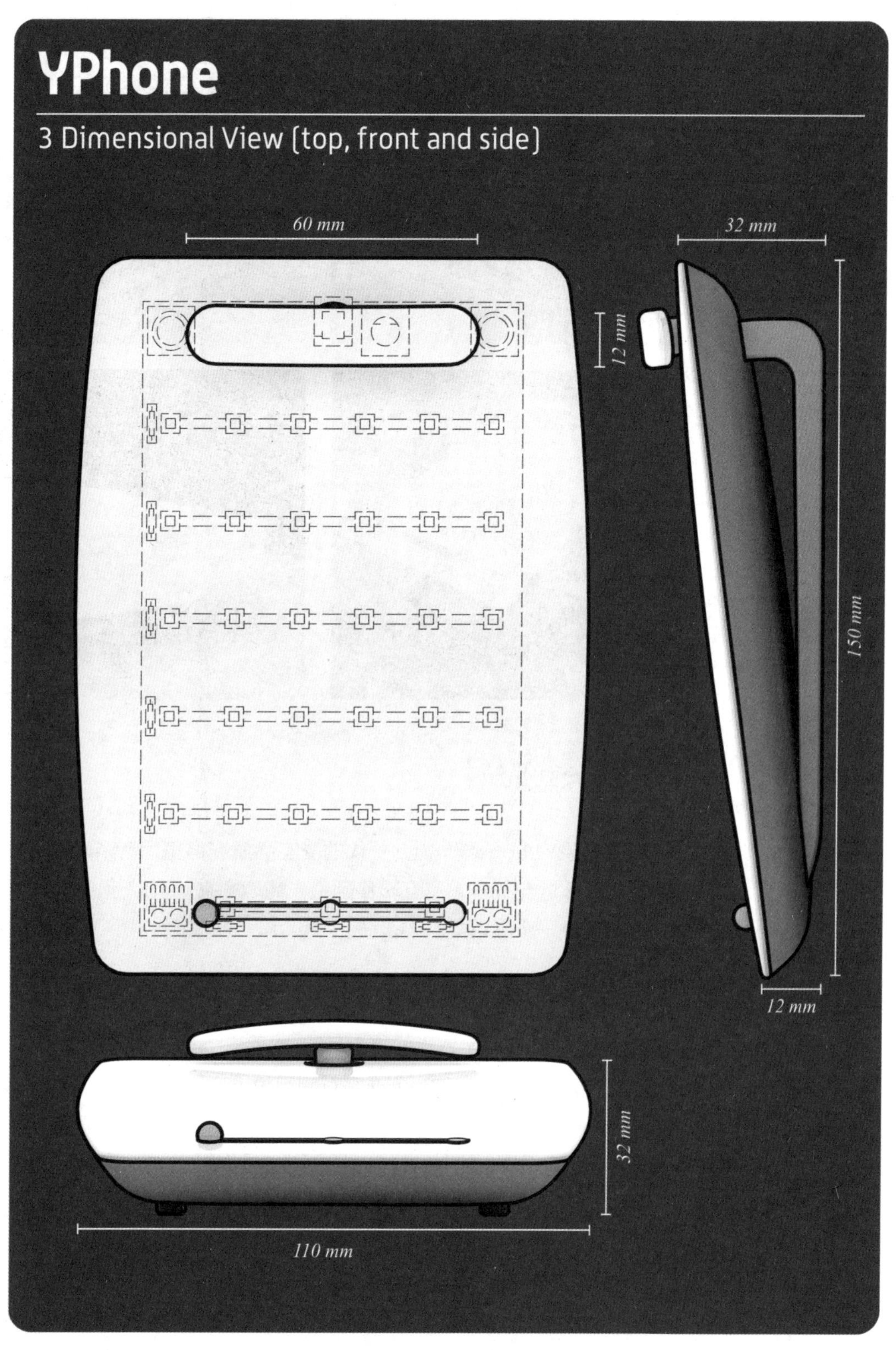


图4-25 YPhone的尺寸

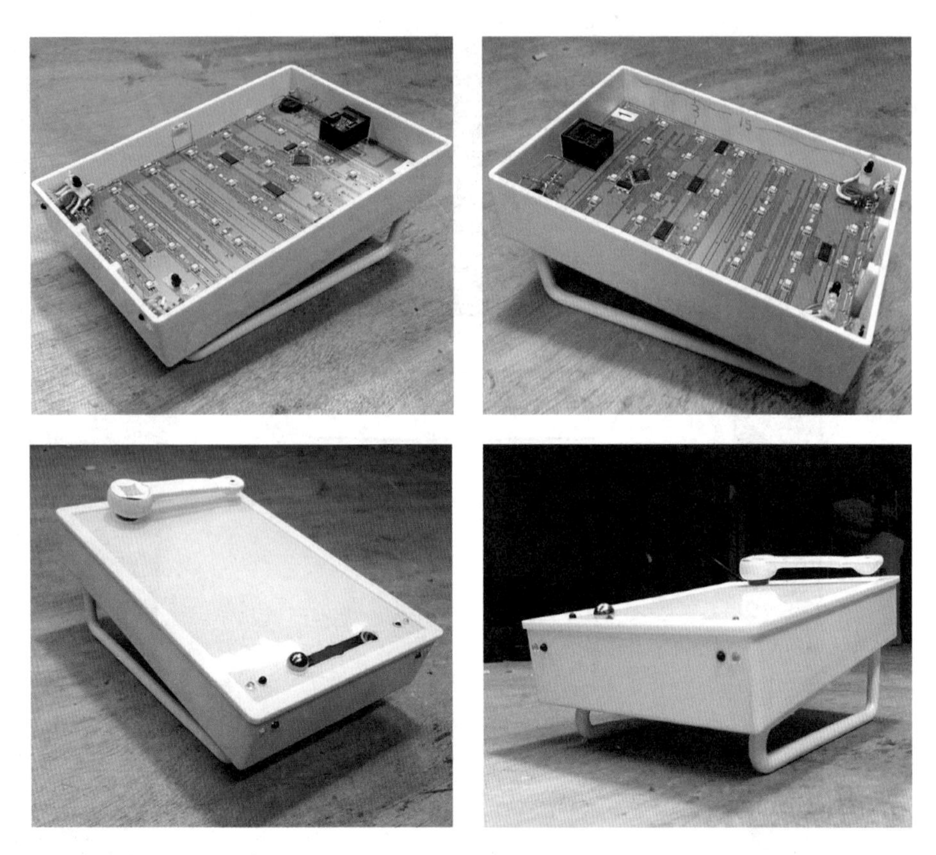

图4-26 YPhone的实体原型

## 二、评估交互品质

老刘希望YPhone能够让Y一代的交互品质变得更为清晰明了，并且将家庭情境中所体验到的丰富交互转移到工作情境中来，所以他认为评估YPhone的交互品质是一个不可或缺的步骤。

### （一）对运用设计准则的反思

#### 1. 使用设计准则

首先老刘用之前定下的6条准则对使用YPhone的6个步骤分别进行了系统分析，发现在YPhone原型的开发过程中，不同的设计准则运用强度不同，作用方式不同，不同的准则各有其运用的特点与价值。

#### 2. YPhone原型的深度开发

老刘采取一系列措施改进了YPhone原型。首先，他进一步完善工作流程，然后将工作流程做成一个状态转换图，从而将其样式从逻辑层面转化到实施层面上。接着，他微调了传感器数值，制定了详细的界面说明并添加了打印界面，最后为耳机听筒设计增加了3个备选方案。

3. 实验室评估

这时，老刘认为通过上述重重研究，是时候该确定结果了，那就是是否成功地将Y一代交互品质引入YPhone设计，所以他又进行了实验室评估。

在这项评估中，老刘邀请参与者进入实验室情境，由几位研究员负责把控评估步骤并且观测人们的反应。从参与者的选拔、实验室情境的设定到品质评估问卷的设计和实验的详细步骤设计，老刘都以科学实验的标准严格执行。最终验证了Y一代交互品质可以通过YPhone设计来加以体验，在YPhone的实验室体验中有趣的、表达的、响应的和灵活的交互品质实施效果显著，这些品质同时构成了名为“体验”的群组。实验室用户评估结果可以拓展到总设计准则中，这一准则将超出YPhone的设计范畴。

4. 情境评估

作为YPhone评估的最终环节，老刘进行了情境评估，以此来评定在一个真实的办公情境中交互品质在YPhone体验中的实现效果到底有多大。

与实验室评估相似，老刘从方法、参与者、设置情境、评估步骤入手，得到了工作情境中的YPhone体验回馈和评估结果，发现功能品质对交互品质产生了影响，从而导致了迅捷的和合作的品质与其他4种品质相比，体验的品质稍差一些。用户可以通过原型来了解Y一代交互品质，并且用其描述交互。

### （二）总结与讨论

2014年年初，老刘终于完成了全流程的设计。老刘设计和开发YPhone是出于面向Y一代用户办公工具的设计和评估的挑战。尽管一些交互工具已经可以用于办公工作，但是对研究员和设计师来说，一直以来始终还是难以认清这样的设计如何影响Y一代交互和工作的方式。评估结果表明，交互从家庭情境转移到工作情境要适合用户的工作情境，大多数参与者对原设计和用户—话机交互都持欣然接受的态度。老刘对这一结果非常满意，虽然在中间也经历过很多挫折，让他沮丧难过，但终于课题还是圆满结束，并得到了代尔夫特理工大学导师与易科软件公司高管的肯定。回国后，老刘如愿当上了用户体验教师，传授知识，引导更多的学生走进用户体验，实现了他的梦想。

## 三、应用指南

老刘的研究项目以帮助从业者发掘出设计“用于办公用途的次时代界面”的设计准则为出发点，研究目标群即Y一代的职员（特别是易科软件公司），同时也是设计研究员，老刘通过这4年10个月的研究对这个人群提出了针对性建议。

### （一）针对办公工具开发者的建议

为了给诸如易科软件公司这样着眼于以全新的工具、应用和服务来支持办公条件的公司指明方向，老刘建议以用户为中心和以交互的角度为切入点来着手实施项目。一个可以探索的方向是将具体的工作方式游戏化，包括将训练、实践、竞赛及奖励诸多元素融入应用设计。这样的设计不仅在结构感觉上与游戏类似，如轮流操作并获得奖励，而且从体验角度来说更具有趣味性，所以交互品质途径可以促进这类设计的提升。

### （二）针对工业设计者、教育者和学生的建议

6种交互品质可以帮助设计师开发符合全新交互风格的产品，近10年来这些全新的交互风格走入了我们的生活。这些交互品质为我们指明了方向、展示了实例，并且提供了可以对设计进行评估的相关评估尺度。

对于设计专业的学生来说，对交互品质、情境和产品层面的差别能够获得一种感觉很重要，这种感觉可以通过设计训练来加以培养。这样的训练还可以带来更丰富的案例指导其他人。

### （三）针对设计研究员的建议

老刘的研究包括如何确认一系列具体的品质，并且将其应用到产品设计中。这一研究大体来说是与探索性品质相关的，目的在于对机遇和误区加以突出。未来的研究也许会在更多受控条件下验证品质，但是更重要的是如果能够通过各种实例将品质的存储筹划成一个能够使研究员、从业者、教育者和学生都能用的库，将会大有帮助。

### （四）针对CRISP的建议

荷兰的创意产业享誉全球，而设计业是其核心价值增长点之一。为了促使创意产业科学对这些知识的获得和传播重点关注，老刘建议后续的研究员开展以下工作：首先，在未来工作中可以和开设设计课程的大学合作，开发全新的和先进的知识架构，以帮助复合型和创新型产品服务体系的开发。其次，创造知识、工具和方法，使设计师更为有效地设计用户体验以寻找最佳的智能应用，并赋予技术；获得基本知识，并获得可以在接近现实的生活情境和应用引导情境中验证结果的一种手段。最后，创建一个独一无二和广泛的交流平台，以方便知识的传播与传递。

## 案例使用说明

前面的章节明确了专为Y一代所具有的6种交互品质，本节以此为指导，并用它来评估新开发的办公室电话所拥有的用户交互。Y一代办公职员在家庭情境中所体验到的交互品质要比工作情境中体验到的交互品质更为丰富，这些发现对未来办公工具的开发具有启示作用。工具的开发不但要充分利用交互品质的力量与优势，更要注重将家庭情境中的丰富交互品质整合到工作情境中。本节贯穿Yphone设计研究的步骤为用户研究、概念设计、原型设计，以及全新原型产品的评估与创造。

**关键词：** 用户观察　概念境设计　设计规范

**教学目的与用途**

◎ 了解设计流程及各个环节的要求。
◎ 了解运用交互品质进行设计的方法。
◎ 熟悉评估交互品质的方法。
◎ 明确产品设计规范包含的内容。
◎ 了解设计完成后的总结工作。

**启发思考题**

◎ 如何进行用户观察?
◎ 概念设计需要符合哪些要求?
◎ 为什么使用行为故事板和角色扮演?
◎ 如何确定设计规范?
◎ 如何运用设计准则进行反思?

# 第四节　找到你的车位了吗

——共享经济

随着时代的变化、科技的进步，越来越多的科学技术融入人们的日常生活，为人们带来了便利。峤森学习了设计，可他并没有将自己的目光局限于设计，而是开阔眼光，关注科技进步、时事热点。他不仅广泛获取知识，同时还将这些知识与所学专业结合，进行课题研究。

峤森发现，目前商业社会的一个发展热点是共享经济。共享经济借助网络等第三方平台，将供给方闲置资源使用权暂时性转移，实现生产要素的社会化，通过提高存量资产的使用效率为需求方创造价值，促进社会经济的可持续发展①。互联网技术的发展为共享经济提供了绝佳的机会，经济的发展带来交通的发展。智能交通也成了现在发展关注的热点。智能交通是一个基于现代电子信息技术面向交通运输的服务系统，它的突出特点是以信息的收集、处理、发布、交换、分析、利用为主线，为交通参与者提供多样性的服务。峤森研究了这些热点资料，想要将其与自己周围的生活结合起来，进行与设计相关的课题研究。

① 郑志来：《共享经济的成因、内涵与商业模式研究》，载《现代经济探讨》，2016（3）。

峤森生活在北京，这里车辆数与车位数严重不符。从2014年高德提供交通大数据开始，北京从未跌出过全国主要城市拥堵排名的前三位。峤森住在北京的老城区，也经常在新城区购物休闲。他发现，新城区的车位数量明显多于老城区，而且新城区的规划也优于老城区。老城区规划的时候，并未考虑到城市车辆的暴增，以至于现在道路狭窄，车位过少，人们对于车位的需求成了一大难题。经过观察后，峤森发现，老城区许多车位都在道路两侧，道路停车泊位减轻了老城区的停车压力，但是车位的使用问题和人员管理问题层出不穷。人工收费雇佣人员问题多，如收费标准乱、收费人员对于车主管理程度低等，让车位的利用率降低。智能收费的设备安装艰难、使用困难等原因则让人们望而却步。峤森打算从用户的角度出发，对老城区公共道路上道路停车泊位共享使用设备进行课题研究。峤森想要设计一款适合老城区、方便使用、增加车位利用率、使车位更好共享的收费方式。

# 一、技术背景

峤森就停车的问题进行了桌面调研，在调研中发现，以下技术及概念是他接下来研究所需要的。

## （一）智能交通系统

智能交通系统（Intelligent Transportation System，ITS）是未来交通系统的发展方向，它将先进的信息系统、传感器技术、数据通信技术、自动控制技术、运筹学、图像分析技术、计算机网络以及人工智能，有效综合运用于整个交通运输和管理[①]。ITS有效地利用现有交通设施，从而减少交通负荷和环境污染，并且保证交通安全，提高运输效率。因此，智能交通系统在世界各国都颇受重视。

在互联网时代，智能交通系统是先进的一体化交通综合管理系统。在该系统中，车辆的行驶可以通过系统调配，智能行驶；车辆的停靠也经由系统调整，这使车位利用率进一步提高。借助智能交通系统，管理人员可以方便快捷地监控车辆，解决事故，调配人员。

① 于春全：《智能交通系统（ITS）发展与创新》，载《数字通信世界》，2016（9）。

## （二）智能停车场

智能停车场系统是智能交通系统的一个重要组成部分。智能停车场系统是在结合用户停车场收费管理方面的需求与借鉴交通管理方面的经验的基础上，采用图形人机界面操作方式，应用先进技术和高度自动化的机电设备、图像处理设备、数据处理设备等设备集成的系统[②]。

智能停车场收费系统是通过计算机、网络设备、车道管理设备搭建的一套对停车场车辆出入、场内车流引导、停车费收取工作进行管理的网络系统。它是专业车场管理公司必备的工具，通过采集记录车辆出入记录、场内位置，实现车辆出入与场内车辆的动态和静态的综合管理。系统一般以射频感应卡为载体，通过感应卡记录车辆进出信息，通过管理软件完成收费账务管理、车道设备控制等功能。

② 许乃星：《智能停车场管理系统剖析》，载《汽车工业研究》，2011（9）。

## （三）频射识别

频射识别（Radio Frequency Identification，RFID）技术又称电子标签或无线射频识别，是一种广泛使用的短距离无线通信技术。目前应用的RFID系统通常包括标签、天线、微处理器、接收器和传送器，而微处理器、接收器和传送器统称为识读器[③]（见图4-27）。RFID技术允许我们利用无线电波对多个电子标签成批阅读和进行远程阅读，其意义远远超过条形码，而且

③ 李坤：《智能停车场车位检测与泊位诱导系统研究与设计》，硕士学位论文，中国科学院大学，2013。

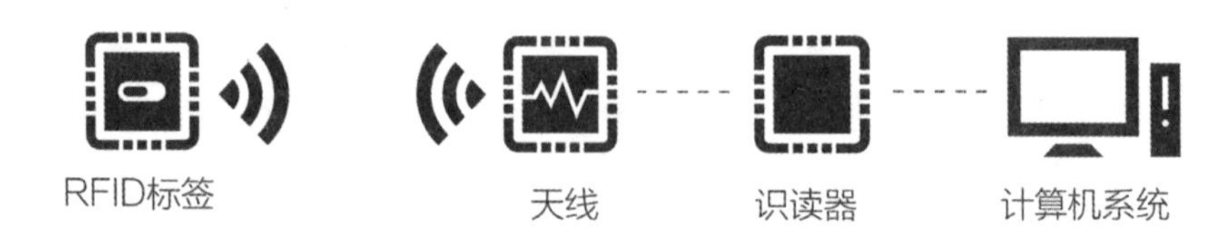


图4-27 RFID工作原理图

无须建立机械或光学接触，具有成本低、使用方便的特点。

ETC（Electronic Toll Collection）全自动电子收费又称为不停车收费。ETC系统是RFID中的一个分支，这个频段的特点是识别距离远。该系统是采用专用短程无线通信（Dedicated Short-Range Communication，DSRC）技术来完成整个收费过程的，它允许车辆在整个收费过程中保持行驶状态而不用停车。为此它需要在收费点安装路边设备（Road side Unit，RSU），在行驶车辆上安装车载设备（On board Unit，OBU），采用DSRC技术完成RSU与OBU之间的通信[①]。车载单元存有车辆的标识码和其他有关车辆属性的数据，当车辆进入RSU的识别区时，能将这些数据传送给RSU，起到车辆身份证的作用，同时，也可接受、记录由RSU发送的有关数据。

① 李远：《电子不停车收费系统（ETC）的研究与设计》，硕士学位论文，太原理工大学，2013。

路侧控制单元设备分别安装在路侧和路面上方，用于读取OBU内的车辆标识码等数据，并对数据进行预处理，然后将数据发送给数据处理单元（Processing Data Unit，PDU），也可将有关的各种数据发送给OBU，它是OBU与PDU之间的通信桥梁。数据处理单元PDU接收RSU送出的有关数据，对车辆身份进行验证并实施有关计算和控制的操作，或通过RSU给OBU发送有关数据。OBU就是放在车上用来和路边架设的RSU通讯的微波设备，车辆高速通过RSU的时候，OBU和RSU之间用微波通讯，就像非接触式卡一样，只不过距离更远（可达十几米），频率更高（5.8GHz）。通过的时候，识别真假，获得车型，计算费率，扣除通行费。经过不断的发展，OBU已经脱离了存储账号付费的限制，新型的OBU，增加了一个智能卡读写器的功能，可以插一张带有电子钱包或者储值账户的智能卡，从卡上把钱扣掉，被称为双片式，前面的只有账号的OBU就被称为单片式。

## （四）中国大城市情境

交通系统是指将先进的信息技术、数据通信传输技术、电子控制技术、计算机处理技术等应用于交通运输行业从而形成的一种信息化、智能化、社会化的新型运输系统，它使交通基础设施发挥最大效能。该技术于20世纪80

年代起源于美国，随后各国都积极寻求在这一领域的发展。

中国目前正处于从传统交通系统向智能交通系统过渡的阶段。随着经济的飞速发展，人民生活逐渐富裕，车成了各家必不可少的物品。在车辆数目飞速增加的今天，与车辆配套的道路停车泊位也成为当今时代需要关注的问题。在中国许多大城市中，道路停车泊位的数量远少于车的数量。为了满足停车问题，各个城市建立地下停车场，道路两侧也被改建为道路停车泊位。可是停车在中国大城市依然是一个极大的问题，道路停车泊位的收费问题也成了一大难题。目前中国部分城市仍是道路停车泊位收费多以人工为主。然而，人工收费乱象丛生。许多不法分子故意将免费停车位标志遮挡，自行收费，且不会对所停车辆提供任何保证。而允许收费的道路停车泊位的规划虽然由政府牵头，但实际取得经营权的是各停车管理公司。以收费标准来说，各条道路停车的经营管理公司不一样，停车收费标准也存在差异，难免让人对其收费的性质与目的产生严重质疑。而且城市道路是公共资源，应属全民所有，占用公共资源却要向停车管理公司缴纳停车费，大部分车主心不甘情不愿。加上相关法律制度的缺失，其合法性一直备受争议。

随着科技的发展，也出现了取代人工收费的机器收费——咪表。采用咪表收费是目前较为先进的泊车管理方式之一，可以替代人工收费，杜绝收费黑洞，其核心价值在于规范经营，引导车辆停车，提醒车主限时停车，减少道路占道停车时间。然而从20世纪90年代初国内开始引进咪表至今，咪表在国内水土不服的现象重复上演，命运曲折，甚至咪表设备被迫叫停。例如，1999年北京安装了近1万台咪表，但目前95%的咪表却处于闲置甚至废弃状态，武汉、上海和广州等地的咪表使用率也同样堪忧，人工收费依然是主导形式。

虽然国内在道路停车的管理和运营上的不断探索取得了一些成效但始终有些遗留的问题没有得到解决。首先，欠缺规范化，道路停车管理政出多门，各地方停车管理政策差异较大。其次，连续性有待加强。尤其是各地方停车行业主管部门负责人发生更迭带来的政策及管理方式的变化，使得政策缺乏连续性。再次，科学性有待提升，静态交通和停车场的规划与建设严重滞后，因停车难引发的社会问题时有发生。对道路属于公共资源的认知度以及限时停车法律意识宣传上力度不够，缺乏公平性，城市文明待加强。最后，收费并没有统一标准，人员聘用标准低，收费管理混乱，常有车主与收费人员发生冲突，也常常因不同地点停车位收费不同而产生纠纷。人工收费问题较多，易产生纠纷，浪费人力，且有上级者借此营利，产生腐败，是一个需要及时革新的方式。

## 二、案例详情

峤森在确认了需要的技术信息之后，开始进行案例设计。经过多方调研、讨论与思考之后，逐渐形成了自己的概念停车模式。以下是他的案例详情：

### （一）用户调研

本案例的用户调研针对有车人士就车的使用习惯进行访谈，以发现机会点。峤森认为，日常观察的现象可以作为个人发现的一个机会点，但是，这个机会点是否是正确的切入点，则需要一些验证。于是，峤森选择用户调研来寻找新的机会点以及确认自己的发现是否正确。峤森对5类人进行了访谈，总结访谈结果得出，大部分人都有道路停车泊位的需求，即使小区内有车位，出外工作及购物也需要使用道路停车泊位，而每次最大的痛点就在于缴纳费用时不方便。峤森通过调研，确认了自己的研究方向。

### （二）服务系统

峤森发现智能交通系统中，服务系统十分重要，经过多方比对与研究，峤森设计了一套服务系统作为自己设计的主系统，该系统分为线上模式和线下模式（见图4-28、图4-29）。

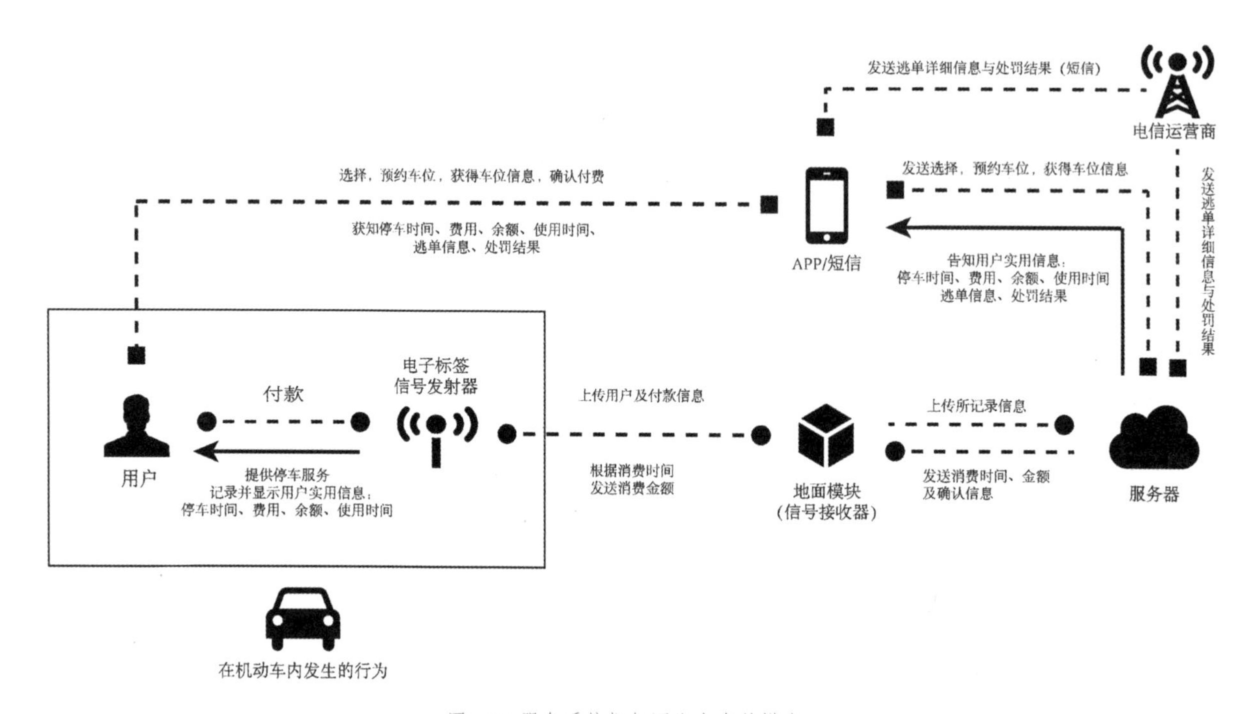


图4-28 服务系统框架图线上支付模式

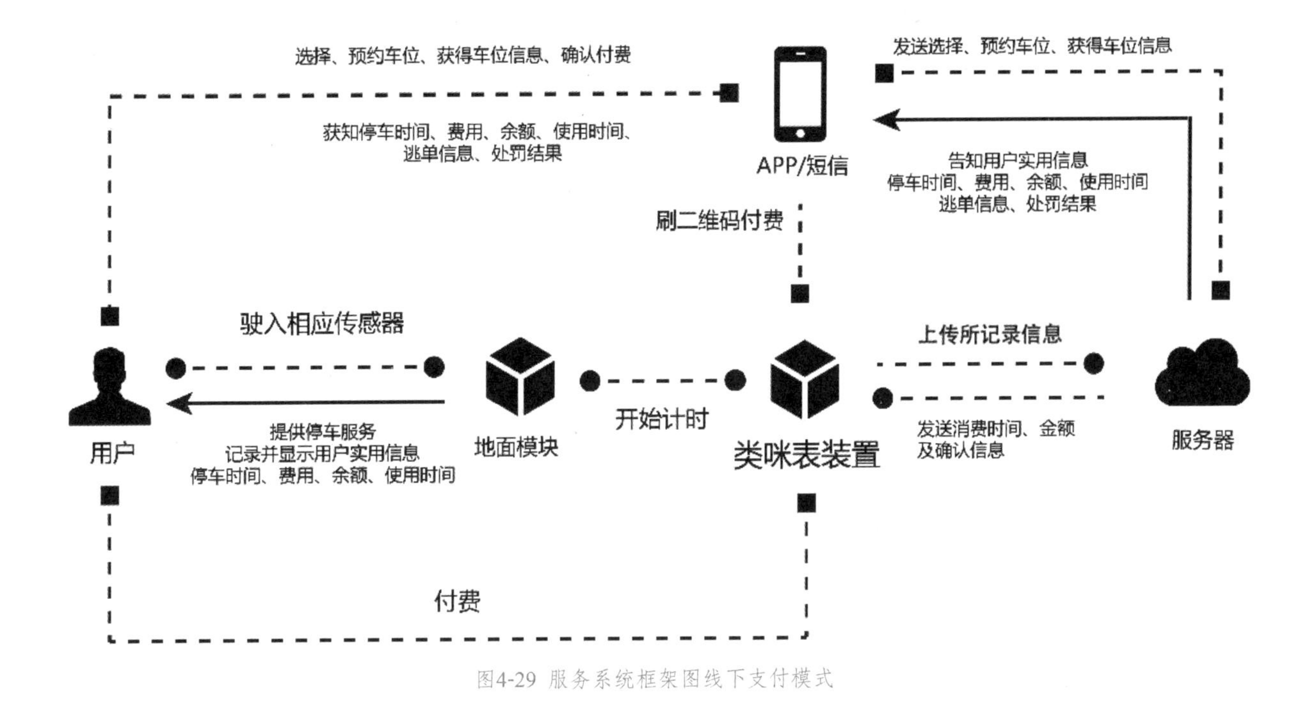


图4-29 服务系统框架图线下支付模式

线上支付模式与手机运营商合作，运营商记录详细信息，并且反馈信息。利用手机通过咪表提供的二维码进行支付宝及微信支付，线下通过投币方式进行付费。

## （三）实体设计方案

峤森认为做事情不可能一蹴而就，设计也同样。所以峤森准备了多个方案，从最初方案到最终方案，峤森进行了多次迭代。峤森以现有的咪表形式为基础，对道路停车泊位的外形、咪表的外形、系统运作方式等进行设计。

### 1. 基础方案

峤森考虑到老城区人民更习惯传统的方式，所以方案一主要以传统付费方式为基础进行设计，采用“传统咪表+车位探测器”的形式，既能满足装载了频射卡的用户实现智能划费，又可以满足传统用户投币付费的需求。传统咪表不光有投币口，还配备有磁条卡刷卡槽与芯片卡感应区以实现线下支付。

峤森设计了方案一之后认为方案一与现有的方式差距不大，且不受关注，于是峤森设计了方案二。方案二采用传统咪表与压力传感器的形式来实现线上与线下用户的及时停车及付费问题。传统咪表采用圆柱形设计，设置在车位前方，这样的设计使得咪表比较容易得到关注。圆柱上面的屏幕显示用户停车时间、金额等信息，圆柱下面为摄像头窗口。当用户将车辆前轮驶入压力传感器时，摄像头将启动。摄像头会拍摄车辆信息发送到服务器备案，同时安装有频射卡的地面系统会直接对用户进行划费操作。而没有安装频射卡的用户还需按传统投币方式进行付款。地面的压力传感器周边有黄色光带可以引导用户发现车位，提高用户的停车效率。

无论方案一还是方案二，峤森觉得产品体积都偏大，于是进一步设计了方案三的设计。方案三采用三个实体端来实现对车辆的计时、支付与监管。并且使用了灯箱，十分显眼。每个灯箱设置在每一个车位的右上方，其工作原理与前两个方案相同。但付费需要到中控咪表（可以与方案一、二的传统咪表相结合，本方案设计图中未画出）上进行线下付费。灯箱的显示颜色与方案一中的规则相同。

完成了三款设计（见图4-30）后，峤森，对科技感十足的设计产生了兴趣，同时，他觉得显著的限制车位可以更好地帮助用户停车，而不是让技术不好的车主一辆车霸占两个车位，于是他进行了方案四的设计。方案四的工作原理与方案二相同。本方案采用更直观的使用方式，为用户带来与传统咪表不同的操作方式。使用压力传感器，其周围的光带可以为用户提供车位引导。而可升降的屏幕与摄像头可以根据用户车型自动调节高度，准确获取车辆相关信息。

在经过四个方案的探索之后，峤森对于空间的关注程度增加，他想，如果咪表较少占用路面空间，可以带来很多方便，由此设计了方案五。方案五的工作原理与方案二相同。本方案中可升降咪表可以节省路面空间，而且设计在路面上，可以为用户返回付费时提供更方便的体验（不用跑到路边缴费）。同时将咪表安排在路面可以更好地对车辆牌照进行拍照取证。

在节省空间、显著限制车位的多方要求下，峤森经由前几个方案的磨砺，提出方案六。方案六的工作原理与方案三相似（一对多控制）。本方案的特点

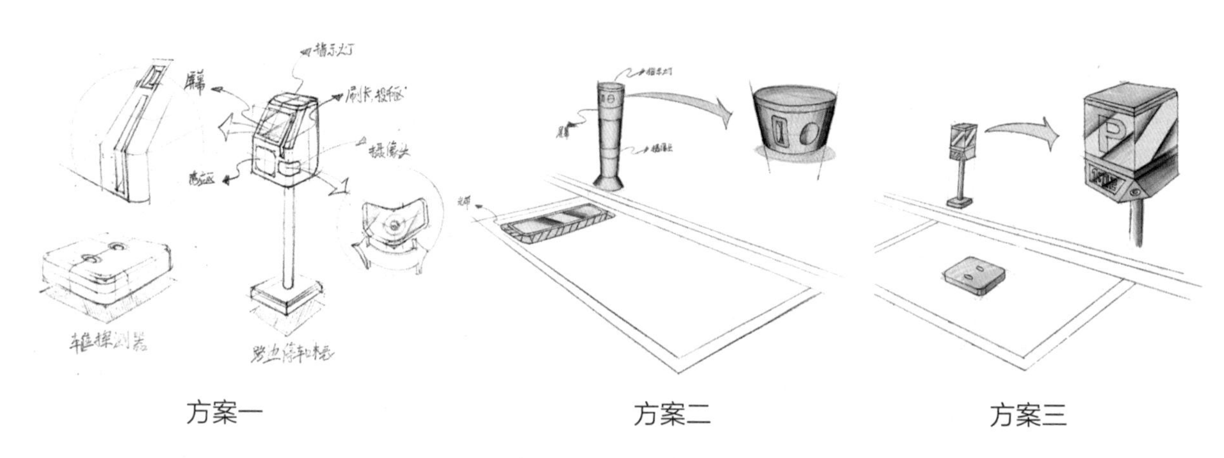


图4-30 方案一、方案二、方案三设计图

是操作简单，容易实现且成本低。但需要对车位进行相应扩大来使机动车灵活进入车位。本方案中的架杆式传感器为“摄像头+红外传感器”。该传感器与地面架杆分别独立并且可以拆卸。用户只需将机动车停入车位，传感器就会开始工作，采集信息、计时（中控咪表与方案一、方案二传统咪表类似，故未画出，见图4-31）。

2. 最终方案

最终方案在服务系统设计思路上分为线上与线下两种收费模式。产品的最终方案回归了“传统的停车收费牌+咪表”的产品形态。峤森认为，虽然咪表节省空间是一个好的方式，但过于隐蔽则会导致很多用户不知道如何付款，从而减少了其使用的意义。传统的停车收费牌能够给用户直观的感受。新设计的咪表与停车收费牌结合的方式将内容与功能有效结合，方便车主缴费。

在线上付费模式中，方案采用了一个“中控停车咪表+N个地面传感器”构成该服务系统中的线上设计模块。用户可以在车内通过信号发射器（辅助设计）以及RFID频射卡向车外的地面信号接收器发射信号来完成付费操作，实现停车的智能收费，为用户提供全新的停车体验。

在线下付费模式中，没有安装信号发射装置的用户则还需要通过传统投币或刷卡的方式进行付费。

（1）中控咪表

中控咪表设计草图如图4-32、图4-33所示，最终渲染的效果图，如图4-34所示，采用耀眼的明黄色吸引客户的注意，让车主迅速找到停车场位置。停车收费的标准值十分明显，让人们可以直观地了解到当前道路泊位停车的信息（如车位剩余、收费标准等），也能迅速找到缴费地点。同时，由于其直观的信息内容，车主能够迅速了解到自己停车多长时间，该停车场收费标准，

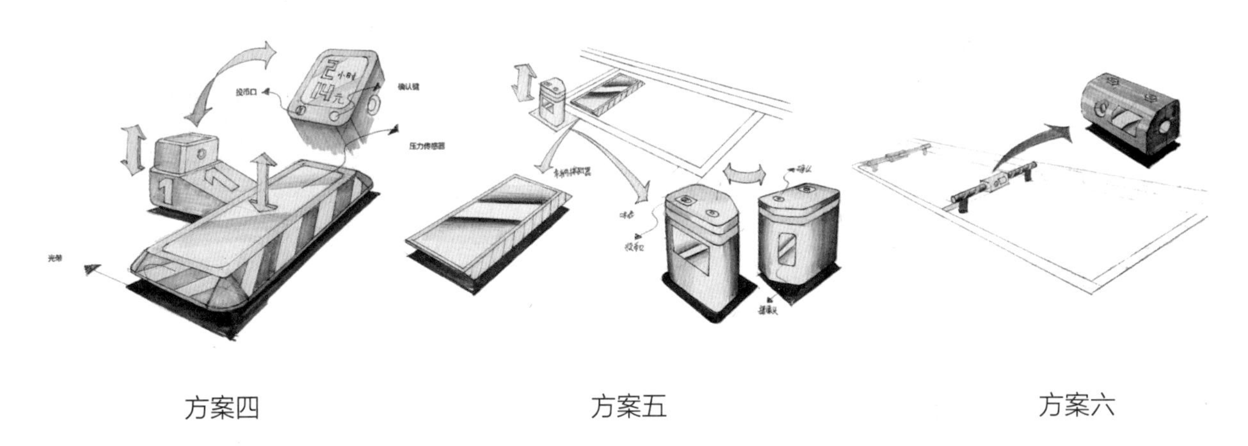


图4-31 方案四、五、六设计图

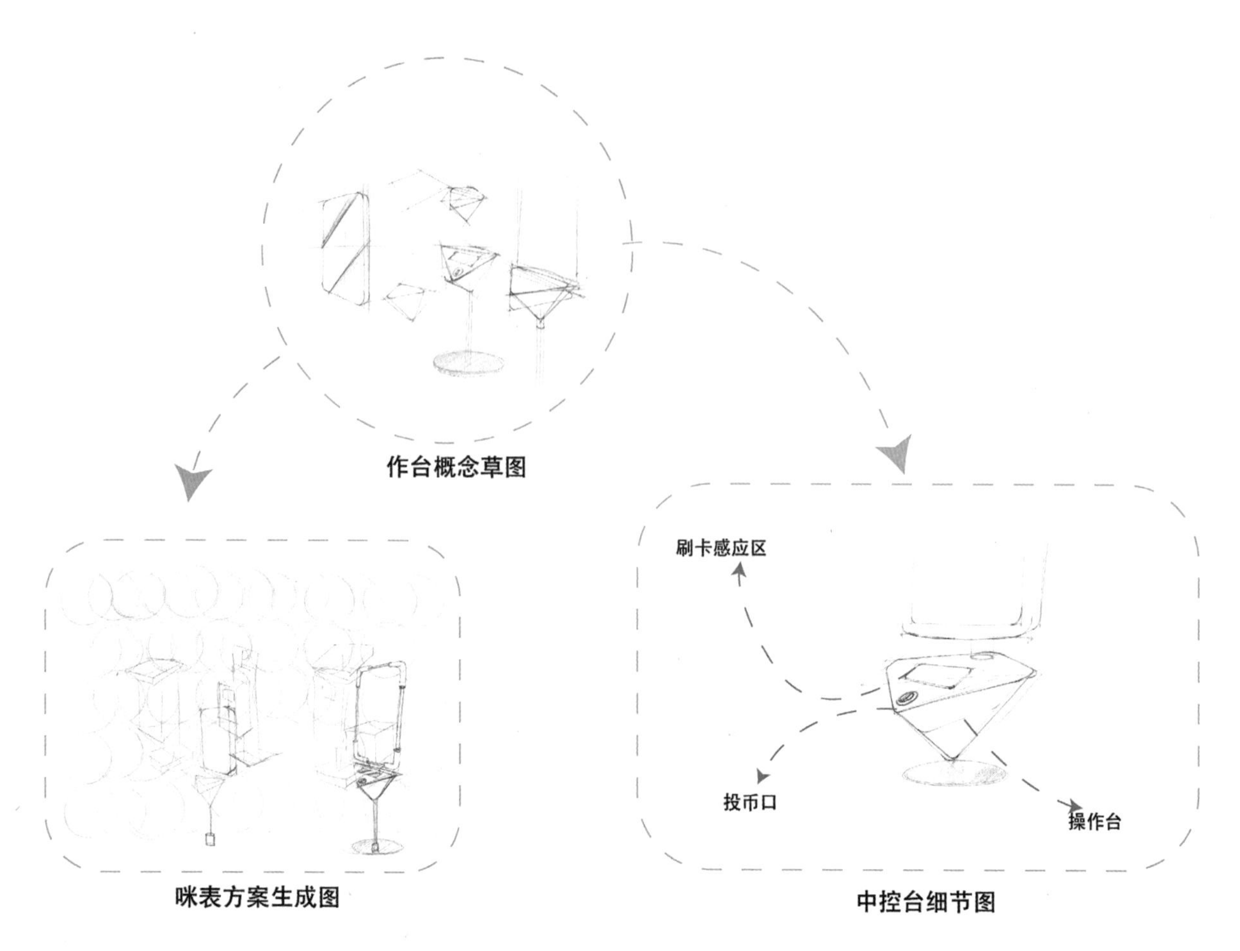


图4-32 中控咪表设计图一

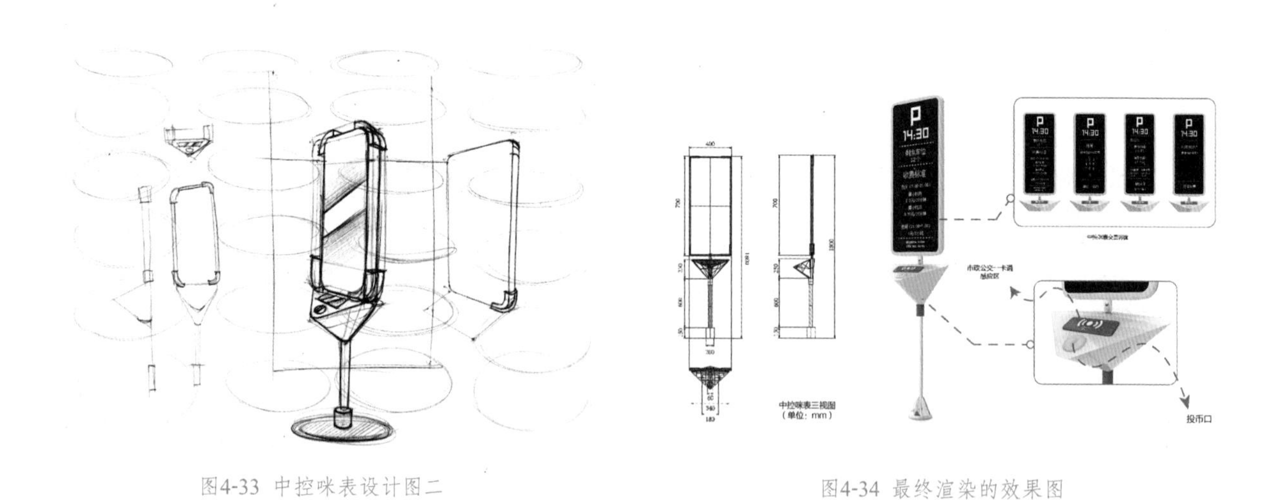


图4-33 中控咪表设计图二

图4-34 最终渲染的效果图

车主需要缴费多少，不会因信息不明确而发生问题。同时，该款咪表收费方式简洁明了，无论是投币区域或是划卡区域都采用通用标志，这减少了车主重新学习新设备的时间。

（2）地面传感器

小型的地面传感器既不影响车辆的正常行驶，也能及时正确地收集信息。显眼的黄黑交接的颜色方便车主找到车位，进行停放（见图4-35）。

（3）信号发射器

车内信号发射器设计时尚，在满足车主的炫耀之心的同时也完成了相应的功能。整体设计操作简单，仅开关一个按键，方便车主使用。与旧式的信号发射器相比，外形时尚，方便取用。用户可以关闭开关或将射频卡取出，防止盗刷（见图4-36）。

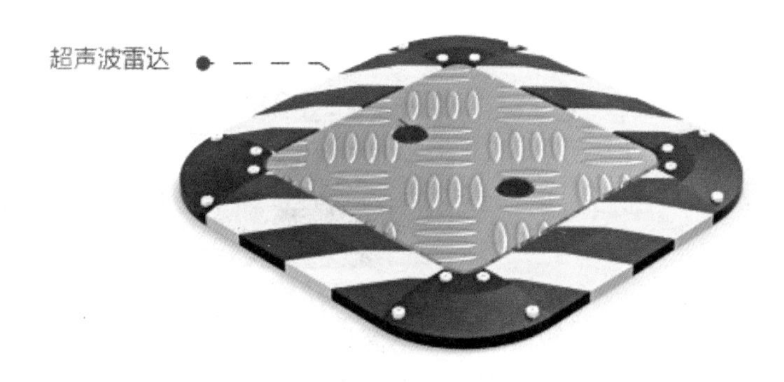


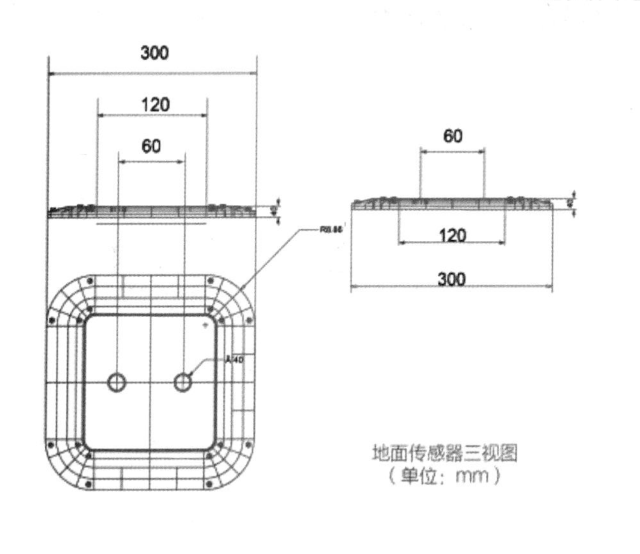

图4-35 手机软件关键页面设计图

车载信号发射器

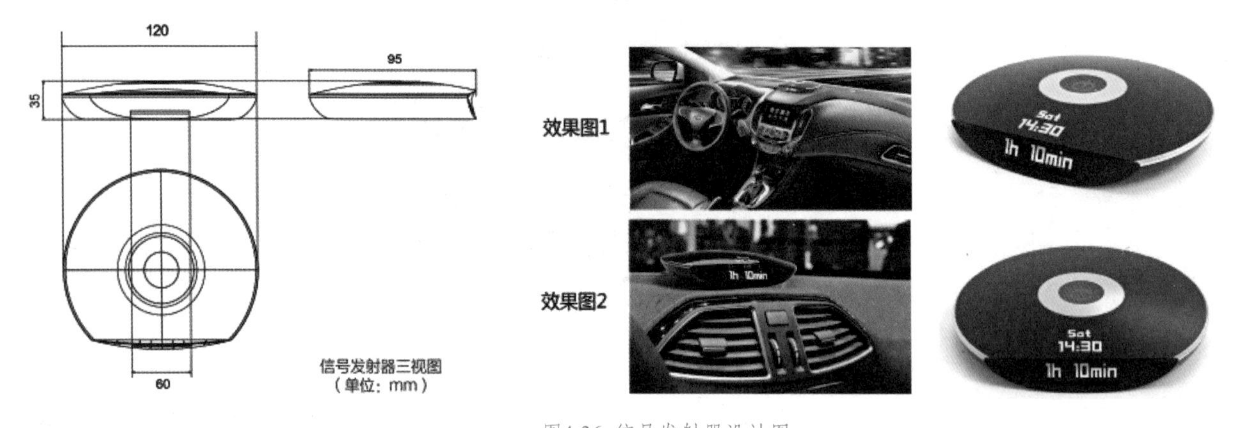


图4-36 信号发射器设计图

（4）手机软件界面

在网络发达的今天，手机已经成了人们的必需品。人们习惯使用各种手机软件来辅助自己的生活和工作。峤森考虑多数用户使用习惯和数据收集的需求，也为了更好地进行车位共享，设计了手机应用软件，见图4-37。通过软件可以方便地查看停车场位置、车位的数量等信息。用户可以直接使用导航直达停车位，也可以在手机软件上查看各个停车场剩余的车位，及时调整行程，保证自己的车可以安全停靠。同时通过手机软件，用户可以监测自己付费的账户。绑定之后，用户也可以使用手机软件找到已经停放好的自己的车，而不是在长长的马路上，一脸茫然地挨个看车牌号。

登录界面

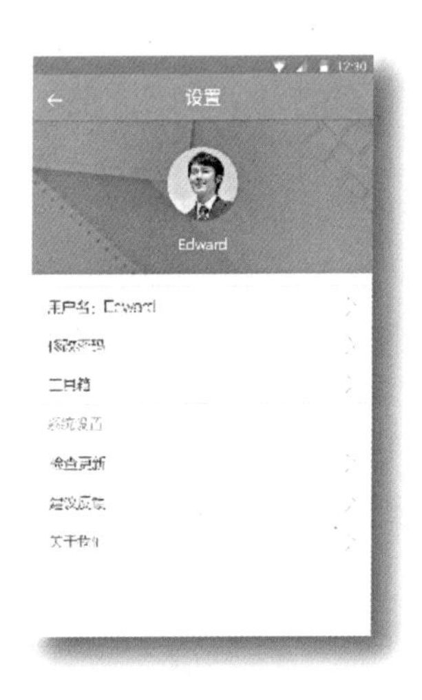


用户中心

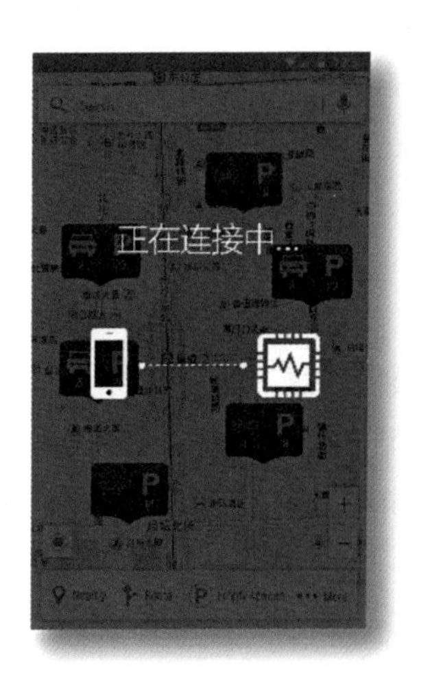


链接界面

支付界面

图4-37 手机软件关键页面设计图

## 三、应用指南

峤森的课题是以改善现有道路停车泊位共享方式为出发点，从峤森的设计方案的迭代过程中可以明显地看出，峤森从最初的只针对一个方面进行改善，逐渐到将多个影响因素相结合进行设计。

### （一）针对智能交通从业者的建议

研究过程不仅要加入最新的科学技术，也要进行用户调研，多次迭代以适应用户需求。这样可以有效延长交通设备的使用时间。

### （二）针对教育工作者和学生的建议

教育工作者可以从峤森发现问题的方式中获得启发。对于学生的教育不仅在于知识的传递，更重要的是要培养学生善于发现问题的能力。峤森不仅认真学习，同时喜爱观察周围的事物。许多学生表示自己也会观察，但是发现不了问题。由此可以看出，教师不仅要提出让学生观察的要求，同时也要教授他们观察的方法，以及发现问题的方法。共享经济的方式适用于多个领域，教育工作者也可以考虑共享知识以及自己的教学方式，以拓展知识传递的范围。

对于学生，可以考虑共享经济的形式变化，本文的道路泊位停车共享只是其中的一种方式，还可用其他方式解决问题，如叠加式车位、车位车道变换等，也可以鼓励学生就本案例中车位共享提出更多的解决方案，如私人车位的共享方式、停车场交换共享等。

### （三）针对研究员的建议

本案例研究的多种车位共享的装置设备设计，对于停车收费问题拥有多种形式的解决方法。研究员可以就此进行深入研究，对车位共享所使用的各项技术进行改善。峤森对咪表的表现形式、实用性进行了改进设计。研究员可以更新技术，后续甚至可以通过三维投影的方式引导车辆，提示收费，这样既不占用道路面积，也能生动地向车主提供服务。研究员也可以考虑从新的角度切入道路停车泊位的问题，如多层泊车位、时间段交换等。可控的时间段可以有效地调节车辆的停放地点与时间等。

## 案例使用说明

道路停车泊位的研究是对共享经济和智能交通结合的应用性研究。峤森的研究考虑了共享经济的发展趋式，针对智能交通中道路停车泊位的要点进行用户调研，结合用户体验要素进行设计。峤森以智能交通为出发点，结合共享经济，分析用户痛点，并对道路停车泊位问题及其衍生问题进行研究。在发现问题之后，根据问题进行用户调研，确认切入点。然后针对用户痛点进行解决方案的设计。设计方案经过多次迭代后确认最终方案。

**关键词：**智能交通　共享经济　智能停车服务

**教学目的与用途**

◎ 本案例适用于与共享经济应用相关的课题。
◎ 本案例的目的是向在共享经济领域服务设计方面的从业人员提供参考。

**启发思考题**

◎ 针对共享经济，其发展的基础是什么？
◎ 本案例是使用什么方法从共享经济和智能交通的结合中发现问题的？
◎ 本文共进行过几次迭代，每次迭代的改进点在何处？
◎ 本案例中，最终方案主要分为几个部分，形成了怎样的系统？
◎ 除了智能交通外，共享经济还可以与什么方向进行结合？

# 第五节　一步一步，迭代中起飞

——迭代式工作流

“现在都21世纪了，有什么不可能？”猴哥常常把这句话挂在嘴边教导祥子。

祥子是一个典型的90后，善于发现新事物，喜欢尝试各种新鲜事物，接触设计已经一年多了。猴哥是一位办事严谨、力求完美的设计师。在交互设计领域，猴哥是屈指可数的优秀交互设计师之一，同时也是一名杰出的交互设计教育者，是祥子的交互设计启蒙老师。

祥子接触设计的一年多以来，有过不少思考。从老师在黑板上的板书到现在快速发展的科技化教学，从弹玻璃珠、跳皮筋等游戏到现在的体感交互游戏和虚拟现实游戏，从补习班上课到现在发达的远程教育……，如何设计才能跟上时代的潮流？

在课上，猴哥常常跟祥子和班上的同学分享自己以前的设计故事。猴哥告诉同学们，以前的设计对象与现在的设计对象有了很大的变化，以前的设计对象主要是实体物品，如水壶、餐具等。想当年，猴哥为了设计一个水杯，几乎看遍了老北京所有大大小小卖水杯的商店。

猴哥告诉同学们，以前设计时使用的是较传统的设计工作流程，是线型工作流程。而现在，移动智能终端、物联网在社会生活中的广泛应用与渗透促进了生活方式的改变，人们能够随时随地地从互联网获取信息和服务。这不仅给个人以及社会提供了很多方便，同时也对创新设计提出了更高的要求。目前的服务行业、产品开发以及系统创新设计需要越来越多的科技注入，以便以自然的方式使产品与用户进行交互。因此，现代设计应注重多学科的融合，注重交互中的用户体验。在设计中，我们需要更多的迭代与更新，传统的线型工作流程已经不能满足设计师们的需求，取而代之的将是迭代式工作流程。

猴哥有多年的交互设计实践和教学经历，通过多年的实践和不断地修改旧有的设计工作流程，最终探索出了迭代交互式工作流程。

# 一、行业背景

人是产品或者服务交互的对象，因此，交互设计是一种以人为本的设计。我们基于基本的交互设计流程，为了提高设计的品质以及用户体验，在设计中不断修改和调整方案，逐渐形成了迭代式交互设计流程。

## （一）交互设计

“交互”一词是猴哥在产品设计中非常重视的。

如今，科技时时刻刻环绕在我们身边，如刷微博、微信聊天或者公交车刷卡等，我们在不知不觉中与产品或者服务发生了交互，在使用过程中的感受就是一种互动体验。随着信息科技的高速发展，各种新产品交互方式如雨后春笋般涌现，人们也越来越注重交互的体验。基于这种新情况，设计学、计算机科学等学科融合在一起形成一门新的学科——交互设计，设计最合适的人机交互方式。交互设计从产品功能和可用性角度出发，不断朝着体验、情感、触知、服务的方向发展。

交互设计是一门实践性很强的学科。与传统的设计领域相比，交互设计与社会科学技术的发展联系更加密切。比如，这几年迅速发展的体感技术、触控技术和人脸识别技术等，都为交互设计的发展提供了非常大的空间。在进行产品交互设计的过程中，技术常常作为媒介。

总的来说，交互设计是通过产品的功能特点、使用过程等方面的探究来增强用户体验，也是一个设定和规划人造系统行为的设计领域。而人造系统，可以指软件、移动设备、人造环境、服务、可穿戴设备以及系统的组织结构等，帮助设计师了解目标用户的心理与行为特点，探究用户使用产品的期望后，建立有效的人机交互关系。传统型的设计工作流程是直线型工作流程，包括情境调研、概念设计和设计实现三个主要的环节。设计师通过情境调研，找出用户的痛点与需求点，再以用户为中心进行探索，找出用户的痛点与需求点并进行概念设计，最终实现产品设计。这三个主要环节是一种承前接后的关系（见图4-38）。

但是，对于设计师来说，创建一个新的产品、服务或者技术的组合是非常困难的，而迭代设计交互流程可以有效应对这样的情况。

## （二）迭代式设计

“很好，继续迭代吧！”祥子把刚整理完的低保真模型的用户反馈递给猴哥看，猴哥看过之后常常会说这样一句话。

“设计并不是一件简单的差事，一件优秀的设计作品，往往要禁得住多次审查与考验，所以，设计需要围绕迭代式设计思维开展。”猴哥语重心

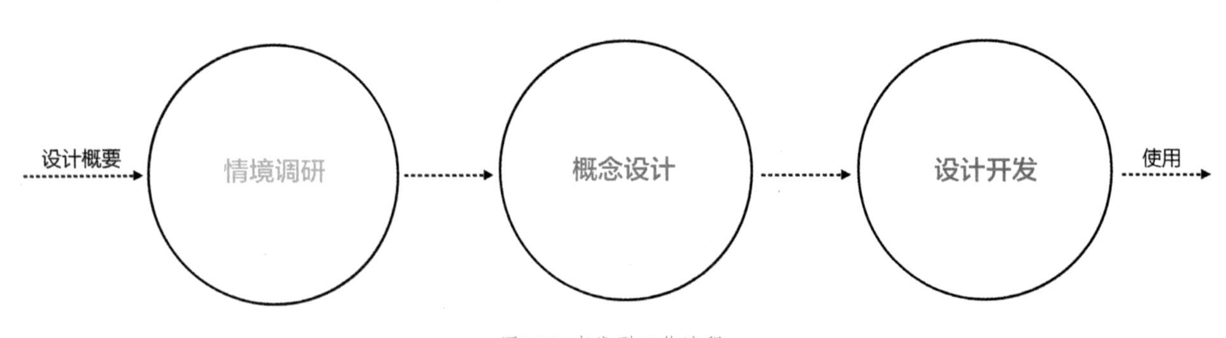


图4-38 直线型工作流程

长地对祥子说。猴哥在丰富的项目经验以及扎实的理论基础中不断进行总结和反思，将较为传统的直线型设计流程首尾相接，最终得到了迭代式交互设计的基本流程（见图4-39）。

迭代是一个重复的过程，即通过不断接收反馈，改进产品设计的过程。每一次对过程的重复都被称为一次迭代，每一次迭代所得到的结果将会作为下一次迭代的开端。设计师可以从循环中的任何一个步骤开始迭代，迭代的过程可以发生在任意两个或三个基本环节之中。在得到最初的产品原型之后，进行产品的用户测试，得到用户与原型交互过程中的体验反馈，优化设计。迭代过程中，还需要不断进行情境调研和用户调研，深入了解用户痛点与需求点。

## 二、主题介绍

工作流程是设计师进行设计时所展开的基本步骤，我们在了解了迭代式设计的方法与流程后，又该怎么应用到具体的实际案例中呢？

### （一）迭代设计方法与流程

迭代式交互设计的基本工作流程的模型在上一部分已经做了阐述，具体的步骤为：①确定设计目标和可用性目标；②进行目标用户调研；③分析调研数据，制定设计准则；④完成概念设计，文字、图片、草图、故事版和产品原型等；⑤进行设计评估（可再次请步骤②中的用户介入）；⑥改进概念设计，完成最终设计，如文档（论文）、故事版、产品原型等；⑦重复步骤；⑧完善设计方案。

在上述基本的迭代过程的基础上，猴哥在一项交互设计的项目实践中提出原型驱动式的迭代设计流程（见图4-40）。

原型驱动是指在概念设计的初期就进行原型的制作，并在产品概念迭代的同时进行交互原型的迭代。外围的3个圆圈分别代表情境调研、概念设计、设计开发这3个基本步骤。实体交互原型作为整个迭代过程的驱动力，推动设计流程在3个步骤中的迭代。设计师邀请目标用户体验产品原型，

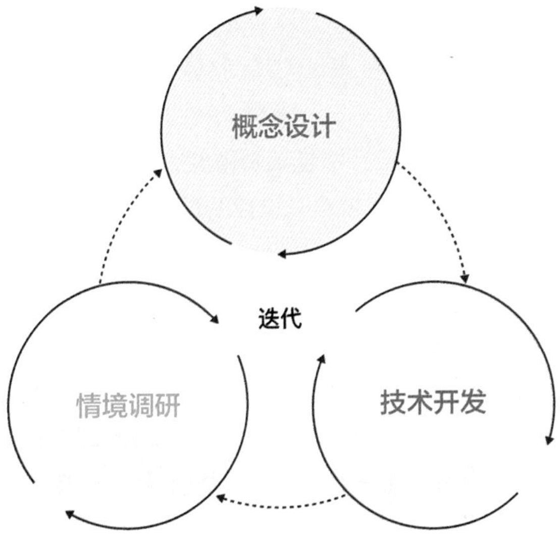

图4-39 迭代式交互设计工作流程

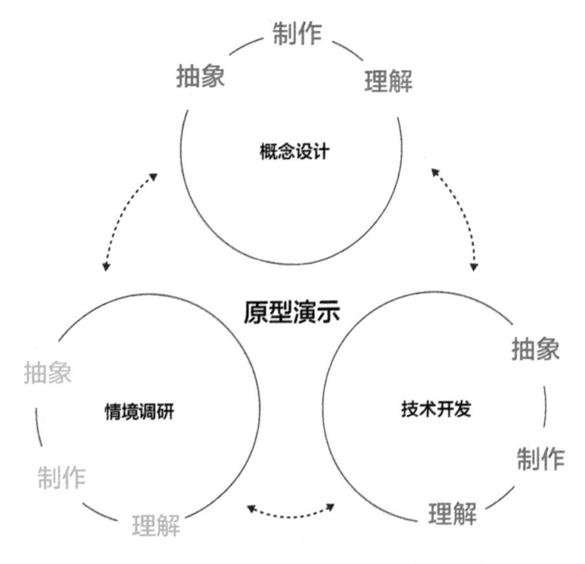


图4-40 原型驱动的迭代型交互设计工作流程

① 刘伟、李华、赵菁等：《迭式体感交互设计方法的应用研究》，载《包装工程》，2015（22）。

对体感交互过程进行观察并收集用户的反馈信息。设计师根据反馈信息寻找设计方案的改进方向，进行更深入具体的情境探访与用户调研，引导设计流程进入下一次的迭代①。

### （二）研究目标与研究问题

本次案例研究选自猴哥在中国和荷兰进行的两个交互设计课程和工作坊，旨在向大家展示高度迭代的项目案例，项目的主题是“引导用户节约能源的办公室交互设备”。在此项目中，猴哥引导学生将迭代式交互设计的基本流程和原型驱动式的迭代设计流程应用到有形交互设备的设计当中。另外，向大家分享荷兰和中国两个设计学院的交互设计课程和工作坊过程以及经验。最后，在案例研究中进行反思和总结，找出迭代式交互设计方法和流程中需要改进的地方，以及提出迭代式交互设计方法的应用建议。

### （三）研究方法

本次选用的迭代式交互设计案例是在中国某大学设计学院的交互设计工作坊和荷兰一所大学的交互设计技术（Interactive Technology Design，ITD）课程中展开的。这些工作坊及课程意在引导设计师运用迭代式交互设计流程与方法，在特定情境下，对未来交互设计产品进行调研、设计、开发与评估。他们通过调研发现目标用户群体的痛点和需求，找到设计切入点，形成一定设计方案，整合开源，体验设计，最终完成高保真交互原型。在此设计活动中，学生有效掌握并运用迭代式交互设计的基本流程和原型驱动的迭代型交互设计工作流程，以快速地完善设计方案。

## 三、案例详情

迭代式交互设计工作流程在现代交互设计中越来越重要，本次案例展示了中国交互设计工作坊和荷兰ITD课程的迭代式交互设计的过程。

### （一）项目设置

在这里，我们看猴哥进行的三个实际的项目实践案例。其中，两个为中国项目的案例，一个为荷兰项目的案例。

两个中国项目的案例是在中国的大学举办的，是一个为期10天的交互设计工作坊，设计的主题为“引导用户节约能源的办公室交互设备”。工作坊共有来自中国的50名参与者，分成10组，其中包括设计学院、工程学院的大学生以及教师。然而，在这个案例中的学生拥有很少的交互设计经验。我们从中选取两个组作为案例进行展示。

在交互设计工作坊中，猴哥引导学生进行三个主要的迭代。第一次迭代的目的是提供一个产品设计概念，第二次迭代是以制作原型和产品交互视频为目的，第三次迭代的产出是形成最终的原型，展示产品视频，描述设计过程，制作海报以及进行演讲。

每个小组被分到不同的情绪词汇（如开心、悲伤、愤怒等），每组设计师要为其设计的产品赋予特定的情绪。在完成实地调研和头脑风暴后，各组确定了设计想法，开始进行迭代设计，即不断地进行情境分析、概念设计与设计开发的交替，不断迭代并完善设计方案。在设计过程中，设计师运用迭代式交互设计的基本流程和原型驱动的迭代型交互设计方法，以Arduino开发平台与Seeed开源智能硬件为技术支撑，通过多次迭代后，制作最终的视频故事以及产品原型。

第三个实际的项目实践案例是在荷兰一所大学的ITD课程当中展开的，授课对象是荷兰这所工业设计学院研究生一年级的学生，有108名学生参加课程。猴哥将所有学生分成小组，每组4～5人。在“引导用户节约能源的办公室交互设备”主题下每个小组将分到不同的使用情境，包括双人办公室、开放办公室、工作室空间以及大型会议室。ITD课程中的学生已经具有交互设计以及工程设计等知识基础，但是几乎不会使用探索性方式进行交互设计，很少使用交互技术制作原型。

ITD课程案例遵循5个主要的迭代过程，分别是“粗略迭代”“独立迭代”“攻克难关”“用户测试”和“整合阶段”。粗略迭代过程是指让学生将观察的目标转化为简单的代码，以原型的方式展示出设计的概念。这项练习的目的是让学生熟悉探索性技术的使用，并学会如何快速产出原型。独立迭代过程要求学生产出设计概念，并且构建原型。攻克难关环节是指修改和继续开发原型中的设计概念。用户测试过程中，学生需要准备详细的用户测试方案，并实施用户测试，对用户的交互体验反馈进行总结与分析。整合阶段中，学生需要进行最终的用户测试，整合用户反馈，改进产品原型，形成最终原型。

在项目进行期间，猴哥鼓励学生在团队中担任不同的角色。猴哥在课程当中不仅强调提高学生的产品概念化、工程设计、构建原型等知识，而且重视学生沟通和管理技能的提升。另外，猴哥非常鼓励学生在私人博客中发布自己项目的进展，学生还必须在每个工作日结束后提交迭代进度卡（迭代进度卡是一种设计师用于记录产品设计进度和阶段性成果的汇报工具）。在此项目进行期间，猴哥通过迭代进度卡对学生进行监督，了解学生具体的设计进程，并提供有效的指导。

## （二）“引导用户节约能源的办公室交互设备”主题简介

“引导用户节约能源的办公室交互设备”的项目主题是猴哥受到国家科研项目的启发想到的。在中国交互设计工作坊中，这个主题称作“节能引导”；在荷兰ITD课程中，这个主题被称作“能量反馈对象”（Energy feedback objects）。两个案例要求参与者设计一个可以引导办公室员工节约能源的交互设备，设计的出发点是在不减少对办公室环境的控制下，强调办公室环境的舒适与节能，也就是说，不能进行自动化设备的设计。设计产品的目的是提高办公室员工节约能源的意识。

## （三）具体步骤与方法

在这三个案例中，设计过程通过提交迭代进度卡、交付成果等方式进行监视。项目成果的产出包括简洁的文字描述、故事版、交互产品的视频、技术文档、过程图片和产品指导方案。项目评估的标准包括比较所有项目的进度卡、时间表匹配和其他相关的观察资料。

## （四）中国交互设计工作坊的Quietalk案例

以下选取的是中国的交互设计工作坊中一个被分到“移情”情感交互风格设计小组的案例。小组设计的产品名称为Quietalk。Quietalk设定了三个使用情境，分别为吃饭、空调温度调节以及休闲娱乐，并且基于Arduino平台实现了情境选择、投票计数等功能。办公室员工可以通过Quietalk交互设备，选择一定的情境发起匿名投票，以表达内心真实想法，从而增强员工之间、员工与老板之间的沟通与交流。

首先，该组进行了初次情境调研。设计师通过对办公室环境的观察以及对员工工作情境和行为的调研，并结合“办公室节能”这一主题，提出了一些常见的问题，如离开办公室的时候忘记关灯和关电脑、打印的时候浪费纸张、空调温度过低等。此外，设计师们还观察到用户经常因为不能自由表达出自己的意愿而造成办公室氛围尴尬的情境。经过分析和总结，设计师们从办公室员工的沟通、娱乐、环境、感官等需求进行延伸，制作情境调查结果总结图（见图4-41），随后进行头脑风暴。

在头脑风暴中，组员根据在情境调研中的调研结果，围绕“移情”的情感主题，在便利贴上

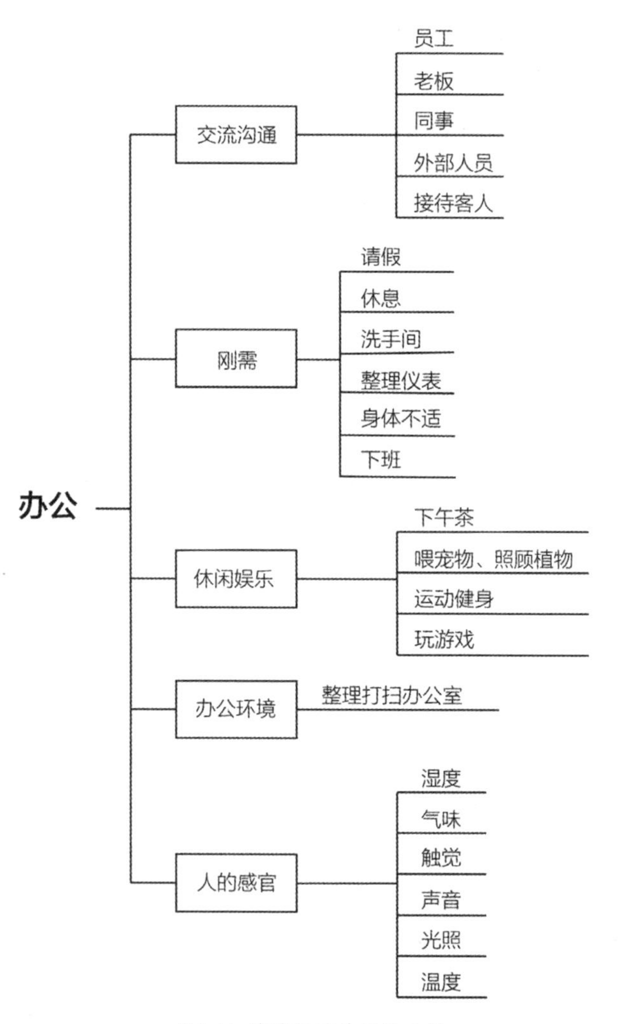


图4-41 情境调研结果总结图

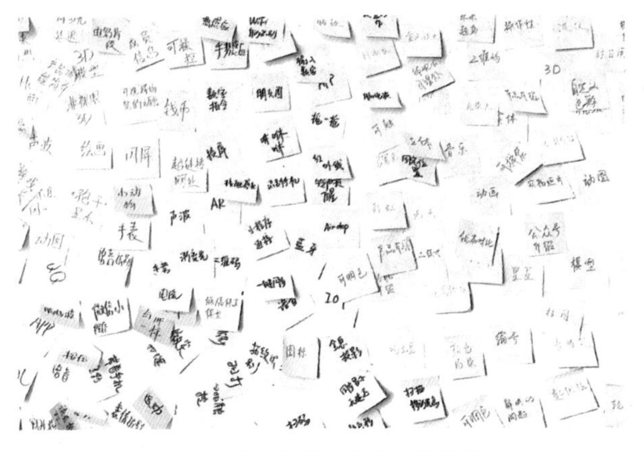

图4-42 利用便利贴头进行脑风暴

表达自己的想法（见图4-42）。

组员们“头脑风暴”后，对原本的方案进行了总结和调整，筛选出了四个研究方向，并且通过简单的文字和故事版（见图4-43）对用户情境和痛点进行描述。

情境1：冗长的回忆往往是令人厌烦的，当老板滔滔不绝地介绍公司愿景时，下面的员工可能早已疲惫，但碍于面子，员工不好意思向老板直接提出休息的请求。用户（包括老板和员工双方）希望通过某种交互方式进行意愿的沟通。

情境2：员工工作了一天十分劳累，但偏偏在自己休息的时候老板来视察工作，老板可能会认为员工偷懒。员工希望让老板了解自己的工作状态，避免出现误会。

情境3：员工们在会议室开会时，由于门口没有特殊提示，一些无关人员可能中途闯入，打扰会议的进行。员工们希望避免这种情况的发生。

情境4：在公共区域，一些员工离开后不会主动关掉相应的灯，造成能源的浪费。

接下来将进行初步概念设计和故事板绘制（见图4-44）。在反复的调研和分析总结后，该组设计师决定使用第一个情境，并设计出了桌面投票器，一种类似于气球的装置，当员工在会议中感到疲惫时，可以启动装置让气球放气，使得老板得知有多少人需要休息。如果老板认为会议内容非常重要，不适合暂停，可以通过手中的装置为气球充气，以此表达彼此的意愿。

图4-43 筛选后的四个场景的故事版

图4-44 最初故事板

图4-45 快速原型

随后，设计师们利用Arduino平台与智能硬件制作快速原型（见图4-45），展示产品的基本功能。此原型由两部分组成，一部分是由两个气球组成的装置，另一个部分是用按键控制舵机转动的后台部分。

快速原型制作好之后，设计师们选择目标用户进行用户测试，并进行第二次情境调研迭代。在用户反馈中，有用户反映，老板在使用这款装置中会产生尴尬，有部分用户反映不需要这款装置，因为允许有急事的员工随时离开会议。因此，设计师对用户情境进行了改进，改为“员工下班或休息时不好意思在会议中提前离开”，并且保留“投票器”的方案。该产品设计的目的在于让员工了解彼此的意愿。针对此情境，设计师们进行了用户访谈，结果发现，员工下班或休息时不好意思在会议中离开确实是一个普遍性的问题，员工和老板都不能有效地表达自己的意愿。

经过再次的情境调研总结与分析，设计师们对故事板进行了改进。在新的概念设计中，去除了气球的装置，改成了附在桌面上的按钮装置。此装置中除了有“下班后是否回家”“是否离开去吃午饭”和“是否进行休息娱乐活动”的选项，还有“空调温度是否过低/高”等功能选项。用户可以通过在装置中选择相应的情境，并且发起投票，向老板表达自己的意愿。随后，设计师们进行了产品原型的第二次制作。至此，设计师们完成了一个完整的迭代过程。

### （五）中国交互设计工作坊的Tired Lamp案例

Tired Lamp是中国的交互设计工作坊中一个被分到“悲伤”情感交互风格设计小组方案。Tired Lamp是为经常久坐的办公人员设计的具备提醒功能的吊灯。当员工持续工作3小时以上，吊灯会缓慢地下降、闪烁以提醒久坐的员工进行短暂的休息。如果此时员工需要继续工作，可以轻轻抚摸吊灯，吊灯就会重新上升并提高亮度，继续工作。

在初次情境调研中，该组设计师参观并观察了办公室的环境、办公室员工的行为习惯并进行了办公室员工访谈等。经过头脑风暴，设计师决定将“办公室久坐”作为具体情境，设计一款灯具用于引导久坐的员工适时休息。产品设计的目的在于提高办公室员工的能源消耗意识。产品设计的概念是当灯具使用时间过长时，灯就会变得悲伤，但是可以被用户“安慰”并继续为用户提供照明。由于交互设计的主题围绕“悲伤”这一情绪，该组就想到了哭泣、安抚等元素。最初的方案是用灯光在办公桌上投射出哭脸来提醒员工工作时间过长，灯和身体都已经疲惫，需要进行短暂的休息。设计师迅速制作了最初的故事版和原型（见图4-46），并邀请目标用户进行体验，探索这个想法的可行性。有用户反馈在体验过程中，灯光提醒的效果并不明显，而且人与灯之间的交互过于简单。

因此，该组进行了第二次迭代。设计师再次进行了办公室情境分析与头脑风暴，并且不断根据其他同学和导师的反馈对原型设计进行调整。设计师们将灯具调整为使用缩小、紧闭、下沉作为表现“悲伤”的方式，并使用安抚的动作实现人与灯的交互。因此，灯具的造型设计为一朵花，

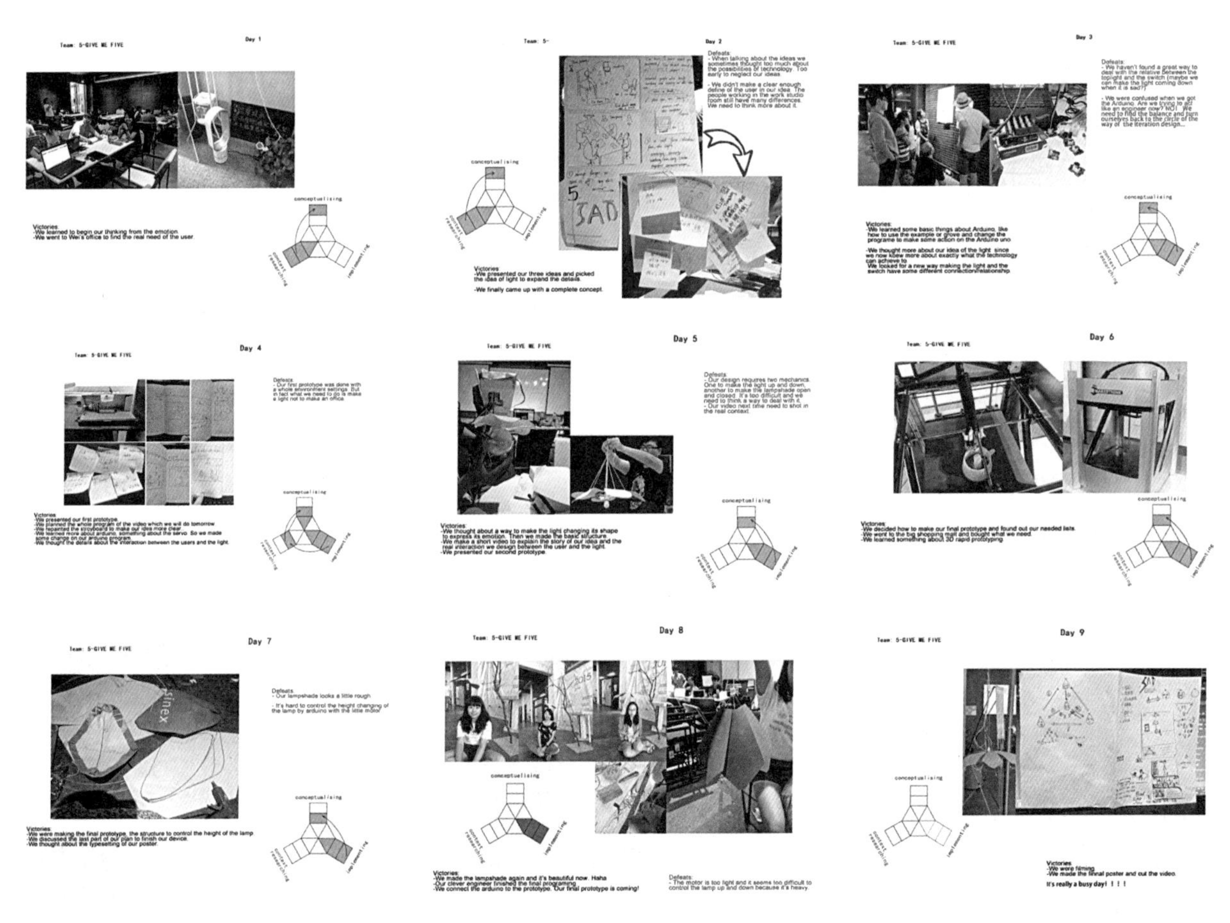


图4-46 最初的Tired Lamp原型

采取花瓣开和闭的形式。接下来，设计师们开始探索制作灯的各种机制和材料。最终，他们使用了制作伞的原理，并且加入定时、上升、下降等功能。通过非正式的用户测试，设计师们意识到这样的运动可以增强交互式的用户体验。

根据迭代后的概念设计，设计师制作了第二版产品原型。在第二版产品原型中，设计师选择在花瓣中嵌入电容式传感器使花瓣得以通过非常轻柔的触摸而启动。另外，设计师使用步进电机来控制光的位置和光亮的程度。

经过多次迭代，该组最终完成了Tired Lamp的原型制作（见图4-47）。

## （六）荷兰ITD课程的伏特案例

以下选取的是荷兰ITD课程中一个被分到“开放办公”情境的小组的案例，产品名称为伏特（Volt）。伏特是一款通过限制设备使用电力，实现开放办公室员工之间节能的方式，可以让办公室员工拥有节约能源的意识。

在快速迭代过程中，该组的最初想法是激励办公室中最后一个离开的人通过关闭房间中所有的灯来领取奖励。最终命名为“Furry Mothersocket”的新想法被提出。该款产品被设计成为一个具有“生命”的电源，当有过多的设备连接这个电源时，它会表达出悲伤和愤怒的情感。在概念设计阶段，该组的设计师改变了在不同的用户之间共享电源的设计概念，保留了电源插座的想法，限制电源使用人数，以有趣的方式激发对能源消耗的意识，从而培养办公室员工节约能源的意识。然后，设计师制作了初步的产品原型，并进行用户测验。在整合阶段的原型制作中，设计师通过将热成型塑料填充粉末材料用作触觉反馈，测量能源消耗的电子组件放置在原型的外侧，保证产品的安全性。

用户测试时，同学们发现当插座上有两个设备正在运行时，用户仅能在插座被切断电源前的短暂时间内使用电力。为了让电流再次流动，需要用户倾斜设备，把能量从其他用户中收取过来。该原型有很多不足的地方，但是用户的反馈为产品的交互模式和原型改进提供了很多新想法。原型不足的地方包括在电源切断后，用户的第一反应更多的是采取敲打的方式，而不是倾斜的方式等。另外，用户在反馈中提到，与对方共享能源可以作为一种社交游戏。

设计师对产品的原型进行多次迭代后，完成了最终的伏特原型制作（见图4-48）。

## （七）项目反思及成果

在中国交互设计工作坊和荷兰ITD课程的案例中，猴哥观察到，设计中越来越强调设计细节的概念化思维。虽然有时会导致思维的固化，在用户测试中也显示出概念常常不按照设计师的预期

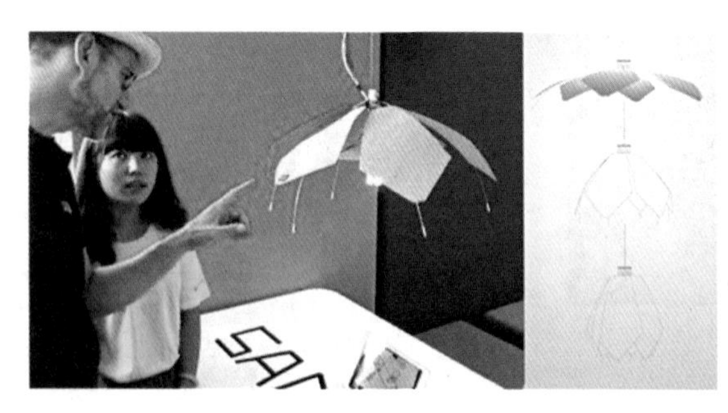

图4-47 最终版Tired Lamp原型

图4-48 最终版伏特原型

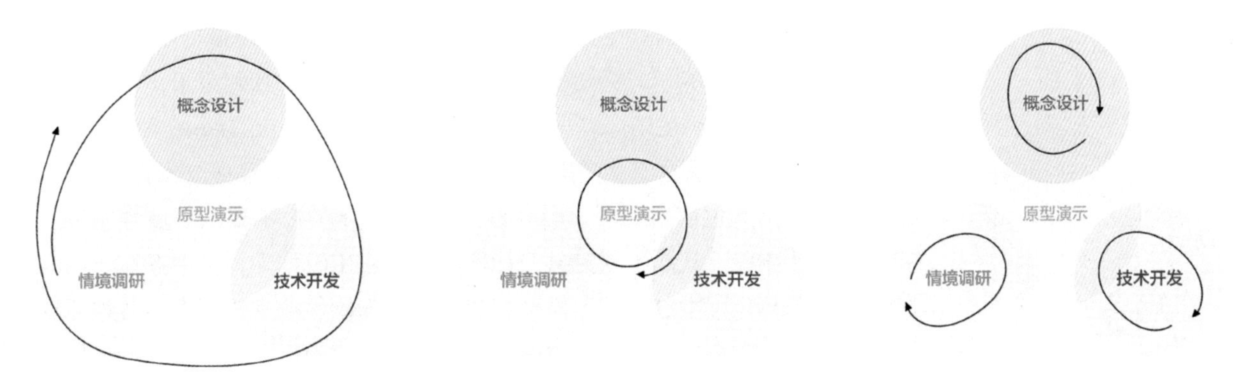


图4-49 利用原型促进迭代

运作，而且不同的概念可能对设计会更加有帮助，但是这其中也会有一定的价值。因此猴哥认为，可以提出一个并行原型（Parallel prototyping）以促进更多的探索性思维。

另一方面，有一些小组遇到了无法确定具体概念方向和原型设计的问题。学生们觉得，如果概念设计得不够好，一旦原型设计开始了，再改变原有的概念就会消耗大量的资源。因此，简单的原型制作技术可以帮助同学们在开始制作原型和抽象反馈中进行迭代，如图4-49所示。

还有一个问题是情境调研的缺陷。交互设计工作坊和ITD课程主要是对迭代式交互设计技术的学习和原型制作的体验，设计师通过用户使用原型并做出反馈获得关于对产品的评估。我们观察到，在每一次的迭代中，学生并没有充足的时间来深入分析新的研究问题，用户反馈也没有做出深入的分析。因此，我们可以制定包含多个迭代过程的模型。在该模型中，设置对迭代深度的严格控制标准，以保证对研究问题拥有充足的分析。

这些案例显示了迭代的交互设计技术可以应用在不同的项目设置中，也显示了如何可以快速产出交互设计产品。总的来说，迭代式交互设计方法非常适合交互设计教育环境，尽管有一些缺陷，但案例为迭代交互设计模型提供了大量支持。另外，项目中最重要的是学生的参与热情，在工作坊和课程结束的评估调查中，参与的学生都表示在课程结束后会继续进行产品的迭代。

## （八）结论

在本次分享的案例中，设计师从不同的角度和情境设定出发，通过应用迭代式交互设计的基本流程和原型驱动式迭代设计方法，设计出了一系列引导办公室人员节能的产品与交互方式。设计师通过观察目标用户，并多次迭代产品原型，分析反馈信息，深入挖掘痛点，从而更进一步地完善设计概念。

设计师们可以从基本流程中的任一步骤开始迭代，根据情况的不同，迭代过程的侧重点也略有不同。例如，Quietalk案例中，设计师侧重于“移情”情感表达的迭代，注重使用情境与概念设计的迭代；在Tired Lamp案例中，侧重于“悲伤”情感表达方式的迭代；在伏特案例中注重产品概念设计的迭代。迭代设计方法通过情境调研、概念设计和设计实现3个步骤实现贯穿，形成完整的设计流程，从而不断完善设计概念。在应用过程中，仍然存在一些问题，如在迭代过程中过于关注原型细节的实现与硬件技术的开发，忽略概念设计的改进，会造成时间的浪费或迭代过程的不完整。为了让设计师更好地应用迭代型交互设计方法，我们建议将设计环节建立在科研课题情境下，而非商业产品开发的实践情境下。在科研课题情境下，设计师能够采取更多的控制手段，对设计和开发过程严格把关，并且能根据课题目标提供有针对性的训练。

## 四、应用指南

本节主要向大家介绍迭代式设计方法与流程在不同项目中的应用，并提出提升学生在设计团队中的沟通技能的方法以及提升学生课程参与度的方法。

### （一）迭代式设计方法与流程在不同项目中的应用

本次案例中有不同的项目设置，不仅有侧重于办公环境的情境设置，如双人办公环境、开放式办公环境、工作室环境以及大型会议室环境的节能产品设计，还有侧重于情感情境的设计，如开心、愤怒、悲伤和移情等，迭代式交互设计流程可以灵活运用于不同的项目中。在未来，日常生活中的人机交互设计，医疗领域中的康复服务交互设计、城市服务中的交互设计，以及教育领域中的科技化教学交互设计等将成为不可阻挡的趋势。迭代式交互设计流程在不断被改进的过程中，可以被灵活广泛地应用。

### （二）提升学生在设计团队中的沟通技能

很多团队会在项目进行中缺乏沟通，尤其是在项目的后期阶段。缺乏沟通导致的一种常见的后果是工程师会低估产品实现所需的时间，在时间不足的情况下，工程师更可能出现减少产品的交互设计实现的行为。另一种情况是小组的成员会不耐烦地催促工程师完成产品制作，不断地向工程师提出反馈意见，不断迭代产品，这会导致工程师实现产品的进度变慢。因此，在项目中应该重视学生在设计活动中的沟通和管理等基本技能。

### （三）提升学生课程参与度

猴哥在交互设计工作坊案例以及ITD课程中，运用了一定的方法提升学生的设计活动参与感、关注度和成就感，如进度卡的制作和鼓励学生在朋友圈或者博客中发布自己的设计活动过程等。无论是工作坊还是课程，学生的参与度是非常重要的。学生的参与感越强，学生对设计活动的兴趣会增大，在工作坊或课程结束后继续进行相关设计活动的可能性就会越高。在此案例中，课程和工作坊结束后，学生纷纷表示愿意继续进行产品的迭代，并且进行自主学习。

## 案例使用说明

迭代式交互设计工作流程在现代交互设计中越来越重要，本案例展示了中国交互设计工作坊和荷兰ITD课程的迭代式交互设计的过程。本案例在“引导用户节约能源的办公室交互设备设计”主题下，通过对概念设计、情境调研和设计开发的迭代过程交互设计实践，探索迭代式交互设计基本工作流程以及原型驱动式迭代工作流程在实际中的应用，随后对案例进行反思与总结，从而改进迭代式交互设计的工作流程。

**关键词：** 迭代式交互设计　概念设计　情境调研　设计开发

### 教学目的与用途

◎ 本案例主要适用于交互设计相关课程。
◎ 本案例的教学目的是帮助学生了解迭代式交互设计的方法和基本流程。
◎ 本案例的教学目的在于帮助学生学会应用迭代式交互设计的方法进行迭代式交互设计。

### 启发思考题

◎ 交互设计的基本工作流程包括哪些？
◎ 什么是迭代式交互设计？
◎ 原型制作在迭代式设计中起到什么作用？
◎ 生活中的交互设计有哪些？
◎ 尝试运用迭代式交互设计方法设计一款交互产品，并赋予产品特定的情感。

# 第六节 “虚实不分”到底有多远

——虚拟现实技术

吉吉本科毕业于国内某重点理工科类学校，乔布斯是他唯一的偶像，吉吉一直坚信要在产品中加入美，在生活中他也是一个追求“美”的强迫症患者，代码要“美”，电路板要“美”，一切的一切都要井然有序，自然地透露出一种美感。在毕业前一年，吉吉发现自己的专业只能生产功能性产品，并不能生产“美”的产品，吉吉决定出国，想在国外寻找属于他的“美”，更想将他本科学习的知识、儿时的美术功底好好利用上。经过思考，他决定到代尔夫特理工大学读书。刚入学一年的吉吉，参与了几个项目，但是他最想做的是，将最新的科技融入设计，这不仅对自身有很大的提升，同时为产品带来了科技感。吉吉认为未来的信息是全息的：从宏观到微观，从此地到彼岸，从过去到未来，一切俱足，随心互动。未来的设计和产品会让不同行业的使用者充分发挥各自的特质，不断适应多维度审时度势的生存能力。第二年开学不久，吉吉作为一名交互服务设计专业的学生，参与了由易科软件公司①主持的，为其新办公楼大厅设计开发一款新型交互产品的项目。

① 易科软件公司（Exact Software）是一家著名荷兰的公司，主要提供企业资源计划、制造计划管理、客户关系管理以及电子商务软件解决方案的服务，它是全球最主要的服务供应商之一。

## 一、项目背景

吉吉参与的新型交互产品的项目是由代尔夫特易科软件公司和交互服务设计概念与交流部联合参与的，之前已经介绍了代尔夫特理工大学，那么再了解一下易科软件公司和项目的背景。

### （一）易科软件公司

易科软件公司有服务于创业者的优良传统，正在寻求机会以了解并支持Y一代的工作方式，而中小型企业作为一个新的客户群体正在不断涌现出来，这些新兴公司的典型特征就是以Y一代办公职员为主。

易科的形象紧密联系在“人”“协作”“架构”以及“效果”这四个基本要素之上，并且致力于为客户提供支持，既能让客户执掌自己的业务，也让客户把精力分配在对他们而言至关重要的环节上。

### （二）交互服务设计“望远镜”项目背景

这一项目是为易科软件公司设计一款新型交互实体产品，用于他们新启用的总部大楼，主体设计细节围绕着“让员工和访客们参与到一个协作性活动”这一理念展开。吉吉的设计理念还需要体现出其他的一些本质特征，如涉及易科公司的企业形象的视觉化，还要为易科品牌形象的各种产品之间建立联系，并致力于为客户提供服务，新的总部大楼自然是一幢透明的、为公司的过去和未来搭建的桥梁。

设计团队基于企业工化大厦的空间特征提出这样一种理念：该产品不但能够提升来访者的体验，还要以一种交互性的方式提升大楼里办公雇员的日常体验。吉吉的目标是为所有人创造协作性活动。这些人以一种有组织的方式与该大楼产生互动，并通过这一实体产品产生参与感。

## 二、交互技术的开发与应用

交互技术其实有很多，但随着虚拟现实、增强现实技术的出现，越来越多的交互设计选择基于最新的科技。吉吉想运用虚拟现实技术，就需要先了解虚拟现实技术是什么，都会涉及哪些软件、硬件。

### （一）增强现实/虚拟现实/混合现实技术概述

当吉吉听到是易科软件公司的项目时，激动不已，软件公司通常会和科技感联系起来，这是他大展身手的好机会。他脑中浮现出了多个让用户更有参与感和沉浸感的方案。例如，像钢铁侠操作台一样帅气的控制器，像HoloLens[①]一样可以看到逼真的虚拟世界的显示器等。现在最大的问题是，这些技术都是什么？该如何落实呢？吉吉陷入深思，打开了笔记本开始查找相关内容。

#### 1. 增强现实

增强现实（Augmented Reality，AR）指在虚拟环境中增加真实世界的图像，如在虚拟物体上加上纹理映射的视频等，这种技术可以增强虚拟物体的逼真度，减少虚拟和真实物体的区别。[②]

增强现实技术，不仅展现了真实世界的信息，而且将虚拟的信息同时显示出来，两种信息相互补充、叠加。在视觉化的增强现实中，用户利用头盔显示器，把真实世界与电脑图形多重合成在一起，便可以看到真实的世界围绕着它。[③]

① HoloLens是微软公司开发的一种混合现实的头盔显示器。

② 武雪玲：《户外AR空间信息表达机制与方法研究》，博士学位论文，武汉大学，2009。

③ 许卫华：从虚拟现实技术到增强现实技术，载《中国有线电视》，2013（7）。

增强现实中包含的关键技术主要有跟踪注册、虚实融合、光照技术、显示技术和交互技术等，这些技术主要是为了保证虚拟信息能够准确地叠加在真实世界中，以提高增强现实系统的真实感和沉浸感。[①]

2. 虚拟现实

虚拟现实（Virtual Reality，VR）技术是一种可以创建和体验虚拟世界的计算机仿真系统，它通过电脑技术，将虚拟的信息应用到真实世界，真实的环境和虚拟的物体实时地叠加到了同一个画面或空间，同时存在。[②]

3. 混合现实

用Milgram等对混合现实（Mixed Reality）做出的定义，把它看成是包括增强现实及增强虚拟（Augmented Virtuality，AV）二者在内的一个更为广泛的连续空间，同时在混合现实的世界中，虚拟信息可以是主体也可以是辅助手段。

混合现实的3个基本特征是：①它结合了虚拟和现实，即真实世界和虚拟物体在同一视觉空间中显示；②3D注册，即虚拟物体与真实世界精确地一一对应；③实时交互，即用户可与真实世界及虚拟物体进行实时的自然交互。[③]

## （二）相关硬件介绍

大致了解了定义之后，吉吉就开始寻找相关的硬件，因为工科背景的他知道，没有硬件设备支持的技术，是无法实现沉浸感和参与感的。设备主要有三维跟踪定位设备、人体运动捕捉设备、手部姿态输入设备和立体显示设备。

1. 三维跟踪定位设备（见图4-50）

功能：检测真实物体在三维空间中的方位，并将其输入到虚拟现实系统中。

最常见的应用：跟踪用户头部和手部方位。跟踪头部方位，确定用户的视点与视线。跟踪手部方位：确定手与虚拟对象的关系，对虚拟对象的影响。[④]

2. 人体运动捕捉设备

人体运动捕捉的目的是把真实人的动作完全附加到虚拟场景中的一个虚拟角色上，让虚拟角色表现出真实人物的动作效果。[⑤]人体运动捕捉（捕捉大尺度的人体运动），包含头、躯干、四肢等、手部运动捕捉（捕捉手掌和手指关节的运动）和面部运动捕捉（捕捉人脸肌肉的运动）。[⑥]

人体运动捕捉设备一般由四部分组成：传感器、信号捕捉设备、数据传输设备、数据处理设备（见图4-51）。

① 严玉若：《增强现实中视觉反馈关键技术研究》，硕士学位论文，上海大学，2015。

② 朱文博、陈龙、崔怡等：《基于虚拟现实技术的机械制图教学》，载《教育教学论坛》，2014（9）。

③ 黄进、韩冬奇、陈毅能等：《混合现实中的人机交互综述》，载《计算机辅助设计与图形学学报》，2016（6）。

④ 郁春江：《基于虚拟现实的医疗设备演示系统开发》，硕士学位论文，复旦大学，2008。

⑤ 李湘德、彭斌：《虚拟现实技术发展综述》载《技术与创新管理》，2004（6）。

⑥ 李佳：《多视角三维人体运动捕捉的研究》，博士学位论文，北京交通大学，2013。

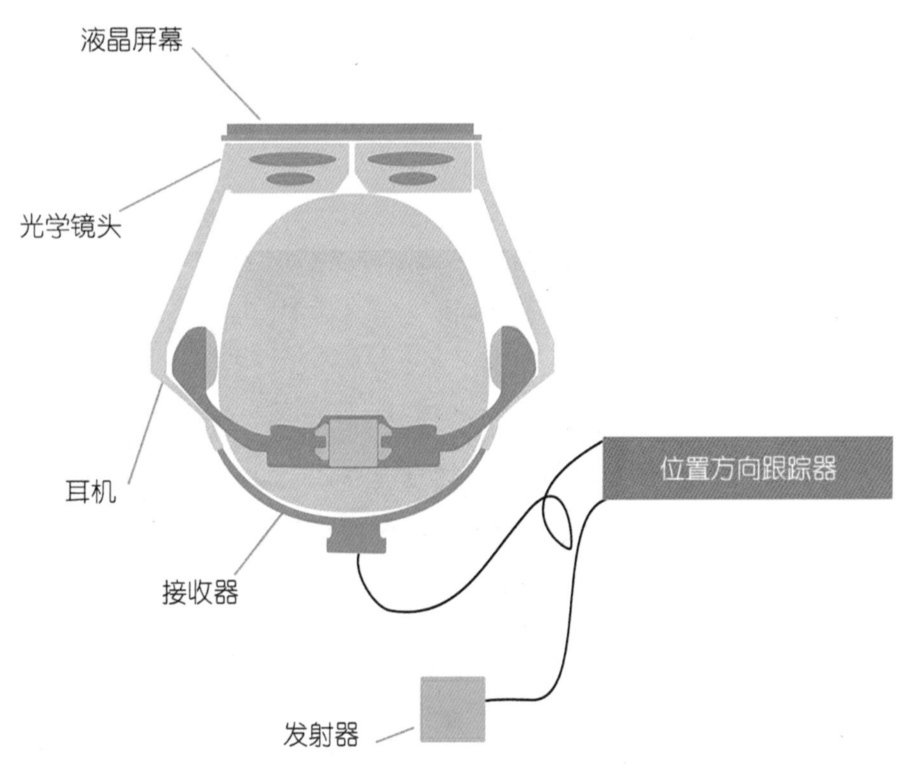


图4-50 头部三维跟踪定位设备结构示意图

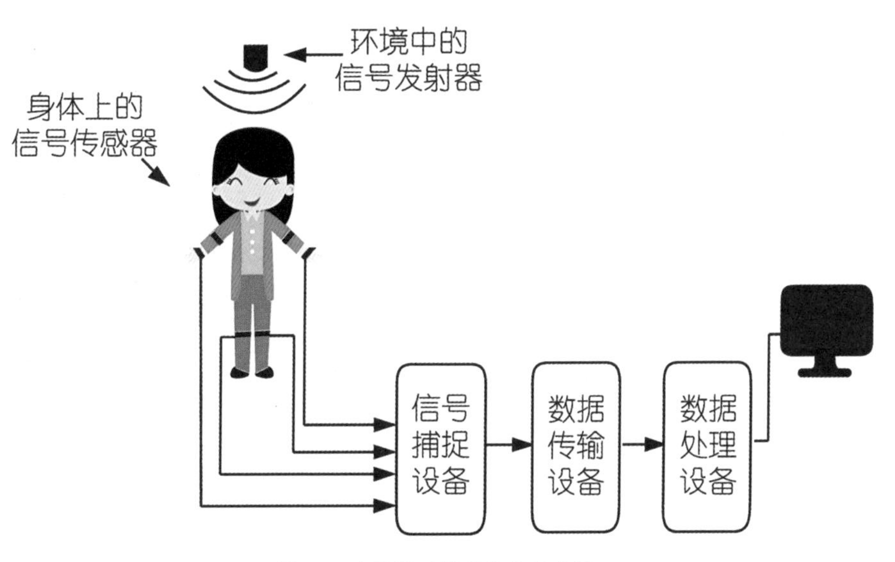


图4-51 人体运动捕捉设备示意图

3. 手部姿态输入设备

手部姿态输入设备（见图4-52）可以实时获取用户手掌、手指姿态，并将其与虚拟场景中的手部模型进行绑定。用户可以在虚拟世界中完成物体的抓取、移动、装配、操纵等控制。

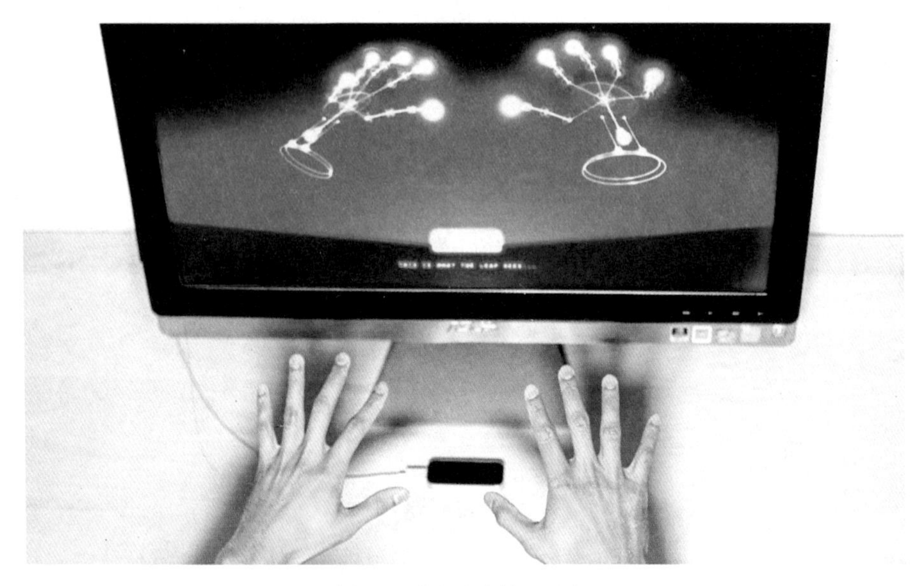

图4-52 手部姿态输入设备

手势是指手与臂组合产生的具体动作和位置，它比语言更早地作为交际工具得到运用。随人的意识做出的运动（包括手指的伸展、旋转，手腕转动与整体空间移动），都是为了表达某种意图，但手势本身受文化与地域影响，同样动作的手势能表达的含义具有多义性和差异性[①]，一般来说，既包括静态手势，又包含连贯的手势动作。

4. 立体显示设备

立体显示设备有很多种，这里主要分析目前比较常见的设备——头盔显示器（Head Mounted Display，HMD）。立体显示技术主要是仿真人眼立体视觉的建立过程，而双目视差立体显示技术是使用最广泛的立体显示方式。[②]

目前，所有的立体显示产品的原理都近似。首先，要产生两幅具有视差的画面。对于真实的场景，用两架照相机相距一定的距离同时拍摄，即可得到具有视差的两幅画面；对于虚拟场景，则可通过计算来得到具有视差的两幅画面，之后是在显示器上显示出来。[③]

## （三）使用相关技术的软件介绍

技术和硬件都十分抽象，实例是能让吉吉直观理解的最好帮手，这里就

① 李佳：《多视角三维人体运动捕捉的研究》，博士学位论文，北京交通大学，2013。

② 张克青：《立体显示设备在航海模拟器中的应用研究》，硕士学位论文，大连海事大学，2013。

③ 赵崇：《交互控制的主动式与被动式立体显示系统的研究》，硕士学位论文，西南交通大学，2009。

举两个例子，帮助大家理解。

1.《精灵宝可梦GO》

《精灵宝可梦Go》是一款使用了增强现实技术并对现实世界中出现的宝可梦进行探索捕捉、战斗以及交换的游戏。玩家可以通过智能手机在现实世界里发现精灵，进行抓捕和战斗。玩家作为精灵训练师，抓到的精灵越多便会变得越强大，从而有机会抓到更强大更稀有的精灵。

2. Pin3D

Pin3D是传播三维图像的平台，可以接入不同来源的图文，如手机拍照、深度镜头建模、照片建模、点云扫描、各行业的三维数据等。只有在不同设备间、不同屏幕以及印刷品之间自由传播，新的媒体才具备强大的生命力，才可以在不同种群、不同社区、不同地域间迅速发展。

针对数字展示商业应用，提出以下几个相对应的品项：可灵活运用，结合虚拟现实、增强现实、全景的技术，使其线上线下的人不但能体验也能宣传和推广，使得粉丝从雪种变成雪球，以增强与用户间的黏性！

## （四）应用领域

细心的吉吉发现，虚拟现实相关的技术有非常广泛的应用领域，如果正确地使用会产生意想不到的效果。

1. 用户体验

在产品设计、测试和呈现中经常涉及虚拟现实、增强现实、混合现实相关技术，可以创建沉浸式3D模型，为用户提供身临其境的体验，从而得出更接近真实的体验，同时也可以获得客观的体验数据。

2. 心理学

心理学实验的施测和心理疾病或创伤进行治疗，如恐惧症（社交恐惧症）、战后创伤综合征、恐高、强迫症等。

3. 教育与训练

教育与训练包括：①仿真教学与实验；②特殊教育；③多种专业训练；④应急演练和军事演习。

4. 设计与规划

设计与规划能避免设计和生产过程中的重复工作，有效降低成本。对应用领域包括汽车制造业、城市规划、建筑设计等。

5. 科学计算可视化

科学计算可视化将数据转换成更容易理解的各种图像，并允许参与者借助各种输入设备检查这些“可见的”数据。通常用于建立分子结构、地震以及地球环境等模型。

## （五）研究框架

产品原型硬件架构主要包括显示屏、摄像头、鼠标、电线和三脚架等，见图4-53、图4-54。

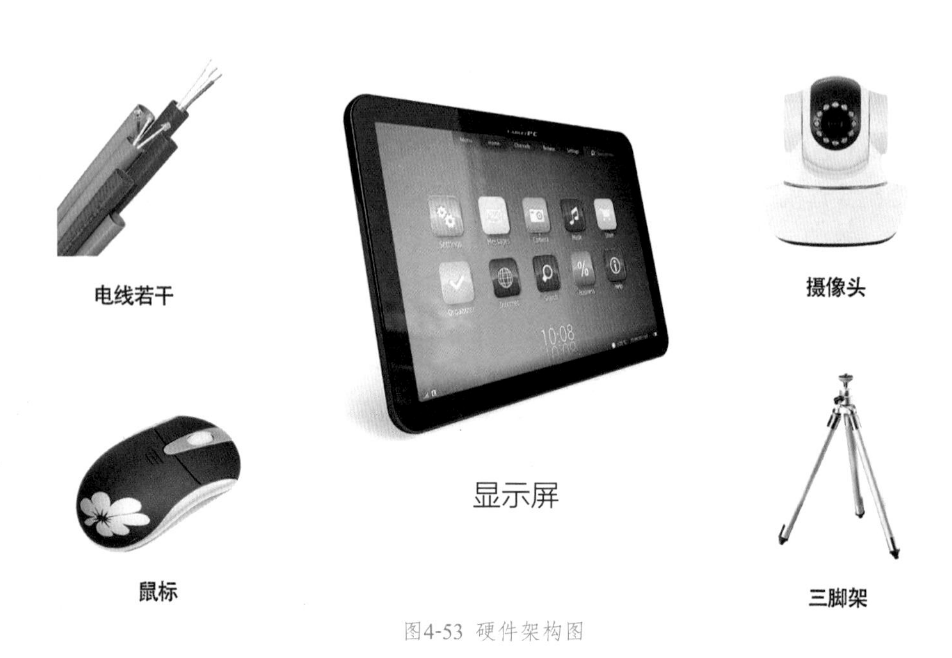


图4-53 硬件架构图

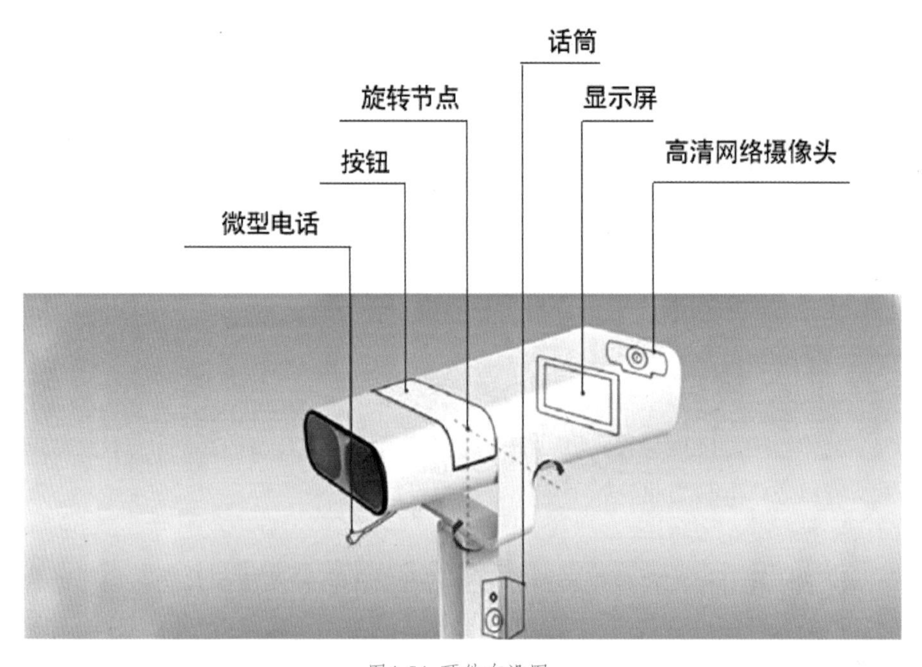


图4-54 硬件布设图

## 三、案例详情

吉吉在参与项目时，经过了前期的实地调研、概念设计、产品设计与原型制作、项目评估与测试，在流程中不断迭代，不断审视团队的设计，最终提出了完善的设计方案。

### （一）设计理念

吉吉和老师同学们通过观察产品的应用环境，发现了新大楼的一系列广泛的特征，凭着这些特征，随即生成了设计基本概念，最终为易科软件公司的新建办公楼设计开发了一款新型的交互实体产品。这款产品不但能够提升来访者的体验，同时还以一种交互性的方式，提升大楼里办公雇员的日常体验，项目的设计目标是为所有人创造协作性活动。

### （二）项目前期实地调研结果

设计初期吉吉和团队成员切实地观察易科软件的办公大楼，总结得出大楼的布局特征（见图4-55）：大楼由中部空间巨大的管理区，以及两个全功能开放式的办公区组成。两个办公区分别位于大楼的两侧，中间设有朝向高速公路的玻璃幕墙。玻璃幕墙的设计使得阳光一整天都能照耀到巨大的中庭。这一中庭还配有咖啡区和用餐休息区，大楼的停车场位于地下。

之所以这样，是为了体现易科软件公司员工之间没有等级界限这一理念：所有员工都要通过正门进入大楼。吉吉对产品的使用情境和可能的用户进行了调查，并且实地走访了易科软件公司原来的和现在的总部大楼，吉吉希望吸引人们的关注，并且让他们觉得吉吉的设计很有趣。但是对于一个办公环境来说，“有趣的”这个元素也会成为一个大问题，因为在室内每个人可能都会或多或少表现得严肃。而且，客户作为使用者，也不希望这个产品显得娱乐性很强。如果办公者和来访者被看作小孩子的话，他们很可能会觉得尴尬。基于调研，团队制作了一个涵盖基本内容的列表，以保证在概念化阶段能始终考虑这些因素：结构设计、用户特性、品牌标志，等等。

图4-55 易科软件公司总部大楼中庭及咨询台

设计团队谨记以一个交互的方式进行产品的开发这一目标。在经过一系列的头脑风暴后，团队对整个阶段提出了许多不同的想法。在最初的许多想法中，有一个想法是人们用中庭放置一个增倍的三维物体进行游戏。

### （三）概念设计

考虑到大楼的特色以及用户的所有特性，设计团队从前期调研进入概念设计阶段。首先，概念显得非常具有挑战性，因为产品尚未被真正定义：从什么能够引发人与人之间，以及人与环境之间产生交互作为思考的出发点等。这里的“环境”特别指办公室工作环境。经过对这些想法的预先筛选，设计团队选择了“移动光幕”，认为它应用在大楼中庭非常合适。当人们从正门进入中庭的时候，光幕上的帘线向上移动，能够创造出更强烈的惊人效果。通过的人越密集，光幕反射的光强度越高。设计者对于原型产品进行了测试，发现产品使用的电机噪声太大，这很可能会让员工心烦意乱。而且，由于中庭全天阳光明媚，所以产品所产生的光效很可能根本不被看出来，因此设计团队又重新回到新产品的概念化阶段。

当设计团队接触到易科软件公司的博客时，意识到博客是一个相当时兴的东西，而且在广大员工和客户之间非常流行。把博客作为设计产品内容的一个部分，会让人们对大厦本身有更多的了解，同时对大厦里所发生的事件，甚至大厦中工作的人员也会有更多了解。当人们对博客进行留言评论时，即一种协作性活动。通过这一活动，每位员工与来访者都能参与进来。因此，使用随时变化的内容成为了设计概念的最重要因素之一。

## （四）产品设计与原型

“望远镜”成了这个项目最终的实体产品，来访者和员工能够通过增强现实来体验新的总部大楼。“望远镜”将现实分解成二级的层信息，人们可以看到真实的场景，也可以看到附加的信息，这使得人们能够与这些信息产生交互。通过“望远镜”探索大楼，用户可以看到各个员工所在的部门名称，咖啡区和餐厅的每日菜单，频繁更新的易科软件公司的博客，以及博客上发表的各种评论。这些都是可视的，并且人们用增强现实技术进行语音评论。这些语音评论不仅储存在“望远镜”软件上，而且会记录在易科公司的博客上，全年如此。最后就有了一个专门的在线语音留言本，里面都是有关大厦的方方面面，有大厦本身的、大厦里发生的点点滴滴，以及日常工作流程，这些评论记录是大家协同完成的，是易科公司核心价值观——“以人为本”的真实反映。

该产品最终的设计理念实现了易科软件公司最重要的关注点：使产品的交互性始终保持趣味盎然，特别是对于员工而言，而这种趣味又能保持一个相当长的持久期。产品内容所涵盖的东西将会为来访者提供耳目一新的效果。当他们面对产品的时候，就会被其中的趣味所吸引，所以对于设计团队来说，最富有挑战性的地方在于能让员工们做到热情不减地持续使用产品。博客是一个紧跟时代、实时更新的东西，所以很增强用户的黏性。

## （五）项目的评估过程

评估是通过两场产品公开展示来完成的，一个是在代尔夫特理工大学工业设计工程学院大楼，另一个是在易科总部大楼。吉吉得到了很多的用户反馈，这些用户反馈对吉吉的产品设计概念非常有用。在第一次的展示活动上，学生们和员工们给予了积极的评价，并且他们在“望远镜”（见图4-56）的使用方法上表现出了无师自通的领悟。而对吉吉来说，产品的未来用户——易科软件公司的员工们的使用反馈更是吉吉的关注重点，因为他们要在真实的情境中使用产品。他们对于这个产品概念真的非常兴奋，不论是“望远镜”的产品原型还是它的设计。当看到他们在进行产品交互时流露出喜悦的表情时，吉吉颇感欣慰。

而且这是跟不同部门的员工了解产品体验的大好时机，吉吉见到了其中一名员工，易科的博客就是他创建的。他对吉吉把博客发帖应用到产品设计中感到很高兴，并且认为引入发博客的点子是一个绝佳的解决方案，尤其对于那些之前并不了解博客的年长员工而言。两场展示得到的客户反馈是非常乐

图4-56 实地用户测试产品原型设计

观的，而且他们还提出了有意思的建议，告诉吉吉该把“望远镜”放在大厦里的哪个位置。在第二次的展示中，吉吉同样也得到了积极的反馈，而且尽可能地让体验者用到了产品原型所具有的全部功能。公司的CEO甚至问吉吉是否有可能让“望远镜”的原型产品成为地标，以帮助公司实现企业形象的可视化。

### （六）项目中遇到的瓶颈

制作最终的产品原型颇具挑战性，因为吉吉需要为“望远镜”提供现有的产品，如一个三脚架头或一个屏幕。这些部件的组装结果决定着“望远镜”产品原型的物理外形和尺寸大小，这和吉吉团队所设计的“望远镜”真实的物理外形和尺寸大小都不一致。但是吉吉却能通过它来体验到实际交互效果，并判断“望远镜”是否适合它所在的环境。

为了测量相机的运动，吉吉采用了电位器、光学编码器、加速器以及陀螺仪等技术元件。设计团队最初考虑把苹果手机作为产品原型的输入设备，因为它囊括了此次设计的全部必要测量功能。但不幸的是，对于一个测量设备来说，苹果手机价格太过昂贵。最终，设计团队选择使用一个带轨迹球的老式USB鼠标。不论是苹果手机还是鼠标，都配有非常准确的光学编码器，并且能轻而易举地作为输入设备用在产品原型上。在技术开发环节上，团队考虑的第二个关键要素是输出设备。这一实例是让用户体验增强现实世界（Augmented Reality World）的媒介。从本质上来说，增强现实世界就像是一个视频，这个视频能够在任意形式的屏幕上播放。然而，屏幕的选择不同，用户对增强现实的体验也有所不同。

## 四、应用指南

仅仅知道了什么是虚拟现实技术和怎样利用虚拟现实技术是远远不够的，我们需要学以致用，才能将科技更好地利用起来。

### （一）针对增强现实、虚拟现实和混合现实技术的设计建议

根据不同的项目选择不同的技术，要考虑到项目的最终目的、自身的技术水平和成本控制等。有些项目不通过虚拟现实相关技术，依然可以达成目标，甚至科技感反而会对产品产生不好的影响；同时要审视项目本身的技术支持水平和产品的成本，选择适合项目的实现方式，否则会事倍功半、南辕北辙。

## （二）针对用户参与的设计过程建议

在设计阶段中，用户的参与和反馈是相当重要的环节。特别是当决定产品的物理外形时，设计团队进行的用户测试效果很好，并且对于设计的最终结果确定产生了很大的影响。团队让用户在不同公司的大楼里进行测试，因为这些大楼都具备大面积的中庭，在空间范围上和易科软件公司总部大楼趋于一致，对人的影响也就趋同。在最终确定阶段，设计团队把概念设计简化成“望远镜”。在易科软件大楼的中庭放置多个“望远镜”，如在面向中庭咨询台的前面放置一个，以便于人能够借等待身份验证的空闲时间进行体验，第一层的阳台也可以放置一个，以便于日常员工体验。

## （三）针对学习虚拟现实相关技术的建议

虚拟现实相关技术十分庞杂（见图4-57），对于用户体验者来说，需要理解基本的使用方法，了解预计的产出形式。如果想更深入学习，建议从3D建模开始，根据需求扩展学习内容。

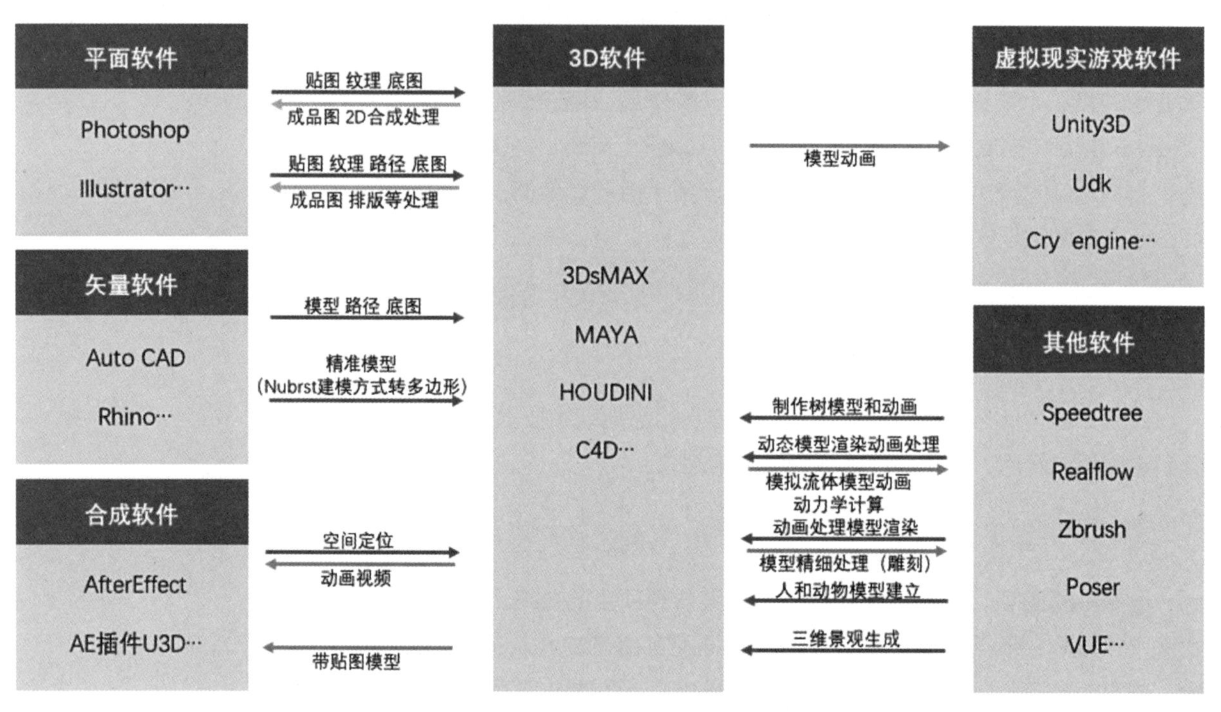


图4-57 虚拟现实相关技术

## 案例使用说明

随着技术的不断发展、虚拟现实技术的不断普及，虚拟现实技术将逐渐深入生活，特别是虚拟现实和增强现实技术，将逐渐出现在大众的身边。与此同时越来越多的交互设计选择基于最新的虚拟现实技术，用户体验从业人员需要灵活运用虚拟现实技术。在本案例中，吉吉结合自己的学科背景和增强现实技术，首先学习了虚拟现实的相关技术，之后经过了多次的实地调研，经过概念设计、产品设计与原型制作、项目评估与测试多个流程，并在流程中不断迭代，发现问题，解决问题。吉吉最后还分享了在项目中遇到的困难，鼓励我们不断审视团队的设计，不断根据用户反馈，改进自己的设计，最终为易科软件公司的新办公楼设计开发了一款新型交互实体产品。

### 关键词

**教学目的与用途**

◎ 本案例适用于与虚拟现实相关技术应用相关的课题。

◎ 本案例提供了虚拟现实相关技术应用的理论框架。

◎ 本案例提供了虚拟现实相关技术的研究过程与方法。

**启发思考题**

◎ 虚拟现实技术有哪几种？不同点是什么？

◎ 虚拟现实相关技术目前的发展现状是什么？

◎ 在日常生活中，虚拟现实技术有什么作用？

◎ 为什么需要邀请用户参与设计？

◎ 如何根据自身的情况学习虚拟现实相关技术？

# REFERENCES
# 参考文献


1. 巴克斯顿．用户体验草图设计：正确地设计，设计得正确．黄峰，夏方昱，黄胜山，译．北京：电子工业出版社，2012.
2. 伽略特．用户体验要素：以用户为中心的产品设计．范晓燕，译．北京：机械工业出版社，2011.
3. 葛列众．工程心理学．北京：中国人民大学出版社，2012.
4. 古德曼，库涅夫斯基，莫德．洞察用户体验方法与实践．刘吉昆，等译．北京：清华大学出版社，2015.
5. 津巴多，约翰逊，麦卡恩，等．津巴多普通心理学．寇彧，改编．北京：中国人民大学出版社，2013.
6. 科尔伯恩．简约至上：交互式设计四策略．李松峰，秦绪文，译．北京：人民邮电出版社，2011.
7. 库涅夫斯基．用户体验面面观——方法、工具与实践．汤海，译．北京：清华大学出版社，2010.
8. 库珀，瑞宁，克洛林．About Face 3：交互设计精髓．刘松涛，等译．北京：电子工业出版社，2008.
9. 刘伟，李华，赵菁，等．迭代式体感交互设计方法的应用研究．包装工程，2015(22).
10. 刘伟．交互品质：脱离鼠标键盘的情境设计．北京：电子工业出版社，2015.
11. 路甬祥．创新设计是创造性实践的先导和准备．市场观察，2013(5).
12. 迈尔斯．社会心理学．侯玉波，乐国安，张智勇，等译．北京：人民邮电出版社，2016.

13. 诺曼．情感化设计．付秋芳，付进三，等译．北京：电子工业出版社，2005.

14. 诺曼．设计心理学3：情感设计．何笑梅，欧秋杏，译．北京：中信出版社，2012.

15. 彭聃龄．普通心理学．北京：北京师范大学出版社，2001.

16. 施耐德曼．用户界面设计——有效的人机交互策略．张国印，等译．北京：电子工业出版社，2006.

17. 特里斯，阿伯特．用户体验度量．周荣刚，等译．北京：机械工业出版社，2009.

18. 田丰，任海霞，菲利普·吉柏特，等．人工智能：未来制胜之道．机器人产业，2017（1）.

19. 威肯斯，李，刘乙力，等．人因工程学导论．张侃，等译．上海：华东师范大学出版社，2007.

20. 朱祖祥，葛列众，张智君．工程心理学．北京：人民教育出版社，2000.

21. Chiang, C. W., & Tomimatsu, K. Interaction Design Teaching Method Design. Berlin, Heidelberg: Springer-Verlag, 2011.

22. Dix, A., Finlay, J. E., & Abowd, G. D., et al. Human-Computer Interaction（3rd edition）, Upper Saddle River, NJ: Prentice-Hall, 2003.

23. Dunne, L.E., & Smyth, B. Psychophysical Elements of Wearability. Conference on Human Factors in Computing Systems, CHI 2007, San Jose, California, USA, April 28-May（Vol.58, pp.299-302）. DBLP.

24. Koskinen, I., Zimmerman, J., & Binder, T., et al. Design Research through Practice. Elsevier LTD, Oxford, 2011.

25. Liu, W., Helm, A. V. D., & Stappers, P. J., et al. Interactive Pong: Exploring Ways of User Inputs Through Prototyping with Sensors. Proceeding of the ACM SIGCHI conference on Human factors in computer systems（CHI）. New York: ACM Press, 2012.

26. Liu, W., Stappers, P.J., & Pasman, G., et al. Using Interaction Qualities

as an Approach to Conduct Interaction Design Research. Proceedings of the 5th IASDR world conference on Design research. Tokyo, Japan, 2013.

27. Martin, F. G., & Roehr, K. E. A General Education Course in Tangible Interaction Design. International Conference on Tangible and Embedded Interaction 2010, Cambridge, Ma, USA, January ( Vol.47, pp.185–188 ) . DBLP.
28. Milgram, P. A Taxonomy of Mixed Reality Visual Displays. IEICE Trans Inform Systems ( pp.1321–1329 ) , 1994.
29. Profita, H.P., Clawson, J., & Gilliland. S., et al. Don't Mind Me Touching My Wrist: A Case Study of Interacting with On-Body Technology in Public. International Symposium on Wearable Computers, 2013.
30. Purgathofer, P., & Baumann, K. Sketching User Experiences: Getting the Design Right and The Right Design. Information Design Journal, 2010, 18 ( 1 ) , pp.88–91.
31. Qian, C. Z., Visser, S., & Chen, Y. V. Integrating User Experience Research into Industrial Design Education: The Interaction Design Program at Purdue. Nciia, Conference, Mar 24–26, Washington D.C., 2011.
32. Romero, N.A., Sturm, J., & Bekker, M. M., et al. Playful Persuasion to Support Older Adults' Social and Physical Activities. Special Issue on Inclusive Design. Interacting with Computers, 2010, 22 ( 6 ) , pp. 485–495.
33. Sanders, E. B. N., & Stappers, P. J. Convivial Design Toolbox: Generative Research for The Front End of Design. Auk, 2013, 31 ( 10 Suppl), pp.14–21.
34. Schmidt, D., Seifert, J. & Rukzio, E., et al. A Cross-Device Interaction Style for Mobiles and Surfaces. DIS '12: Proceedings of the Designing Interactive Systems Conference ( pp.318–327 ) , 2012.
35. Stappers P J. Teaching Principles of Qualitative Analysis to Industrial Design Engineers. Design Society Institution of Engineering Designers, 2012.